"十二五"职业教育国家规划立项教材

设备控制技术

主　编　张群生

副主编　王宇浩　钟　健　蒋文有

参　编　韦兰花　韦华红　张利荣

主　审　李卫光

机械工业出版社
CHINA MACHINE PRESS

本书是"十二五"职业教育国家规划立项教材，是根据教育部最新公布的数控技术专业教学标准，同时参考数控技术职业资格标准编写的。

本书共 8 章，主要内容包括常用低压电器、继电器-接触器基本控制环节、典型机床电气控制系统、可编程序控制器及应用、液压传动基础、液压元件及辅助装置、液压基本回路及液压系统、气压传动基本知识等。

本书可作为中等职业学校数控技术应用专业教材，也可作为高等职业学院数控技术专业学生用书以及数控技术岗位培训教材和职业院校机电类、机制类专业教学用书。

为便于教学，本书配套有相关教学资源，选择本书作为教材的教师可登录 www.cmpedu.com 网站，注册、免费下载。

图书在版编目（CIP）数据

设备控制技术/张群生主编. —北京：机械工业出版社，2016.11（2024.1 重印）
"十二五"职业教育国家规划立项教材
ISBN 978-7-111-55394-6

Ⅰ.①设… Ⅱ.①张… Ⅲ.①机械设备-控制系统-高等职业教育-教材
Ⅳ.①TP273

中国版本图书馆 CIP 数据核字（2016）第 276436 号

机械工业出版社（北京市百万庄大街 22 号　邮政编码 100037）
策划编辑：汪光灿　责任编辑：汪光灿　章承林　崔利平
责任校对：张玉琴　封面设计：张　静
责任印制：单爱军
北京虎彩文化传播有限公司印刷
2024 年 1 月第 1 版第 4 次印刷
184mm×260mm・12.5 印张・301 千字
标准书号：ISBN 978-7-111-55394-6
定价：38.00 元

电话服务　　　　　　　　　　网络服务
客服电话：010-88361066　　　机　工　官　网：www.cmpbook.com
　　　　　010-88379833　　　机　工　官　博：weibo.com/cmp1952
　　　　　010-68326294　　　金　书　网：www.golden-book.com
封底无防伪标均为盗版　　机工教育服务网：www.cmpedu.com

本书是由全国机械职业教育教学指导委员会和机械工业出版社联合组织编写的"十二五"职业教育国家规划立项教材,是根据教育部最新公布的数控技术专业教学标准,同时参考数控技术职业资格标准编写的。

本书主要介绍机床电气控制、PLC控制、液压控制和气动控制技术等知识,重点强调培养设备控制的职业能力,充分依托行业、企业,聘请相关职业专家参加本书的编写,使教材进一步适应职业岗位要求。本书在编写过程中,力求体现以下的特色。

1. 执行新标准

本书依据最新教学标准和课程大纲要求,对接职业标准和岗位需求,充分体现职业教育的特色,采用新的电气系统图形符号和文字符号(GB/T 5094—2002～2005 和 GB/T 20939—2007)、《流体传动系统及元件　词汇》(GB/T 17446—2012)、《流体传动系统及元件图形符号和回路图　第1部分:用于常规用途和数据处理的图形符号》(GB/T 786.1—2009)、《润滑剂、工业用油和有关产品(L类)的分类　第1部分:总分组》(GB/T 7631.1—2008)等最新国家标准规范全书的用词和用图。

2. 体现新模式

本书以专项技能为教学章节进行综合训练,强化学生的综合职业能力。教材中每章后都有小结,配合习题,可以帮助学生牢固掌握知识,培养综合运用知识的能力,而且有利于培养将知识转化为技术的应用能力,突出"做中教,做中学"的职业教育特色。

3. 综合性强

本书内容突破原来的旧系统,对机床电气控制、PLC控制、液压控制和气动控制技术进行综合,实现了机、电、液(气)联合控制,剔除了与职业能力联系不大的、陈旧的、重复的、过深的理论知识,增加了新知识,加强了实践环节。通过教材内容的综合化,加强了相关知识间的相互联系和应用,有利于培养学生的综合职业能力。

4. 岗位适应性强

本书内容除为学生第一岗位提供充分的专业知识和专业技能外,还能使学生获得某一领域内从事几种岗位需要的广泛的知识和技能。例如,学生除从事数控加工、编程和维修外,也可从事电工技术维修工作,从事旧机床的PLC改型设计工作及液压控制技术工作,实现"一专多能",并使学生具备继续学习所需的知识和能力。

5. 先进性

本书注重反映新知识、新技术。

6. 实用性强

本书内容选取自生产实际,以模块形式安排内容,便于学习选用。

全书共8章,由广西机电职业技术学院张群生任主编,广西交通运输学校王宇浩、广西机电职业技术学院钟健、广西交通运输学校蒋文有任副主编，广西弘升机械设备有限公司高级工程师李卫光担任主审。具体分工如下：王宇浩编写第1章、第4章，广西机电工程学校韦兰花编写第2章，广西机电工程学校韦华红编写第3章，蒋文有编写第5章，张群生编写第6章，钟健编写第7章，桂林电子中等专业学校张利荣编写第8章。本书经全国职业教育教材审定委员会审定，评审专家对本书提出了宝贵的建议，在此对他们表示衷心的感谢！编写过程中，编者参阅了国内出版的有关教材和资料，在此一并表示衷心感谢！

由于编者水平有限，书中不妥之处在所难免，恳请读者批评指正。

编　者

目　录

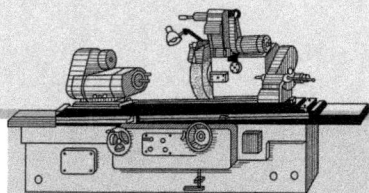

第1章

常用低压电器

本章主要介绍常用低压电器的分类、结构、工作原理、型号、规格及应用，以常用的低压电器为主线，以控制电器为重点，较为详细地介绍了常用低压电器的共性问题，并介绍低压电器的图形符号和文字符号。

1.1 低压电器概述

低压电器通常是指工作在交流电压小于1200V或直流电压小于1500V的电路中起接通、断开、保护、控制或调节作用的电器设备。

1.1.1 低压电器的分类

低压电器的用途广泛，作用多样，品种规格繁多，原理结构各异。按用途可分为低压配电电器与低压控制电器。

1. 低压配电电器

低压配电电器主要用于低压供配电系统中。对此类电器的要求是工作可靠、有足够的动稳定性和热稳定性，如刀开关、低压断路器和熔断器等。

2. 低压控制电器

低压控制电器主要用于电力拖动自动控制系统中，要求这类电器工作准确可靠、操作频率高、寿命长，如接触器、继电器、控制器、控制按扭、行程开关等。

1.1.2 低压电器的基本结构

从结构上看，各种电器一般都由感受部分和执行部分两个基本部分组成。感受部分接受外界输入的信号，并通过转换、放大与判断做出有规律的反应，使执行部分动作，输出相应的指令，实现控制的目的。对于有触头的电磁式电器，感受部分大都是电磁机构，执行部分是触头系统。

1. 电磁机构

电磁机构通常采用电磁铁的形式，由吸引线圈、铁心和衔铁三部分组成。其结构形式如图1-1所示。按铁心形式分有单E形、单U形、甲壳螺管形、双E形等；按动作方式有直动式、转动式等。

电磁铁的工作原理如图1-2所示，当吸引线圈1通入电流后，产生磁场，磁通经铁心5、衔铁 4 和工作气隙形成闭合回路，产生电磁吸力，将衔铁吸向铁心，同时，衔铁还要受到反作用弹簧 3 的拉力。只有当电磁吸力大于弹簧反力时，衔铁才能可靠地被铁心吸住。

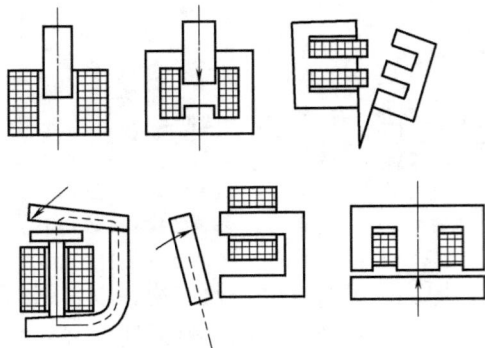

图 1-1　电磁铁心的结构形式

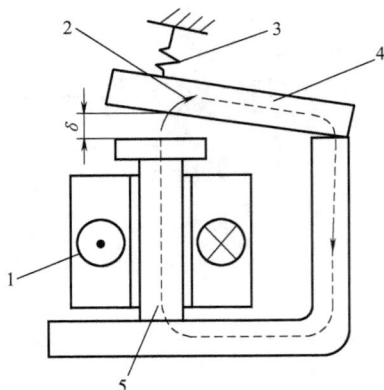

图 1-2　电磁铁工作原理
1—吸引线圈　2—闭合回路　3—反
作用弹簧　4—衔铁　5—铁心

电磁铁有直流电磁铁与交流电磁铁两种，两者在结构上也不相同。直流电磁铁在稳定状态下通过恒定磁通，铁心中没有磁滞损失与涡流损失，只有线圈本身的铜损，所以直流电磁铁线圈没有骨架，且成细长形。而在交流电磁铁中，铁心中有磁滞损失和涡流损失。为此，一方面铁心由硅钢片叠制而成；另一方面线圈做成粗短形并由线圈骨架将线圈与铁心隔开，以免铁心发热传给线圈使其过热而烧毁。

为了消除振动和噪声，单相交流电磁铁在铁心表面装有分磁环（又称短路环），即在铁心端部开一个槽，槽内嵌以铜环。

2. 触头系统

触头系统是一切有触头电器的执行部件，这些电器就是通过触头的动作来接通与分断电路的。因此，触头工作的好坏直接影响整个电器的工作性能。触头系统的结构形式有点接触、面接触和指形接触等，如图 1-3 所示。其中点接触常采用桥式结构，应用于电流及触头压力小的情况；而面接触形式应用于电流及触头压力大的情况；指形接触形式触头的接通和断开都在触头的端部，有利于减轻触头的电气磨损，并且能擦除触头表面的氧化膜，对触头

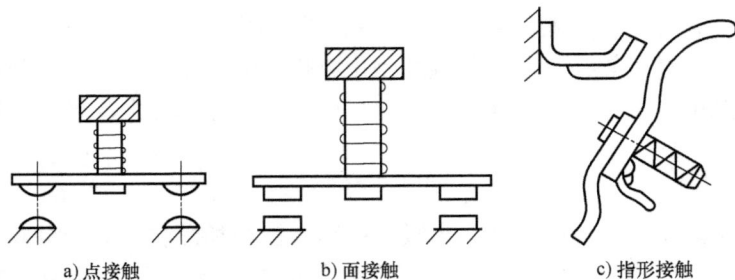

a) 点接触　　　　　　　b) 面接触　　　　　　　c) 指形接触

图 1-3　触头的结构形式

的工作十分有利，应用于电流大、触头动作频繁的情况。

1.2　刀开关及主令电器

1.2.1　刀开关

图1-4所示为刀开关的典型结构。它由操作手柄1、触刀2、静夹座3、铰链支座4、出线座5、绝缘底板6和进线座7组成，是结构最简单的一种手动电器。推动手柄使动触刀插入静夹座中，电路就会被接通。图1-5所示为刀开关的图形符号，刀开关的种类很多，这里只介绍两种带有熔断器的常用刀开关。

1. 开启式负荷开关

开启式负荷开关又名胶盖瓷底刀开关，它由刀开关和熔断器串联组合而成，均装在瓷底板上。这种开关结构简单，价格低廉，常用于频率为50Hz、电压小于380V、电流小于60A的电力线路中，作为一般照明、电热等回路的控制开关；也可用作分支线路的配电开关。三极胶盖刀开关适当降低容量时，可以直接用于不频繁地控制小型电动机，并借助于熔体起过载保护作用。但这种开关易被电弧烧坏，因此不宜带重负载接通或分断电路。实物图如图1-6所示。

安装和使用时应注意下列事项：

1）电源进线应接在进线座（进线座应在上方），用电设备应接在出线端。这样当开关断开时，闸刀和熔体均不带电，以保证更换熔体时的安全。

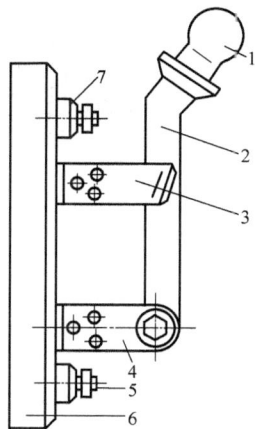

图1-4　刀开关的典型结构
1—操作手柄　2—触刀　3—静夹座　4—铰链支座　5—出线座　6—绝缘底板　7—进线座

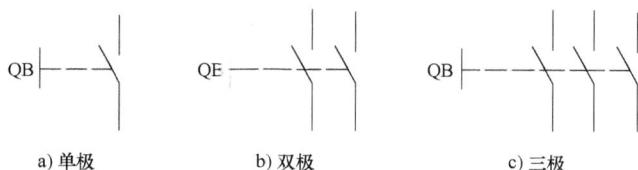

图1-5　刀开关图形符号

a) 单极　　　b) 双极　　　c) 三极

2）在合闸状态下手柄应该向上，不能倒装和平装，以防止手柄松动落下而引起误合闸。

2. 封闭式负荷开关

封闭式负荷开关俗称铁壳开关。图1-7所示为常用的HH系列封闭式负荷开关的结构与外形，它由刀开关、熔断器、灭弧装置、操作机构和钢板（或铸铁）做成的外壳构成。三把触刀固定在一根绝缘方轴上，由手柄操纵。

封闭式负荷开关的操作机构具有以下两个特点：一是设有联锁装置，保证开关在合闸状态下开关盖不能开启，当开启时，不能合闸，以保证操作安全。二是采用蓄能分合闸方式，

图 1-6　刀开关实物图

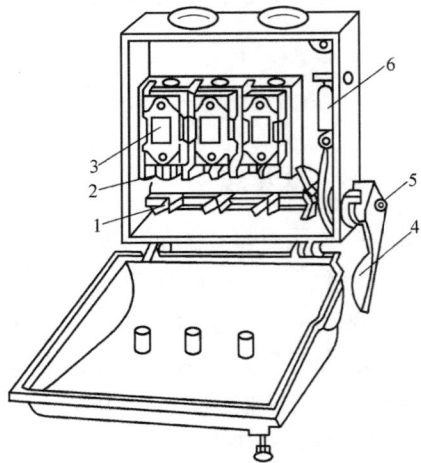

图 1-7　HH 系列封闭式负荷开关的结构与外形
1—触刀　2—夹座　3—熔断器　4—手柄　5—转轴　6—速动弹簧

操作机构中在手柄转轴与底座间装有速动弹簧，使刀开关的接通、断开速度与手柄操作速度无关，这样有利于迅速灭弧，如图 1-8 所示。

图 1-8　封闭式负荷开关

封闭式负荷开关使用注意事项：

1）封闭式负荷开关不允许随意放在地面上使用。

2）操作时要站在封闭式负荷开关的手柄侧，不要面对开关，以免意外故障使开关爆炸，铁壳飞出伤人。

3）开关外壳应可靠接地，防止意外漏电造成触电事故。

负荷开关的型号及其含义如下：

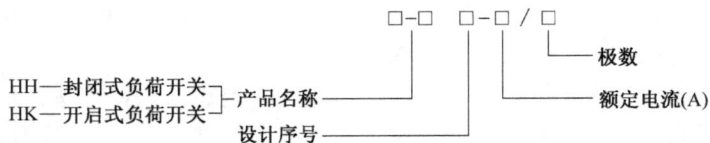

1.2.2　主令电器

主令电器是在自动控制系统中发出指令或信号的电器，故称为主令电器，主要用来接通和分断控制电路以达到发号施令的目的。主令电器应用广泛，种类繁多，最常见的有按钮、行程开关、接近开关、万能转换开关、主令开关和主令控制器等。

1. 控制按钮

按钮是一种手动且一般可以自动复位的主令电器。一般情况下它不直接控制主电路的通断，主要利用按钮远距离发出手动指令或信号去控制接触器、继电器等电器，再由它们去控制主电路；也可用于电气联锁等线路中。

按钮的结构示意图、符号如图1-9所示，按钮的结构一般都是由按钮帽1、复位弹簧2、桥式动触头3、静触头4和5、外壳及支柱连杆等组成。按钮根据静态时触头分合状况，可分为常开按钮（起动按钮）、常闭按钮（停止按钮）及复合按钮（常开、常闭组合一体），实物如图1-10所示。

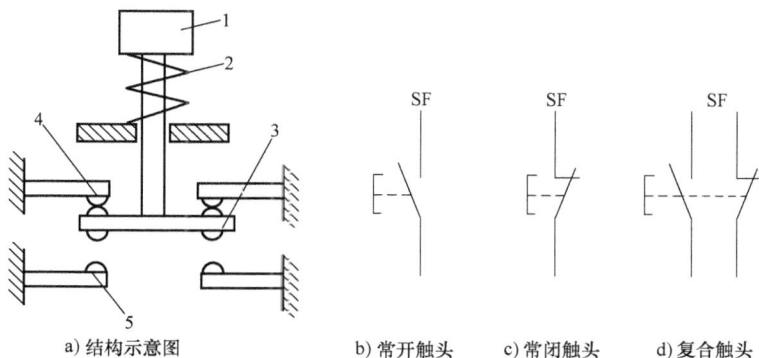

| a) 结构示意图 | b) 常开触头 | c) 常闭触头 | d) 复合触头 |

图1-9　按钮的结构示意图和符号图

按钮的主要技术要求有规格、结构形式、触头对数和按钮的颜色，通常所选用的规格为交流额定电压500V、允许持续电流为5A。

按钮帽的颜色有红、绿、黑、黄、白以及蓝等，供不同场合选用。全国统一设计的按钮新型号为LA25系列，其他常用的有LA2、LA10、LA18、LA19及LA20等系列。LA19的含义如下：

图1-10　按钮实物图

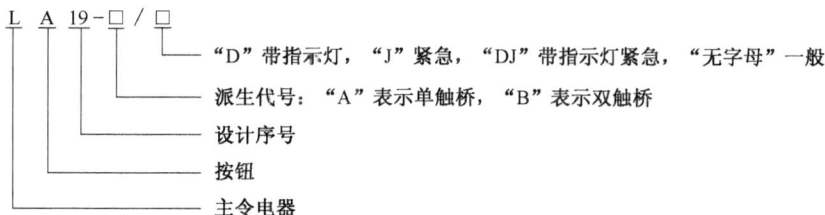

"D"带指示灯，"J"紧急，"DJ"带指示灯紧急，"无字母"一般

派生代号："A"表示单触桥，"B"表示双触桥

设计序号

按钮

主令电器

2. 行程开关

行程开关又称限位开关，它是利用生产设备某些运动部件的机械位移而碰撞位置开关，

使其触头动作，将机械信号变为电信号，接通、断开或变换某些控制电路的指令，借以实现对机械的电气控制要求，常用来限制机械运动的位置或行程，使运动机械按一定位置或行程自动停止、反向运动或自动往返运动等。

行程开关的结构形式很多，基本上是以某种位置开关元件为基础，装置不同的操作形式，按结构形式可分为直动式、滚动式和微动式；按运动形式分为直动式和转动式；按触头性质可分为有触头式和无触头式。行程开关的主要技术参数是额定电压和额定工作电流。

（1）直动式行程开关 图 1-11 所示为直动式行程开关结构图。其动作与控制按钮类似，利用运动部件上的挡块来压下行程开关的推杆。这种行程开关结构简单，成本较低，但触头的分合速度取决于撞块的移动速度。若挡块移动太慢，则触头就不能瞬时切断电路，使电弧在触头上停留时间过长，易于烧蚀触头。常用的行程开关有JLXK1、LX19、LX32、LX33 等系列。直动式行程开关实物图如图 1-12 所示。

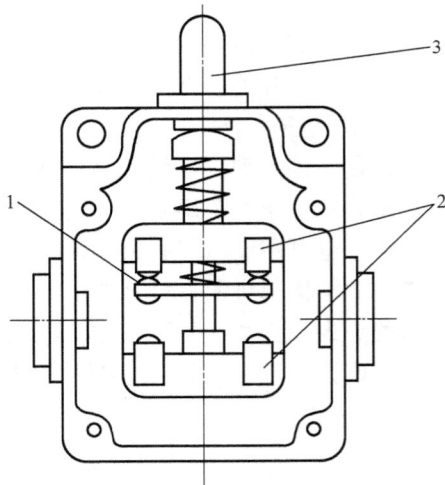

图 1-11 直动式行程开关
1—动触头 2—静触头 3—推杆

图 1-12 直动式行程开关实物图

（2）微动开关 图 1-13 所示为微动开关结构图，采用具有弯片状弹簧瞬动机构，当推杆被压下时，弹簧片发生变形，储存能量并产生位移，当达到预定的临界点时，弹簧片连同动触头产生瞬时跳跃，从而导致电路的接通、分断或转换。同样，减小操作力时，弹簧片会向相反方向跳跃。这种微动开关体积小、动作灵敏，克服了直动式行程开关的缺点，适用于小型机构中。常用的微动开关有 LX31、LXW-11、JLXK1-11、LXK3 等系列。微动开关实物图如图 1-14 所示。

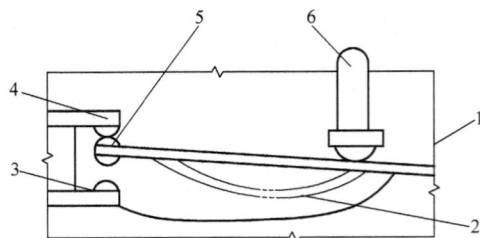

图 1-13 微动开关结构图
1—壳体 2—弓簧片 3—常开触头
4—常闭触头 5—动触头 6—推杆

（3）接近开关 接近开关（又称无触头开关）是一种非接触式的检测装置，具有定位精度高、操作频率高、寿命长和功率消耗低等优点，近年来广泛应用。图1-15所示为高频振荡型接近开关的原理图，它由感应头、高频振荡器、放大器、输出部分组成。其工作原理是当装在设备上的金属检测体接近感应头时，由于感应的作用，高频振荡器使振荡回路参数发生变化，振荡减弱以致停止，通过放大、输出电路而输出控制信号，从而达到位置控制的作用。接近开关实物图如图1-16所示。

图1-14 微动开关实物图

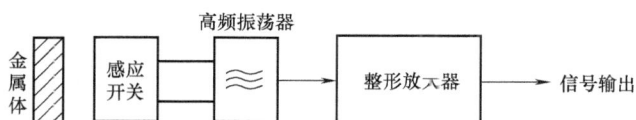

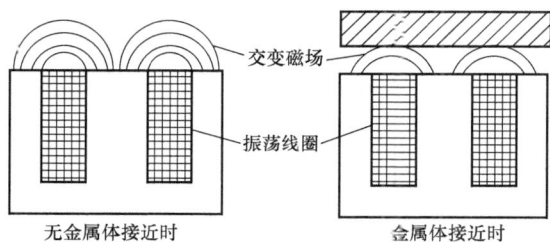

图1-15 高频振荡型接近开关原理图

图1-16 接近开关实物图

1.3 保护电器

1.3.1 熔断器

低压熔断器是在低压线路及电动机控制电路中主要起短路保护作用的元件。熔断器主要由熔体、安装熔体的熔管和熔座三部分组成，如图1-17所示。熔体串联在线路中，当线路

图1-17 熔断器

或电气设备发生短路或过载时，通过熔断器的电流超过规定值一定时间后，以其自身产生的热量使熔体熔化而自动分断电路，使线路或电气设备脱离电源，起到保护作用。

选择熔断器一般应从以下几个方面考虑：

1）熔断器的类型应根据线路的要求、使用场合及安装条件进行选择。

2）熔断器的额定电压必须等于或高于熔断器工作点的电压。

3）熔断器的额定电流必须等于或高于所装熔体的额定电流。

4）熔断器的额定分断能力必须大于电路中可能出现的最大故障电流。

5）熔断器的选择需考虑电路中其他配电电器、控制电器之间的选择性配合等要求，应使上一级熔断器的熔体额定电流比下一级支线大 1~2 个级差。

6）熔断器所装熔体额定电流的选择。

① 对于照明线路等没有冲击电流的负载，应使熔体的额定电流 I_{FU} 等于或稍大于电路的工作电流 I，即 $I_{FU} \geq I$。

② 对于电动机类负载，要考虑起动冲击电流的影响，应按式（1-1）计算

$$I_{FU} \geq (1.5 \sim 2.5)I_N \tag{1-1}$$

③ 对于多台电动机由一个熔断器保护时，熔体额定电流应按式（1-2）计算

$$I_{FU} \geq (1.5 \sim 2.5)I_{Nmax} + \sum I_N \tag{1-2}$$

式中 I_{Nmax}——容量最大的一台电动机额定电流；

$\sum I_N$——其余电动机的额定电流的总和。

④ 降压起动的电动机选用熔体的额定电流等于或略大于电动机的额定电流。

1.3.2　热继电器

热继电器是利用电流热效应原理来工作的保护电器。它在电路中主要用于电动机过载或断相时的自动保护。

1. 热继电器的结构及工作原理

图 1-18a 为热继电器的结构原理图。它主要由双金属片、加热元件、动作机构、触头系统、整定调整装置及温度补偿元件等组成。双金属片由两种线膨胀系数不同的金属片压焊而成，受热后，两层金属片因伸长率不同而弯曲。

在图 1-18 中，主双金属片 1、2 与两个发热元件 3、4 串接在接触器负载端（即主电路）。动触头 8 与静触头 9 接于控制电路中。当负载电流超过整定电流值并经过一定时间后，发热元件所产生的热量足以使双金属片受热向右弯曲，推动导板 5 向右移动一定距离，导板又推动温度补偿片 6 与推杆 7，使动触头 8 与静触头 9 分断，从而使接触器线圈断电释放，切断电路保护电动机。当电源切断后，电流消失，双金属片逐渐冷却，经过一段时间后恢复原状，于是动触头在推动作用力的情况下，靠自身弓簧 13 的弹性自动复位与静触头闭合。

这种热继电器也可手动复位，将螺钉 10 向外调节到一定位置，使动触头弓簧的转动超过一定角度提高其反弹性，在此情况下，即使主双金属片冷却复原，动触头也不能自动复位，必须按下复位按钮 11 使动触头弓簧恢复到具有弹性的角度，使之与静触头恢复闭合。这在某些要求故障未被消除而防止带故障再投入运行的场合是必要的。双金属片式热继电器结构简单，体积小，成本低。热继电器实物图如图 1-19 所示。

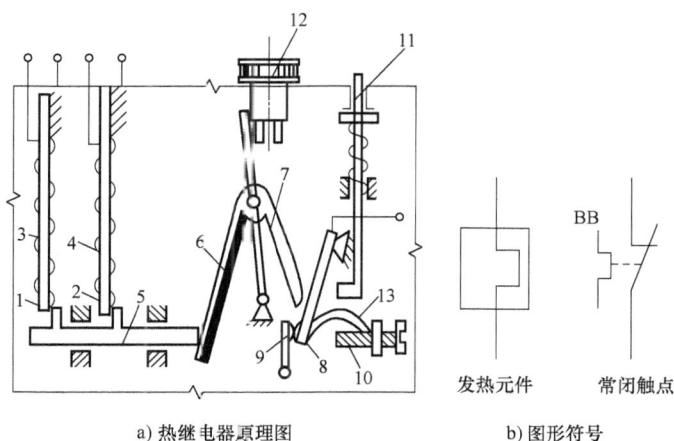

a) 热继电器原理图　　　　　　　　　　b) 图形符号

图1-18　热继电器原理和符号

1、2—主双金属片　3、4—发热元件　5—导板　6—温度补偿片　7—推杆
8—动触头　9—静触头　10—螺钉　11—复位按钮　12—凸轮　13—弓簧

热继电器的主要技术数据是整定电流，所谓整定电流是指长期通过发热元件而不动作的最大电流。当电流超过整定电流20%时，热继电器应当在20min内动作，超过的数值越大，则发生动作的时间越短。整定电流的大小可在一定范围内调节，选用热继电器时应使整定电流等于电动机的额定电流。

2. 热继电器的型号及其含义

图1-19　热继电器实物图

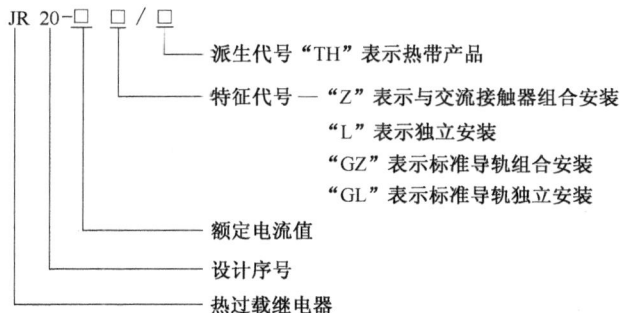

JR 20-□ □/□

派生代号"TH"表示热带产品

特征代号—"Z"表示与交流接触器组合安装
"L"表示独立安装
"GZ"表示标准导轨组合安装
"GL"表示标准导轨独立安装

额定电流值

设计序号

热过载继电器

1.4 交流接触器

接触器是一种用来接通或分断带有负载的交流、直流主电路或大容量控制电路的自动化电器。它主要控制的对象是电动机、变压器等电力负载。可以实现远距离接通或分断电路，操作频繁，工作可靠，还具有零电压保护、欠电压释放保护等作用。

接触器按其流过触头工作电流的种类不同，可分为交流接触器（CJ型）和直流接触器

（CZ 型）两类。

1. 交流接触器

交流接触器主要由电磁机构、触头系统、灭弧装置及其他部分组成，如图1-20所示。

（1）电磁系统　电磁系统用来操纵触头的闭合和分断，它由静铁心、线圈及衔铁三部分组成。

（2）触头系统　接触器的触头用来接通和断开电路。按其接触情况可分为点接触式、线接触式和面接触式三种。根据用途不同，触头分为主触头和辅助触头两种。主触头用以通断电流较大的主电路，一般由接触面较大的常开触头组成。辅助触头用以通断小电流的控制电路，它由常开和常闭触头成对组成。当接触器未工作时处于断开状态的触头称为常开（或动合）触头；当接触器未工作时处于接通状态的触头称为常闭（或动断）触头。

（3）灭弧装置　交流接触器在分断大电流电路时，常会在动、静触头之间产生很强的电弧，即触头间气体在强电场作用下产生的放电现象。电弧一方面会烧伤触头，另一方面会使电路的切断时间延长，甚至会引起其他事故。所以必须有采取灭弧措施。

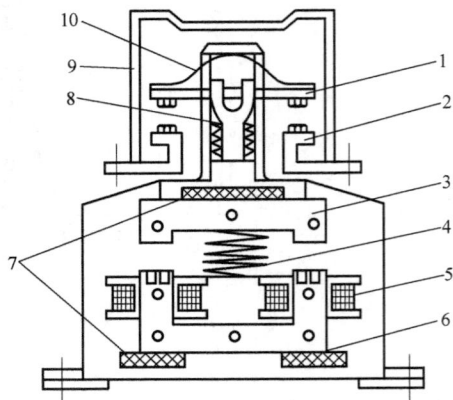

图 1-20　CJ 型交流接触器
1—动触桥　2—静触头　3—衔铁　4—缓冲弹簧　5—电磁线圈　6—静铁心　7—垫圈　8—触头弹簧　9—灭弧罩　10—触头压力簧片

交流接触器的工作原理是当电磁线圈通电后，产生磁场，使静铁心产生足够的吸力，使衔铁克服反作用弹簧与动触头压力弹簧片的反作用力，将衔铁吸合，同时带动传动杠杆使动触头和静触头的状态发生改变，其中三对常开主触头闭合。常闭辅助触头首先断开，接着，常开辅助触头闭合。当电磁线圈断电后，由于铁心电磁吸力消失，衔铁在反作用弹簧作用下释放，各触头也随之恢复原始状态。交流接触器实物如图1-21所示。

2. 接触器常见故障与维修

（1）触头接触不良

1）铜触头表面日久氧化或因维护不当产生积垢，因此要刮掉氧化层或清除积垢。

2）触头过热导致压力弹簧变形，应在消除过热原因后更换触头压力弹簧。

3）触头因电弧温度过高使触头金属汽化等原因造成触头磨损，必须更换触头。

（2）触头过热　触头过热的原因主要是接触电阻过大，其主要原因是：

图 1-21　交流接触器实物图

1）触头压力不够。更换损坏变形的触头弹簧或磨损触头后，重新调整触头压力。

2）触头表面氧化或产生积垢对症处理。

3）触头容量不够。必须更换一个触头容量较大的接触器。

（3）触头烧毛或熔焊　触头在闭合或分断时产生电弧，使触头表面形成许多凸出的小点，而后小点面积扩大，这就是烧毛。触头闭合时，如果跳动，电弧会将触头熔化而导致熔焊。触头烧毛要用整形锉整修，触头熔焊需更换触头。

（4）接触器线圈通电后不能完全吸合　主要原因是动铁心被卡住、反作用弹簧反力过大、电源电压太低等。查清原因后处理。

（5）接触器线圈断电后衔铁不释放

1）E形铁心中柱端面与底面之间的气隙应为 0.05～0.2mm，若因多次吸合碰撞变形导致气隙减小，使剩磁太大，线圈虽断电，但仍能吸住衔铁。只要将中柱端面锉去少许，保持与底面的距离在吸合时为 0.05～0.2mm 内即可。

2）反作用弹簧因疲劳变形造成弹力不足，更换反作用弹簧。

3）可动部分被卡住，对症修理。

4）触头熔焊，更换新触头。

（6）接触器吸合后噪声过大

1）动、静铁心的端面接触不良或有油垢。前者要在细砂布上磨平端面，使之接触面在80%以上，后者要用汽油或四氯化碳清洗。

2）铁心上的短路环断裂。按原样更换或将断裂处焊接上。

3）电源电压太低。提高电源电压到额定值。

4）铁心卡住不能完全吸合。此时不仅噪声大，而且线圈中电流增大，温度升高，如不及时处理，将会烧毁线圈。找出铁心卡住的原因，使铁心完全吸合，即可消除噪声。

（7）接触器线圈过热或烧毁　流过线圈的电流过大，其原因是：

1）线圈匝间短路。更换新的线圈即可。

2）动、静铁心不能完全吸合。处理方法同前。

3）电源电压低，吸力不足而使衔铁振动。调整电压到额定值。

4）操作频繁。要减少接触器闭合和断开频率，以免产生频繁的大电流冲击。

（8）灭弧困难

1）灭弧罩受潮。设法烘干。

2）灭弧罩破碎。更换新的灭弧罩。

3）灭弧线圈匝间短路。更换新线圈。

4）灭弧栅片脱落或损坏。可用铁板制作予以更换。

3. 接触器的选用

为了保证系统正常工作，必须根据以下原则正确选择接触器，使接触器的技术参数满足控制线路的要求。

（1）接触器类型的选择　接触器的类型应根据电路中负载电流的种类来选择，即交流负载应选用交流接触器，直流负载应选用直流接触器。

根据使用类别选用相应系列产品，接触器产品系列是按使用类别设计的，所以应根据接触器负担的工作任务来选择相应的使用类别。若电动机承担一般任务，其接触器可选 AC3类；若承担重任务可选用 AC4 类。如选用 AC3 类用于重任务时，应降低容量使用等。常见接触器的使用类别及其典型用途见表 1-1。

表 1-1　常见的接触器使用类别及其典型用途

电流种类	使用类别代号	典型用途
AC（交流）	AC1	无感或微感负载、电阻炉
	AC2	绕线转子电动机的起动和中断
	AC3	笼型电动机的起动和运转中分断
	AC4	笼型电动机起动、反接制动、反向和点动
DC（直流）	DC1	无感或微感负载、电阻炉
	DC3	并励电动机的起动、反接制动、反向和点动
	DC5	串励电动机的起动、反接制动、反向和点动

（2）接触器主触头的额定电压选择　接触器主触头的额定电压应大于或等于负载的额定电压。

（3）接触器主触头额定电流的选择　对于电动机负载，接触器主触头额定电流按式（1-3）计算：

$$I_N = \frac{P_N \times 10^3}{\sqrt{3}\,U_N \cos\varphi \cdot \eta} \tag{1-3}$$

式中　P_N——电动机的功率（kW）；

$\quad\quad U_N$——电动机的额定线电压（V）；

$\quad\cos\varphi$——电动机的功率因数，$\cos\varphi = 0.85 \sim 0.9$；

$\quad\quad \eta$——电动机的效率，$\eta = 0.8 \sim 0.9$。

在选用接触器时，其额定电流应大于计算值。也可以根据电气设备手册给出的被控电动机的容量和接触器额定电流对应的数据选择。

例如，CJ20-63 型交流接触器在 380V 时的额定工作电流为 63A，故它在 380V 时能控制的电动机的功率为

$$P_N = \sqrt{3}\,I_N U_N \cos\varphi \cdot \eta \times 10^{-3} = \sqrt{3} \times 380 \times 63 \times 0.9 \times 0.9 \times 10^{-3}\,kW \approx 33kW$$

其中 $\cos\varphi$ 和 η 均取 0.9。

由此可见，在 380V 的情况下，63A 的接触器的额定控制功率为 33kW。

在实际应用中，接触器主触头的额定电流也常常按式（1-4）的经验公式计算：

$$I_N = \frac{P_N \times 10^3}{K U_N} \tag{1-4}$$

式中　K——经验系数，$K = 1 \sim 1.4$。

在确定接触器主触头电流等级时，如果接触器的使用类别与所控制负载的工作任务相对应时，一般应使主触头的电流等级与所控制的负载相当，或者稍大一些。如果不对应，例如，用 AC3 类的接触器控制 AC3 与 AC4 混合类负载时，则需降低电流等级使用。

当负载为电容器或白炽灯时，接通时的冲击电流可达额定工作电流的十几倍。这时宜选用 AC4 类的接触器。若使用 AC3 类别的产品，则应降低为 70% ~ 80% 额定容量来使用。

（4）接触器吸引线圈电压的选择　当控制线路比较简单，所用接触器数量较少，则交流接触器线圈的额定电压一般直接选用 380V 或 220V。当控制线路比较复杂，使用的电器又比较多，为了安全，线圈的额定电压可选低一些。例如，交流接触器线圈的电压可选择 127V、36V 等，这时需要附加一个控制变压器。

1.5 继电器

继电器是一种根据外界输入的一定信号（电的或非电的）来控制电路中电流"通"与"断"的自动切换电器。它主要用来反映各种控制信号，其触头通常接在控制电路中。本节主要介绍常用的电磁式（电压、电流、中间）继电器、时间继电器和速度继电器。

1. 电流继电器

根据线圈中电流的大小而动作的继电器称为电流继电器。这种继电器线圈的导线粗，匝数少，串联在主电路中。当线圈电流高于整定值而动作的继电器称为过电流继电器，低于整定值而动作的称为欠电流继电器，如图1-22所示。

过电流继电器在正常工作时电磁吸力不足以克服反力弹簧的力，衔铁处于释放状态；当线圈电流超过某一整定值时，衔铁动作，于是常开触头闭合，常闭触头断开。瞬动型过电流继电器常用于电动机的短路保护；延时动作型过电流继电器常用于过载兼具有短路保护。有的过电流继电器带有手动复位机构。当过电流时，继电器衔铁动作后不能自动复位，只有当操作人员检查并排除故障后，采用手动松掉锁扣机构，衔铁才能在复位弹簧作用下返回，从而避免重复过电流事故的发生。

图1-22 电流继电器

欠电流继电器是当线圈电流降到低于某一整定值时释放的继电器，所以在线圈电流正常时衔铁是吸合的。这种继电器常用于直流电动机和电磁吸盘的失磁保护。

2. 电压继电器

根据电压大小而动作的继电器称为电压继电器。这种继电器线圈的导线细，匝数多，并联在主电路中。电压继电器有过电压继电器和欠电压（或零电压）继电器之分。

过电压继电器是当电压超过规定电压高限时，衔铁吸合，一般动作电压为（105% ~ 120%）U_N以上时，对电路进行过电压保护；欠电压继电器是当电压不足于所规定的电压低限时，衔铁释放，一般动作电压为（40% ~ 70%）U_N以下时对电路进行欠电压保护；零电压继电器在电压降为（10% ~ 35%）U_N时对电路进行零电压保护。电压继电器如图1-23所示。

3. 中间继电器

中间继电器在结构上是一种电压继电器，它是用来转换控制信号的中间元件。它输入的是线圈的通电或断电信号，输出信号为触头动作。它的触头数量较多，可将一路信号转变为多路信号以满足控制要求。各触头的额定电流相同，多数为5 ~ 10A，小型的为3A。常用的中间继电器有J27和J28。中间继电器吸引线圈的额定电压等于控制回路的电压，交流有24V、36V、110V、127V、220V、380V；直流有24V、48V、220V、440V。中间继电器如图1-24所示。

4. 时间继电器

在控制系统中，不仅需要动作迅速的继电器，而且需要当吸引线圈通电或断电以后其触

图 1-23 电压继电器

图 1-24 中间继电器

头经过一定延时再动作的继电器，这种继电器称为时间继电器。按其动作原理与构造不同，可分为电磁式、空气阻尼式、电动式和电子式等时间继电器。

（1）空气阻尼式时间继电器 空气阻尼式时间继电器是利用空气阻尼作用而达到延时的目的。它是应用最广泛的一种时间继电器，其工作原理如图 1-25 所示。主要由电磁机构（由线圈、铁心和衔铁组成）、触头系统（有两对瞬动触头和两对延时触头）、空气室、传动机构部分（由推板、活塞杆、杠杆及各种类型的弹簧等组成）组成。空气阻尼式时间继电器实物图如图 1-26 所示。

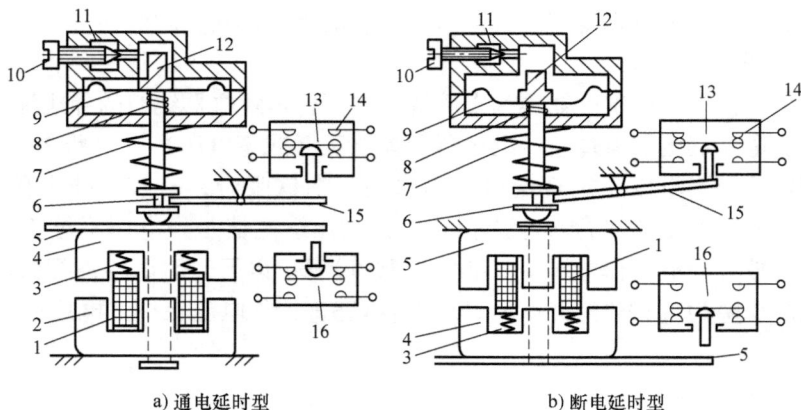

a) 通电延时型

b) 断电延时型

图 1-25 空气阻尼式时间继电器原理图

1—线圈 2—静铁心 3、7、8—弹簧 4—衔铁 5—推板 6—顶杆 9—橡皮膜
10—调节螺钉 11—进气孔 12—活塞 13、16—微动开关 14—延时触头 15—杠杆

空气阻尼式时间继电器有通电延时和断电延时两种。图 1-25a 所示为通电延时继电器。它的主要功能是线圈通电后，触头要延长一段时间才动作；而线圈失电时，触头立即复位。具体动作过程如下：当吸引线圈通电时，动铁心就被吸下，使铁心与活塞杆之间有一段距

离，在释放弹簧的作用下，活塞杆就向下移动。由于在活塞上固定有一层橡皮膜，因此当活塞向下移动时，橡皮膜上方空气变稀薄，压力减小，而下方的压力加大，限制了活塞杆下移的速度。只有当空气从进气孔进入时，活塞杆才继续下移，直至压下杠杆，使微动开关动作。可见，从线圈通电开始到触头（微动开关）动作需要经过一段时间，此即为继电器的延时时间。旋转调节螺钉，改变进气孔的大小，就可调节延时时间的长短。线圈断电后复位弹簧使橡皮膜上升，空气从单向排气孔迅速排出，不产生延时作用。该空气式时间继电器经过适当改装后，还可成

图1-26　空气阻尼式时间继电器实物图

为断电延时继电器，即通电时它的触头瞬时动作，而断电后要经过一段时间它的触头才能复位。

　　空气阻尼式时间继电器结构简单、寿命长、价格低，还附有不延时的触头，所以应用较为广泛。但准确度低，延时误差大（±10%～±20%），在要求延时精度高的场合不宜采用。

　　（2）电磁式时间继电器　电磁式时间继电器一般在直流电气控制电路中应用较广，只能是直流供电时，断电延时。图1-27所示为电磁式时间继电器。在U形静铁心7的另一柱装上阻尼铜套11。其工作原理是，当电磁线圈9断电后，通过U形静铁心7的磁通要迅速减少，由于电磁感应，在阻尼铜套11内产生感应电流。根据电磁感应定律，感应电流产生的磁场总是阻碍原磁场的减弱，使铁心继续吸持衔铁一小段时间，达到延时的目的。电磁式时间继电器实物图如图1-28所示。

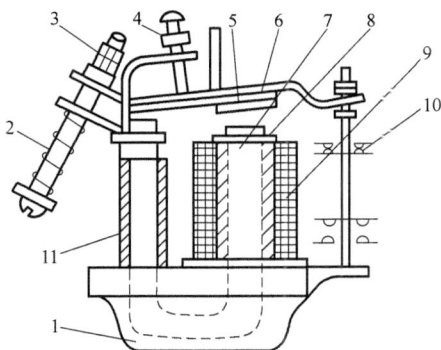

图1-27　电磁式时间继电器
1—底座　2—反力弹簧　3、4—调整螺钉　5—非磁性垫片　6—衔铁　7—U形静铁心　8—极靴
9—电磁线圈　10—触头系统　11—阻尼铜套

图1-28　电磁式时间
继电器实物图

这种时间继电器延时时间的长短是靠改变铁心与衔铁间非磁性垫片的厚度（粗调）或改变释放弹簧的松紧（细调）来调节的。垫片越厚延时越短，反之越长。因非导磁性垫片的厚度一般为 0.1mm、0.2mm、0.3mm，具有阶梯性，故用于粗调。而弹簧越紧则延时越短，反之越长，由于弹簧松紧可连续调节，故用于细调。

电磁式时间继电器结构简单、运行可靠、寿命长，但延时时间短。

（3）晶体管式时间继电器　晶体管式时间继电器属于电子式时间继电器，多用于电力传动、自动顺序控制及各种过程控制系统中，并以其延时范围宽、精度高、体积小、工作可靠的优势逐步取代传统的电磁式、空气阻尼式等时间继电器。晶体管式时间继电器如图 1-29 所示。

晶体管式时间继电器是利用 RC 电路电容充电，电容电压逐步上升的原理为延时基础，延时时间通过调整电路的时间常数来调整，具有断电延时、通电延时和带瞬动触头延时三种型式。

JS20 系列晶体管式时间继电器是全国统一设计产品，延时范围有 0.1~180s、0.1~300s、0.1~3600s 三种，电气寿命达 10 万次。适用于交流 50Hz、电压 380V 及以下或直流 110V 及以下的控制电路中。此外，常用的晶体管式时间继电器还有 JS14A、JS15、JSJ 等系列。

图 1-29　晶体管式时间继电器

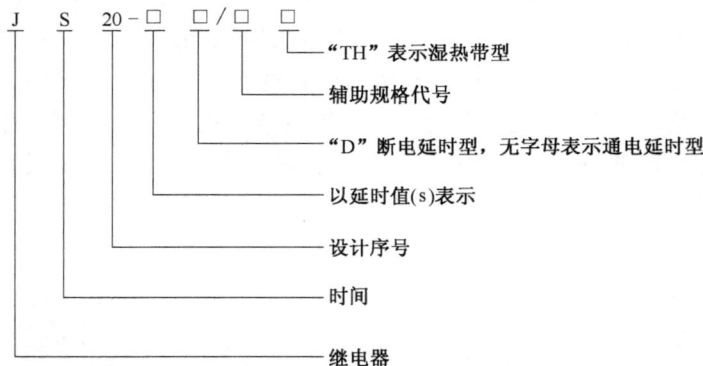

图 1-30 所示为时间继电器的图形符号和文字符号。

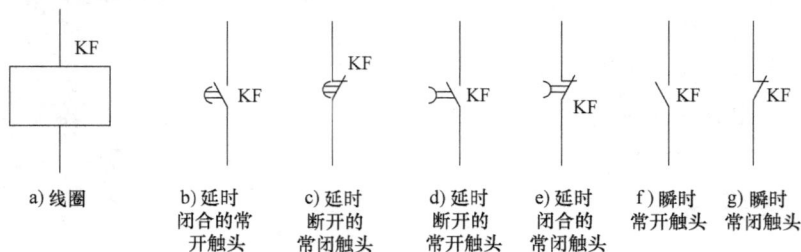

a) 线圈　　b) 延时闭合的常开触头　　c) 延时断开的常闭触头　　d) 延时断开的常开触头　　e) 延时闭合的常闭触头　　f) 瞬时常开触头　　g) 瞬时常闭触头

图 1-30　时间继电器的图形符号和文字符号

5. 速度继电器

速度继电器是利用转轴的一定转速来切换电路的自动电器。它常用于电动机反接制动的控制电路中，当反接制动的转速下降到接近零时，它能自动地及时切断电流。速度继电器由转子、定子和触头三部分组成，其工作原理与笼型异步电动机相似，如图1-31所示。

　　转子是一块永久磁铁，与电动机或机械转轴连在一起，随轴转动。它的外边有一个可以转动一定角度的外环，装有笼型绕组。当转轴带动永久磁铁旋转时，定子外环中的笼型绕组因切割磁力线而产生感应电动势和感应电流，该电流在转子磁场作用下产生电磁力和电磁转矩，使定子外环跟随转动一个角度。如果永久磁铁逆时针方向转动，则定子外环带着摆杆向右边，使右边的常闭触头断开，常开触头接通；当永久磁铁顺时针方向旋转时，使左边的触头改变状态。当电动机转速较低（如小于100r/min）时，触头复位。

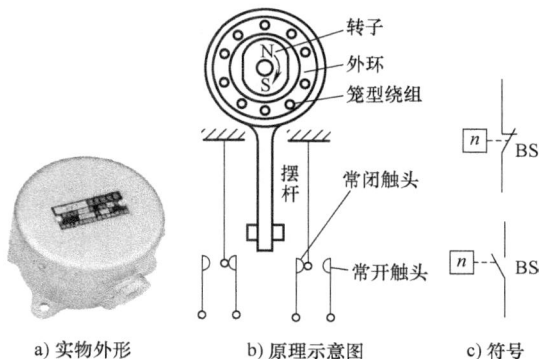

a) 实物外形　　　b) 原理示意图　　　c) 符号

图1-31　速度继电器

【小结】

1）低压电器有配电电器（包括熔断器、刀开关）与控制电器（包括接触器、继电器、主令电器）两大类。

2）刀开关通常作为"隔离开关"，也可以起停小容量的电动机。主令电器主要用来通、断控制电路以达到发布命令的目的，有控制按钮、行程开关等。

3）熔断器在低压电路中可用作过载保护和短路保护。在电动机电路中，因电动机的起动电流较大，所以只宜做短路保护而不能做过载保护。

4）交流接触器是一种用来接通或分断带负载的交流主电路的自动切换电器。

5）继电器是一种根据外界输入的一定信号（电的或非电的）来控制电路中电流"通"与"断"的自动切换电器。它包括控制继电器（中间继电器、时间继电器、速度继电器）和保护继电器（热继电器、过电流继电器、欠电流继电器、过电压继电器、欠电压继电器）两种。

【习题】

一、填空题

1. 由于接触电阻的存在，将使触头的温度_____，容易产生熔焊现象。

2. 由于电弧的存在，将导致电路的分断时间_____。

3. 熔断器的额定电流必须_____所装熔体的额定电流。

4. 交流接触器在不同的额定电压下，额定电流_____。

5. CJ20-160型交流接触器在380V时的额定电流为_____。

6. CJ20-160型交流接触器在380V时能控制的电动机的功率为_____kW。

7. 交流接触器有_____和_____触头。

8. 中间继电器在结构上是一个＿＿＿＿＿＿＿，它是用来转换＿＿＿＿＿的中间元件。

二、判断题

1. 只要外加电压不变，交流电磁铁的吸力在吸合前、后是不变的。　　　　　　（　　）
2. 在电动机的主电路中装有熔断器，所以就不用再装热继电器。　　　　　　（　　）
3. 额定电压为 220V 的交流接触器在交流 220V 和直流 220V 的电源上均可使用。

　　　　　　　　　　　　　　　　　　　　　　　　　　　　　　　　（　　）
4. 交流接触器通电后如果铁心吸合受阻，将导致线圈烧毁。　　　　　　　　（　　）
5. 一定规格的热继电器，其所装的热元件规格可能是不同的。　　　　　　　（　　）
6. 热继电器的额定电流就是其触头的额定电流。　　　　　　　　　　　　　（　　）
7. 通电延时型时间继电器，它的动作情况是线圈通电时触头瞬时动作，断电时触头延时动作。　　　　　　　　　　　　　　　　　　　　　　　　　　　　　（　　）

三、问答题

1. 什么是低压电器？它可以分为哪两大类？常用的低压电器有哪些？
2. 电磁式低压电器有哪几部分组成？说明各部分的作用。
3. 在使用和安装 HK 系列刀开关时，应注意些什么？
4. 控制按钮和行程开关在电路中各起什么作用？
5. 在电动机起动过程中，热继电器会不会动作？为什么？
6. 在电动机控制电路中，熔断器和热继电器能否互相代用？为什么？
7. 接触器有何用途？按其主触头所控制电路的性质可分为哪两种类型？
8. 交流接触器频繁操作后线圈为什么会发热？其衔铁卡住后会出现什么后果？
9. 什么是继电器？它有何用途？
10. 比较空气阻尼式时间继电器、电磁式时间继电器、晶体管式时间继电器的工作原理、应用场合及优缺点。

第2章

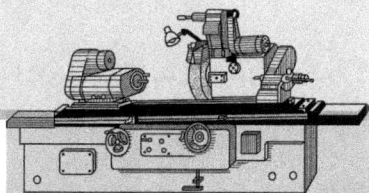

继电器-接触器基本控制环节

继电器-接触器控制系统是由各种有触头的继电器、按钮、行程开关、接触器等组成的控制电路,来实现对电力拖动系统的起动、制动、反向和调速的控制,实现对电力拖动系统的保护及生产加工自动化。由于各种设备的工艺过程不同,其控制电路也不相同,但都是由一些基本控制环节组合而成。本章从实用的角度介绍电气图的有关国家标准,着重介绍三相异步电动机的起动、制动、调速等基本环节的电路构成,对各电路工作过程进行分析,是阅读、分析、设计控制电路的基础。

2.1 电气控制系统图

电气控制系统是由许多电气元件按照一定要求连接而成的。为了表达设备电气控制系统的结构及工作原理,也为了便于电气元件的安装、接线、维护等,将系统中各电气元件及其连接关系用规定的图形表示出来,这种图就是电气控制系统图。常用的电气控制系统图包括电气原理图、电气元件布置图、电气安装接线图。

2.1.1 电气元件的图形符号和文字符号

1. 图形符号

图形符号通常用于图样或其他文件,用以表示一个设备或概念的图形、标记或字符。电气控制系统图中的图形符号应符合 GB/T 4728—2005 ~ 2008《电气简图用图形符号》的规定。

2. 文字符号

文字符号运用于电气技术领域中技术文件的编制,也可表示在电气设备、装置和元器件上,以标明电气设备、装置和元器件的名称、功能、状态和特征。文字符号应符合 GB/T 6988—2008《电气技术用文件的编制》、GB/T 5094—2003 ~ 2005《工业系统、装置与设备以及工业产品——结构原则与参照代号》、GB/T 20939—2007《技术产品及技术产品文件结构原则字母代码 按项目用途和任务划分的主类和子类》中的规定(GB 7159—1987《电气技术中的文字符号制定通则》2005 年 10 月 14 日已废止)。

电气元器件的文字符号一般由两个字母组成,第一个字母在 GB/T 5094.2—2003《工业系统、装置与设备以及工业产品——结构原则与参照代号》中的"项目的分类与分类码"给出;第二个字母在 GB/T 20939—2007《技术产品及技术产品文件结构原则 字母代

码 按项目用途和任务划分的主类和子类》中给出。本书采用最新的国家标准。

2.1.2 电气原理图

电气原理图（也称为电路图）是用电气图形符号和文字符号来表示电路的构成及其工作原理的图形。

1. 电气原理图的基本组成

任何一个电气控制系统或设备都有对应的电气原理图。不同系统或设备，构成电气原理图的元件不同，复杂程度也不同，但电气原理图不外乎由电源、用电设备、控制及保护设备、连接导线等单元组合，并用相应的图形符号和文字符号加以表示而成。电气原理图表示所有电气元件的导电部件和接线端之间的相互关系，为分析设备的工作原理和日后的测试及寻找故障提供信息，为绘制接线图提供依据。但不考虑元件的实际位置及尺寸大小，故原理图不能代替电气元件布置图和电气安装接线图。

2. 电气原理图的绘制原则

按国家标准 GB/T 6988.2—1997《电气技术用文件的编制 第 2 部分：功能性简图》的要求，绘制电气原理图应遵循以下原则：

1）原理图一般分主电路和控制电路两部分：主电路包括从电源到电动机（被控设备）的电路，是大电流通过的电路部分，用粗线条画在原理图的左边；控制电路是通过小电流的电路，一般由按钮、电气元件的线圈、接触器的辅助触头、行程开关等组成的控制回路及照明电路、信号电路及保护电路等，用细线条画在原理图的右边。

2）电路图中各电气元器件，一律采用标准规定的图形符号绘出，用标准文字符号标记。

3）所有按钮、触头均按未受外力作用和没有通电的状态绘制。

4）电路图应按主电路、控制电路、照明电路及信号电路分开绘制，主电路中三相电源按相序从上到下或从左到右排列，中线应放在相线的下方或右方。

5）电路各接点标记：交流系统三相电源导线和中性线用 L1、L2、L3、N 标记，直流系统正、负极导线和中性线用 L_+、L_-、MA 标记，三相异步电动机的绕组首端分别用 U1、V1、W1 标记，绕组首端分别用 U2、V2、W2 标记。

控制电路各线号采用数字编号，按"等电位"原则进行，其顺序一般从左至右、由上而下，凡是被线圈、触头、电阻、电容等元件所隔离的接线端子，都应标不同的线号。图 2-1 所示为 CW6132 型卧式车床电气原理图。

2.1.3 电气元件布置图

电气元件布置图（也称为安装图）主要是用来表明电气设备或装置中各个电气元件的实际安装位置，为生产机械电气控制设备的制造、安装提供必要的资料。图中各电器文字代号应与其电路图中相应文字代号相同。图 2-2 所示为 CW6132 型车床的电气元件布置图。

2.1.4 电气安装接线图

电气安装接线图是用规定的图形符号，按各电气元件相对位置绘制的实际接线图。它清

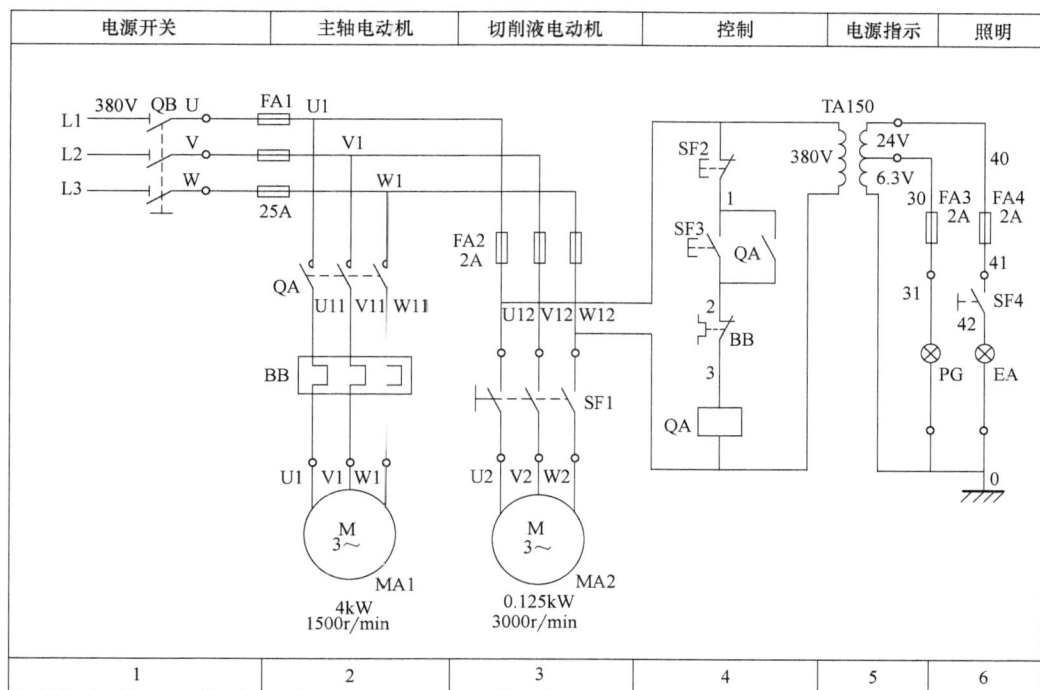

图 2-1　CW6132 型卧式车床电气原理图

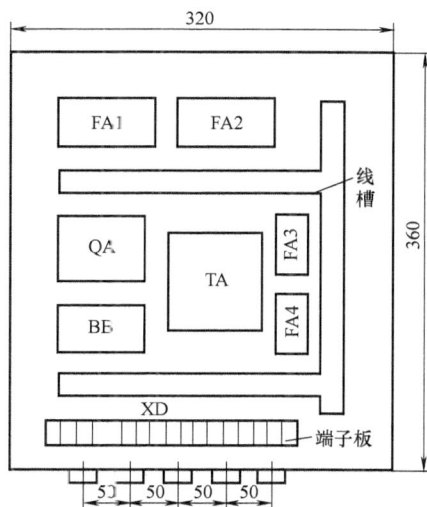

图 2-2　CW6132 型车床的电气元件布置图

楚地表明了各电气元件在装置中的相对位置和它们之间的实际配线，不明确表示电路的原理和电气元件间的控制关系，接线图常与原理图及安装图一起使用。图 2-3 所示为 CW6132 型车床的安装接线图。

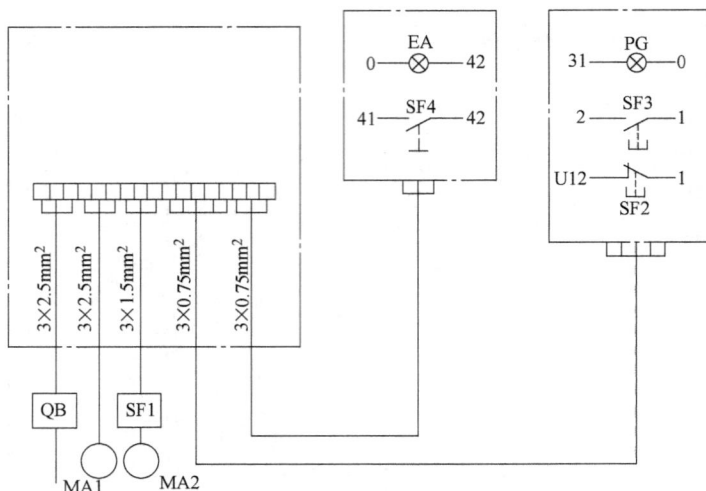

图 2-3　CW6132 型车床的安装接线图

2.2　三相笼型异步电动机的直接起动控制电路

三相笼型异步电动机具有结构简单、价格便宜、坚固耐用、维修方便等优点，在实际中获得广泛应用。笼型异步电动机的起动有直接起动和减压起动两种方式，本节介绍的就是常用的直接起动控制电路。

2.2.1　三相异步电动机的单向旋转直接起动控制电路

1. 单向旋转接触器控制电路

图 2-4 所示为单向旋转接触器控制电路，图中 L1、L2、L3 为三相电源，QB 为刀开关，

FA1、FA2 为熔断器，QA 为接触器，BB 为热继电器，MA 为三相电动机，SF1 为停止按钮，SF2 起动按钮。其主电路由三相电源 L1、L2、L3 经刀开关 QB、熔断器 FA1、接触器的三对常开主触头 QA、热继电器 BB 的发热元件引至三相电动机 MA 组成；控制电路由熔断器 FA2、热继电器 BB 的常闭触头、停止按钮 SF1 和起动按钮 SF2 及接触器 QA 的线圈等组成。

电动机起动工作过程是：合上电源刀开关 QB，按下起动按钮 SF2，接触器 QA 线圈得电，其主触头闭合，电动机起动运转。与 SF2 并联的 QA 辅助常开触头同时闭合，从而使电动机连续运转。这种依靠

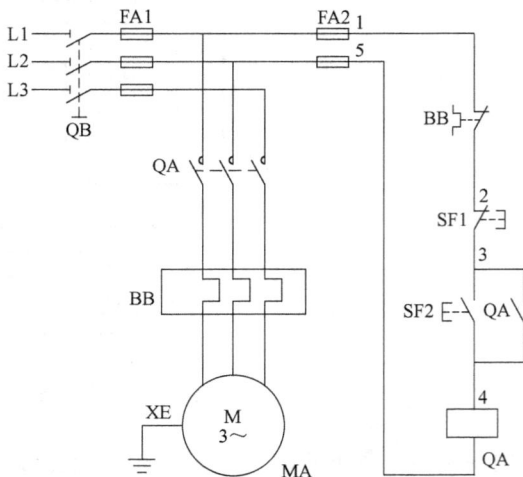

图 2-4　单向旋转接触器控制电路

接触器自身辅助触头保持线圈持续通电的电路称为自保或自锁电路，对应的触头称为自锁触头。

需要停机时，按下停止按钮 SF1，使 QA 线圈失电释放，QA 的主触头、辅助触头同时断开，电动机停止运转。

图 2-4 为单向旋转接触器控制电路，此电路具有如下的保护环节：

（1）短路保护　熔断器 FA1、FA2 分别实现对主电路和控制电路的短路保护。

（2）过载保护　热继电器 BB 实现对电动机长期过载保护。当电动机出现长期过载时，串接在电动机定子回路中的发热元件使双金属片过热变形，使其串接在控制回路中的常闭触头 BB 断开，QA 线圈失电，电动机停止运转，实现过载保护。

（3）欠电压（失电压）保护　通过 QA 的自保环节来实现。当电源电压过低或电压消失时，接触器 QA 因其电磁吸力不足以克服弹簧反力而释放，其主、辅触头全部复位，电动机停止运转。当电源电压恢复正常后，只有在操作人员重新按下起动按钮后，电动机才能起动。这样可避免电动机自行起动而造成设备和人身事故。

2. 点动控制的电路

在实际控制中，不仅需要连续运转，有时还需要做点动控制。所谓点动控制，就是当按下按钮时电动机运转，松开按钮时电动机停止运转。图 2-5 给出了点动控制电路。其中图 2-5a 为点动控制电路的基本形式，按下 SF，QA 线圈通电吸合，其主触头闭合，电动机起动运转。松开按钮 SF 时，QA 线圈断电释放，电动机停止转动。图 2-5b 为既能实现电动机连续运转，又可实现点动控制的电路，由手动开关 SF3 选择。当合上 SF3 时为连续运转，断开 SF3 时为点动控制。图 2-5c 中采用了两个按钮 SF2、SF3，分别实现连续运转与点动控制，当按下 SF2 时，电动机连续运转，若需点动控制时，按下点动按钮 SF3，其常闭触头将自保电路断开，实现点动控制，SF1 为连续运转停止按钮。

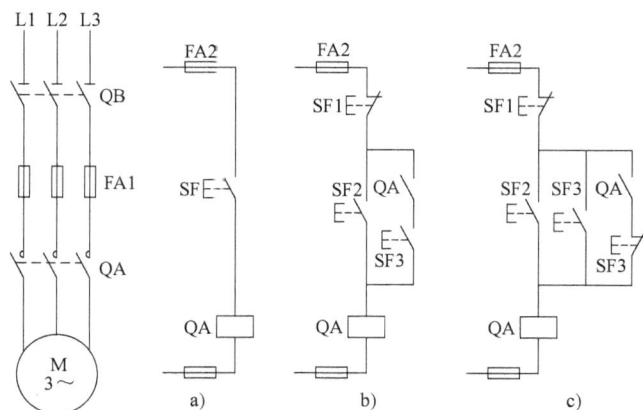

图 2-5　点动控制电路

2.2.2 三相异步电动机的可逆旋转控制电路

在实际对生产机械的控制过程中，往往要求电动机能够实现正反两个方向的运动，如车床工作台的前进与后退、主轴的正转和反转等。由电动机原理可知，欲改变电动机的转动方向，只需将电动机的三相电源进线中的任意两相对调即可实现。

1. 手动按钮控制的可逆旋转控制电路

图 2-6 所示为手动按钮控制的可逆旋转控制电路。其中图 2-6a 实质上是由两个方向相反的单向旋转控制电路组合而成。SF2、SF3 分别为正转和反转起动按钮，QA1、QA2 分别为正转和反转接触器，SF1 为停止按钮。可见此电路结构简单，但无法正常工作，由分析可知，当已按下正转起动按钮 SF2 后又按下反转起动按钮 SF3 时，将造成主电路两相电源短路。为了避免发生电源短路的故障，将 QA1、QA2 的辅助常闭触头分别串接在对方的线圈回路中，形成相互制约的控制，如图 2-6b 所示。这种相互制约关系称为互锁控制。由接触器或继电器常闭触头实现的互锁称为电气互锁。图 2-6c 是在图 2-6b 基础上增设了起动按钮的常闭触头做互锁，构成具有电气互锁加按钮互锁（也称为机械互锁）的控制电路。与图 2-6b 比较，该电路的特点是：在正转运行时，若要变成反转，不需要按 SF1，而直接按下 SF3 即可。

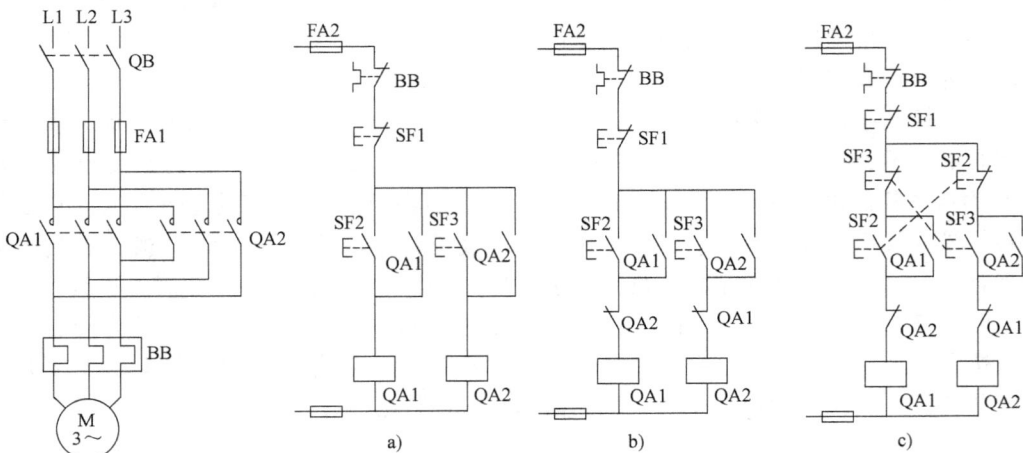

图 2-6　手动按钮控制的可逆旋转控制电路

2. 往复自动循环控制的可逆旋转控制电路

在生产中，有些设备的工作需要自动往复运动，例如钻床的刀架、万能铣床的工作台等。通常情况下，往复自动循环是利用行程开关控制运动部件的相对位置，并发出正反向运动切换信号，这种控制称为行程控制。

图 2-7 所示为电动机往复自动循环控制电路。图中，BG1 为反转正向行程开关，BG2 为正转反向行程开关，BG3、BG4 分别为正、反向极限保护限位开关。该电路实质上就是在图 2-6c 正、反转接触器的自锁电路与互锁电路的基础上，增加了由行程开关 BG1、BG2 的常开触头分别并联在正、反向起动按钮 SF2、SF3 的常开触头两端构成的一条自锁电路，以及由行程开关 BG2、BG1 的常闭触头分别串联在正、反向接触器 QA1、QA2 的线圈电路中构成的另一条互锁电路，并加设了运动部件的运动限位保护。

电路的工作过程是：合上电源刀开关 QB，按下正转起动按钮 SF2，QA1 线圈得电，电动机正转并拖动工作台前进，到达终端位置时，工作台上的撞块压下换向行程开关 BG2，BG2 的常闭触头断开，正转接触器 QA1 失电释放，同时，BG2 的常开触头闭合，使反向接触器 QA2 的线圈得电吸合，电动机由正转变为反转，并拖动工作台后退。当返回到起始位

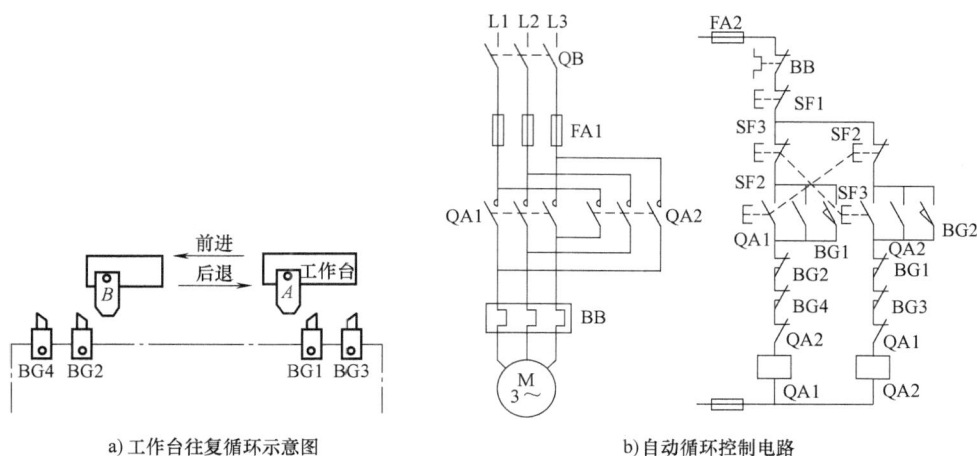

图 2-7 电动机往复自动循环控制电路

置时，工作台上的撞块压下换向行程开关 BG1 时，又使电动机由反转变为正转，如此往复循环，实现了电动机往复自动循环控制。

若按下停止按钮 SF1 时，电动机停止运转。若出现工作台到达换向开关位置而未能切断 QA1 或 QA2 的故障时，工作台继续运动，撞块压下极限行程开关 BG3 或 BG4，使 QA1 或 QA2 线圈失电释放，电动机停止，从而避免了运动部件越出允许位置而导致事故发生。可见 BG3、BG4 起限位保护作用。

2.3 三相异步电动机的降压起动控制电路

三相异步电动机采用全压起动，控制电路简单，但因起动电流可达额定电流的 4～7 倍，这对正常起动的三相异步电动机本身不会造成影响，但对供电网络造成冲击，尤其当容量较大的电动机采用全压起动时，直接影响在同一电网工作的其他负载的正常工作。因此，容量较大（大于 10kW）的异步电动机应采用降压起动。有时为了减小或限制起动对机械设备的冲击，往往也采用降压起动。

三相笼型异步电动机常用的降压起动方法有：星形-三角形降压起动、自耦变压器降压起动、定子串电阻或电抗器降压起动等。虽然方法各异，但目的都是为了减小起动电流。

2.3.1 星形-三角形降压起动控制电路

星形-三角形降压起动只适用于定子绕组在正常运行时接为三角形的电动机。在电动机起动时将定子绕组接成星形，实现降压起动，当转速接近额定转速时，再将定子绕组改接成三角形接法，电动机进入正常运行。由于星形联结时起动电流仅为三角形联结时的 $1/\sqrt{3}$，但相应的起动转矩也降为三角形联结时的 1/3，因此，这种方法只能空载或轻载起动。

图 2-8 所示为星形-三角形降压起动控制电路。图中主电路通过三组接触器主触头将电动机的定子绕组接成星形或三角形，即 QA、QA1 主触头闭合时，绕组接成星形；QA、QA1

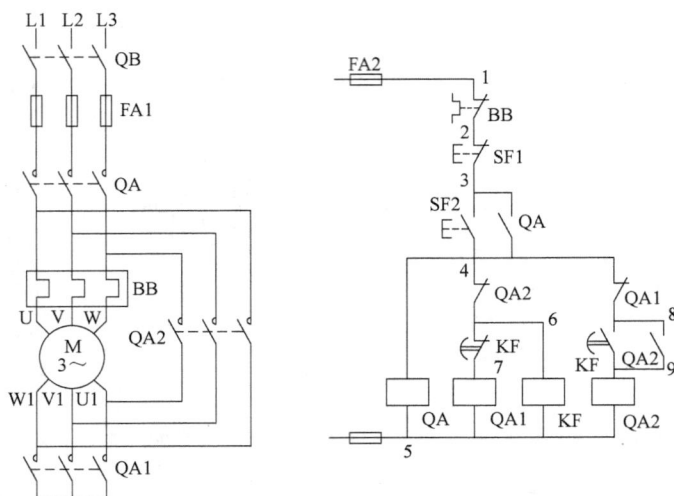

图 2-8　星形-三角形降压起动控制电路

主触头闭合时，绕组接成三角形。KF 为降压起动时间继电器。

　　电路的工作过程：合上电源刀开关 QB，按下起动按钮 SF2，QA、QA1 线圈同时得电并自保，电动机接成星形，降压起动，同时时间继电器 KF 线圈得电开始延时，当电动机转速接近额定转速时，通电延时型时间继电器 KF 动作，触头 KF（6-7）断开，使 QA1 线圈断电释放，KF（8-9）闭合，使 QA2 线圈经触头 QA2（5-9）得电吸合，电动机由星形改为三角形联结，进入正常运行。而触头 QA2（4-6）使 KF 线圈断电，并实现了 QA1 与 QA2 的电气互锁。

　　需要指出，新型 Y 系列电动机起动转矩为额定转矩的 1.4～2.2 倍，所以 Y 系列电动机采用星形-三角形降压起动不仅适用于轻载起动，也适用于较重负载下的起动。

2.3.2　自耦变压器降压起动控制电路

　　自耦变压器降压起动是利用自耦变压器来降低起动时的电压，达到限制起动电流的目的。起动时，自耦变压器一次侧接电源，二次侧接在电动机的定子绕组上，当电动机转速升高到一定值时，将自耦变压器从电路中切除，电动机直接与电源相接，在全压下运行。图 2-9 是自耦变压器降压起动的控制电路。图中，QA1、QA2 为降压起动接触器，QA3 为正常运行接触器，KF 为降压起动时间继电器。

　　电路的工作过程是：合上电源刀开关 QB，按下起动按钮 SF2，QA1 线圈得电，自耦变压器 TA 接入，同时 QA2 通电、KF 线圈得电并自锁，电动机降压起动。经时间继电器 KF 延时后（此时电动机转速已接近额定值），其 KF 的触头（6-8）断开，使 KF 的触头（4-5）断开，QA1 线圈断电释放，自耦变压器 TA 被切除；KF 的触头（3-9）闭合，使 QA3 线圈得电，QA2 线圈失电，KF 失电，电动机在额定电压下运行。

　　通常自耦变压器制成可调形式，改变电压比可适应不同负载的起动要求。但所需设备体积重量大、投资高。

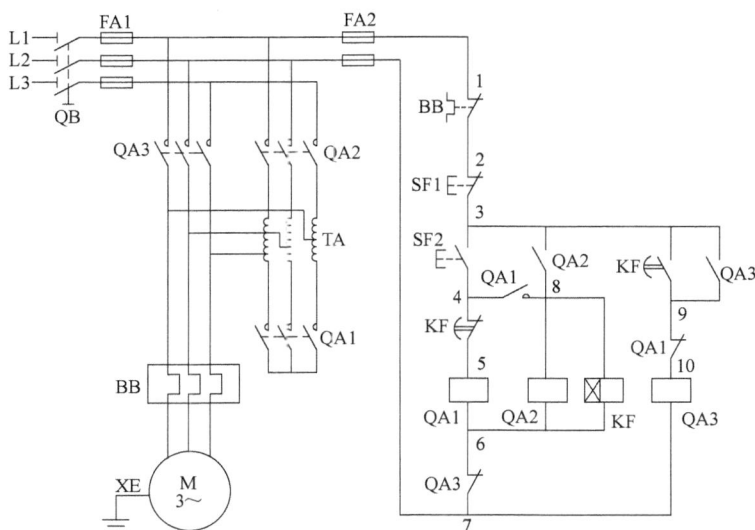

图 2-9 自耦变压器降压起动的控制电路

2.4 三相异步电动机的制动控制电路

在生产过程中，当电动机断电后，为使其能尽快停车或为使运动部件停位准确，就需要对电动机采取有效的制动措施。一般采用的制动方法有机械制动和电气制动。机械制动是通过电磁铁操纵机构给电动机转轴上施加机械作用力，使电动机迅速停止的一种方法。电气制动是给电动机施加一个与原转动方向相反的电磁转矩进行制动，常用的电气制动有反接制动和能耗制动。

2.4.1 反接制动控制电路

反接制动就是通过改变电动机定子绕组所接三相电源的相序，产生一个与转子惯性转动方向相反的反向起动转矩而进行制动停转的。

反接制动的关键在于反接后，当转速接近零时，能及时自动将电源切除。通常是采用速度继电器来判断电动机的零速点并及时将电源切除的。

图 2-10 所示为电动机单向旋转反接制动控制电路。其中，QA1 为电动机单向旋转接触器，QA2 为反接制动接触器，BS 为速度继电器，RA 为反接制动电阻。

电路的工作过程：起动时，按下 SF2，QA1 线圈得电并自保，电动机开始转动，QA1 辅助常闭触头断开，进行互锁。电动机处于正常运转状态，BS 的触头闭合，为反接制动做准备。

需停车时，按下复合按钮 SF1，QA1 线圈断电释放，电动机所接三相电源被切除，同时，由于 BS 的常开触头在转子惯性转动下仍然处于闭合状态，使 QA2 线圈得电并自保，电动机进入反接制动；当电动机转速接近零时，BS 的触头断开，QA2 线圈失电，制动结束。

反接制动的制动转矩大，制动效果明显。但制动准确性差，冲击较强烈，能量消耗大。

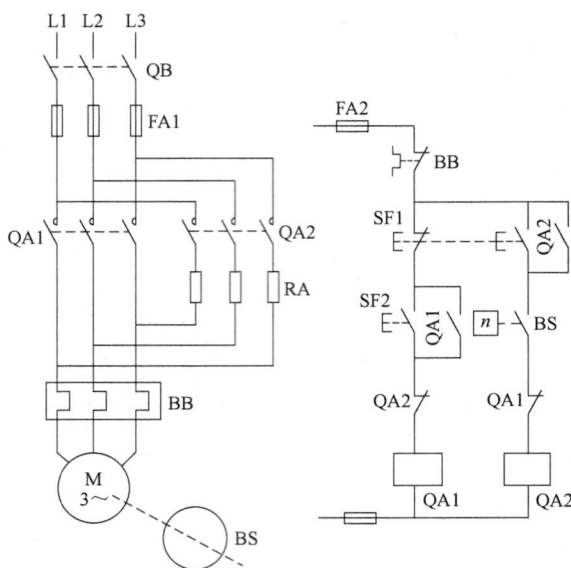

图 2-10　电动机单向旋转反接制动控制电路

2.4.2　能耗制动控制电路

能耗制动也称为直流制动。其原理是在电动机脱离三相交流电源后，迅速在定子绕组上加一直流电源，产生恒定磁场。此时电动机转子在惯性下继续旋转，在转子中将产生感应电流，此电流与定子恒定磁场作用产生与旋转方向相反的电磁转矩，达到制动的目的。

图 2-11 为时间继电器控制的能耗制动电路。图中，QA1 为电动机正向运转接触器，QA2 为制动接触器，TA 为整流变压器，TB 为桥式整流器，KF 为制动时间继电器。

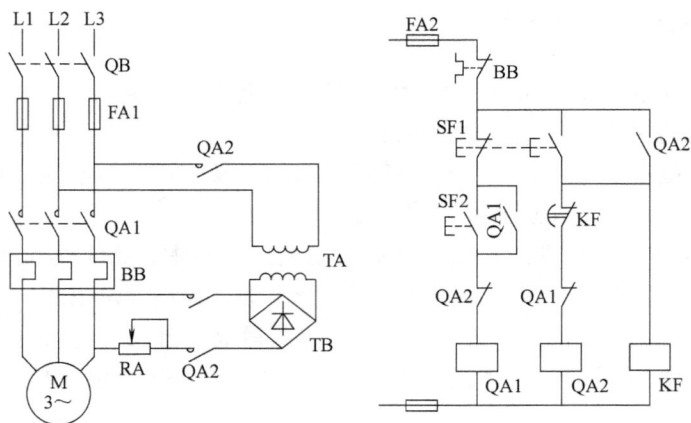

图 2-11　时间继电器控制的能耗制动电路

电路的工作过程：当电动机正向运转时，按下 SF2，QA1 线圈得电并自保，电动机开始转动。需停车时，按下复合按钮 SF1，QA1 线圈断电释放，其主触头断开，将电动机三相交流电源切除。同时，QA2、KF 线圈同时得电并自保，QA2 常闭触头断开电动机起动电路，QA2 主触头将直流电流送入定子绕组，实现能耗制动，当转速接近零时，时间继电器 KF 动作，其常闭触头断开，使 QA2、KF 线圈相继断电释放，切断直流电源，制动结束，电动机自然停车。

能耗制动与反接制动相比，制动平稳、准确、能量消耗少，但制动转矩较弱，特别是在低速时制动效果差，并且还需提供直流电源。

2.5 三相异步电动机的调速电路

调速就是要根据生产工艺对设备速度的要求，调整电动机的转速。

由异步电动机的转速公式 $n = \dfrac{60f_1}{p}(1-s)$ 可知，改变磁极对数 p、改变转差率 s 及改变电源的频率 f 来实现调速。对笼型电动机可通过改变磁极对数、调定子电压和改变电源的频率的方法来实现；而对绕线转子电动机除可采用变频外，常用的方法是转子串电阻或采用串级调速来实现。

笼型电动机往往采用以下两种方法来变更定子绕组的极对数：一是改变定子绕组的联结，即改变定子绕组的半相绕组电流方向；二是在定子上设置具有不同极对数的两套相互独立的绕组。

单绕组双速电动机的接线方法常用的有丫-丫丫与△-丫丫变换，它们都是改变各相的一半绕组的电流方向来实现变极的。图 2-12 所示为△-丫丫变换时的三相接线图。将三相绕组的首尾端依次相接，构成一个封闭三角形，从首端引出接电源，中间抽头不接线，如图 2-12a 所示，构成三角形联结。若将三个首尾端相接成一个点，将三个中间抽头接电源，如图 2-12b 所示，构成双星形联结。图 2-12b 使每相的两个半绕组并联，使其中一个半相绕组电流方向

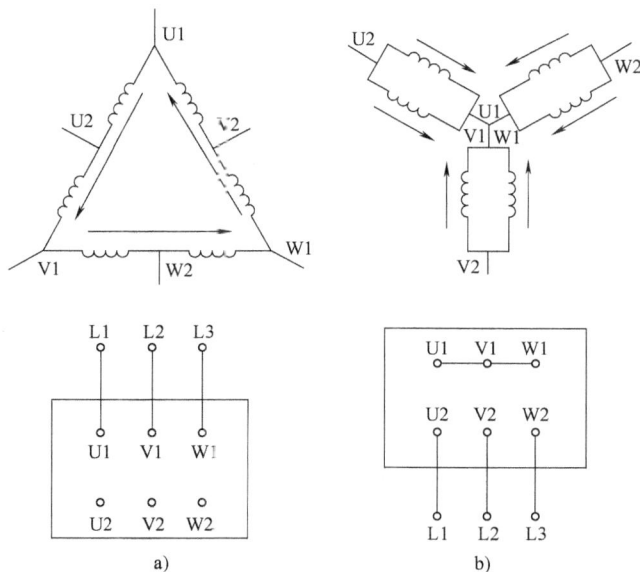

图 2-12 △-丫丫变换时的三相接线图

变反了，于是使电动机的极对数减少一半，即 $p_\triangle = 2p_{YY}$。

必须注意，绕组改极后，其相序方向与原来相序相反。所以，在变极时，必须把电动机任意两个出线端对调，以保证高速和低速时的转向相同。

图 2-13 所示为 4/2 极双速电动机控制电路。图中，QA1 为低速起动接触器，QA2、QA3 为高速运行接触器，KF 为时间继电器。

电路的工作过程：起动时，按下 SF2，QA1 线圈得电并自保，电动机接成三角形开始做低速起动。同时 KF 线圈得电并自保，经过一定时间延时后，KF1 的常闭触头断开，将 QA1 线圈断电；KF2 的常开触头闭合，使 QA2、QA3 线圈得电并自保，电动机接成双星形，进入 2 极高速运行。

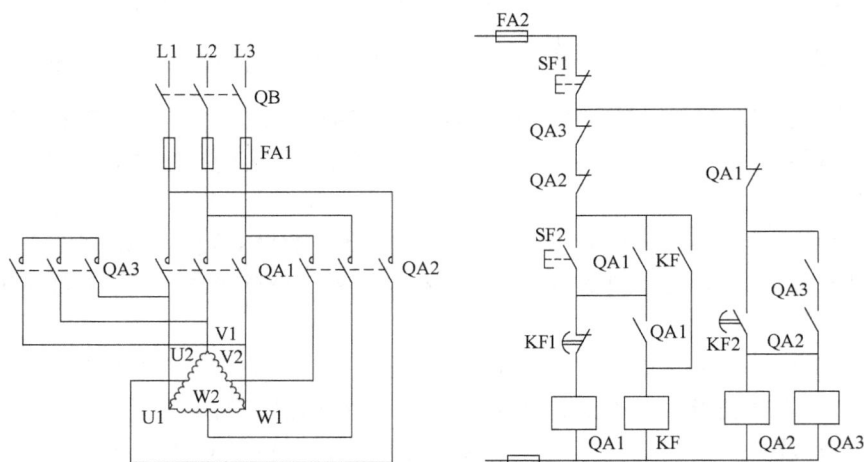

图 2-13　4/2 极双速电动机控制电路

【小结】

1）对于继电器-接触器控制电路，它们有着共同的本质，这就是继电器和接触器线圈的通电和断电，带动它们触头的闭合与断开，用这些触头又去控制另一些电器的线圈或电动机主电路的通和断，从而实现电动机的起动和停止。

2）在控制电路中，当多个条件中有一个条件满足控制要求时，接触器线圈就通电，应用时，将这多个常开按钮或触头并联。

3）在控制电路中，当多个条件都同时满足要求时，接触器线圈才通电，应用时，将这多个常开按钮或触头串联。

4）当第一个接触器线圈通电后，第二个接触器线圈才能通电，则可把第一个接触器的常开触头串接在第二个接触器线圈回路中。

5）当第一个接触器线圈通电时不允许第二个接触器工作，而第二个接触器线圈通电时不允许第一个接触器工作，这时采用各自接触器的常闭（动断）触头分别串接在对方的线圈回路中，这就是互锁控制。

6）连续控制与点动控制区别在于接触器的常开（动合）触头是否并联在起动按钮常开

触头的两端。

7）对电动机的控制有时间原则、速度原则、行程原则和电流原则，应根据生产设备对控制的要求去选择，然后再选择相应的控制电器和控制电路。

8）对于笼型电动机，采用直接起动，方法简单，无需专用的起动设备。但对大容量的笼型电动机，过大的起动电流会对电网造成冲击，影响同一电网下的其他设备正常工作，因此必须采取降压或其他起动措施。至于大容量为多大，应据所供电的变压器容量及企业用电的具体情况确定。

9）对于笼型电动机来说，降压起动的方法有星形-三角形变换、自耦变压器等，应据具体使用场合选择。

10）为了缩短生产设备的辅助时间，提高生产率，以及使运动部件达到准确停车的目的，要求对电动机进行制动。对笼型电动机常用反接制动、能耗制动等。

11）反接制动设备简单，制动迅速，但制动冲击较大，制动能量损耗大，不宜频繁制动，且制动准确率不高。适用于制动要求不高，系统惯性较大，制动不频繁的场合。

12）能耗制动具有制动平稳、制动能量损耗小的特点，但需用直流电源，设备费用高，适用于要求制动平稳的场合。

13）常用的电动机保护电路有短路、过载、过电流、欠电压、零电压及工作联锁保护等，目的是为了保证电动机及控制电路的正常工作。

14）电动机及控制电路的短路保护一般由熔断器或断路器来实现。

15）电动机的过载保护通常用热继电器来实现。对于短时工作的电动机不需采用过载保护，而对重复短时工作的电动机（如起重机上用的电动机），由于电动机不断重复升温，而热继电器双金属片的温升跟不上电动机绕组的温升，电动机将得不到有效的保护，为此，不宜用热继电器，而采用过电流继电器或温度继电器。

16）对于电动机的调速，变频调速技术现已非常成熟，且市场上变频控制器的种类齐全，价格也能接受，操作也很方便，推荐选用。

【习题】

一、判断题

1. 电动机采用制动措施的目的是为了停车平稳。　　　　　　　　　　　　　（　　　）

2. 并不是所有的异步电动机都可采用星形-三角形变换进行降压起动控制。　（　　　）

3. 大容量的笼型异步电动机之所以要采用降压起动，其目的是为了避免电动机被过大的起动电流烧坏。　　　　　　　　　　　　　　　　　　　　　　　　　　　　　（　　　）

4. 有两个复合按钮，欲使它们都能控制接触器 QA 线圈的通电与断电，则它们的常开触头应并联后接到 QA 线圈的电路中，它们的常闭触头应串联后接到 QA 线圈的电路中。
　　　　　　　　　　　　　　　　　　　　　　　　　　　　　　　　　（　　　）

5. 所谓互锁就是将各自的常闭触头串联接在对方的线圈回路中。　　　　　（　　　）

二、选择题

1. 甲乙两个接触器，欲实现互锁控制，则应（　　　）。

A. 在甲接触器的线圈电路中串入乙接触器的常闭触头

B. 在乙接触器的线圈电路中串入甲接触器的常闭触头

C. 在两个接触器的线圈电路中互串入对方的常开触头

D. 在两个接触器的线圈电路中互串入对方的常闭触头

2. 甲乙两个接触器，若要求甲工作后方允许乙接触器工作，则应（   ）。

A. 在乙接触器的线圈电路中串入甲接触器的常开触头

B. 在乙接触器的线圈电路中串入甲接触器的常闭触头

C. 在甲接触器的线圈电路中串入乙接触器的常闭触头

D. 在甲接触器的线圈电路中串入乙接触器的常开触头

3. 在星形-三角形降压起动控制电路中，星形联结下的起动电流是三角形联结下起动电流的（   ）。

A. 1/3   B. $1/\sqrt{3}$ C. 2/3   D. $2/\sqrt{3}$

4. 在星形-三角形降压起动控制电路中，星形联结下的起动转矩是三角形联结下的起动转矩的（   ）。

A. 1/3   B. $1/\sqrt{3}$ C. 2/3   D. $2/\sqrt{3}$

5. 下列电器中不能实现短路保护的是（   ）。

A. 熔断器   B. 过电流继电器   C. 热继电器   D. 断路器

三、问答题

1. 电气控制系统的电气图主要有哪几种？各包含了哪些信息？

2. 电动机的点动控制与连续运转控制电路区别的关键环节是什么？如何将连续运转控制电路改接成既能点动也能连续运转的控制电路？

3. 电气原理图中，QB、FA、QA、SF 分别是什么电气元件的文字符号？

4. 在电动机的主电路中，既然装了熔断器，为什么还要装热继电器？

5. 能耗制动与反接制动各有哪些特点？

四、分析题

1. 按图 2-10 进行接线后，遇到以下故障：

按下 SF2 后，电动机正常起动并运行。当按下 SF1 时，电动机断电，但仍按惯性继续转动而无制动作用。试分析故障原因。怎样排除？

2. 若把图 2-8 中时间继电器的延时常开、常闭触头错接成瞬时动作的常开、常闭触头，电路的工作状态如何变化？

3. 按图 2-8 所示电路接好线后，按下 SF2 时，QA1 和 QA2 得电动作，电动机起动，但时间继电器延时时间已到，电路仍无切换动作，试分析故障原因。如何排除？

五、设计题

1. 某机床主轴由一台笼型电动机拖动，润滑油泵由另一台笼型电动机拖动，均采用直接起动，工艺要求如下：

1）主轴必须在油泵开动后才能起动。

2）主轴正常为正向运转，但为调整方便，要求能正、反向点动。

3）主轴停止后，才允许油泵停止。

4）有短路、过载及零电压保护。

试设计主电路和控制电路。

2. 设计一个工作台前进—退回控制电路。工作台由电动机 MA 带动，行程开关分别装在工作台的原位和终点。要求如下：

1）前进到终点时，立即后退，到原位时停止。

2）工作台在前进中能通过操作使其立即后退到原位。

3）有终端保护。

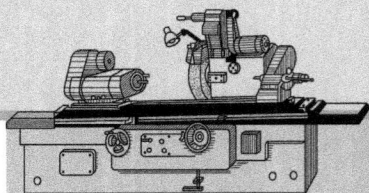

第3章

典型机床电气控制系统

本章从典型机床的电气控制系统入手，分析机床电气控制系统，以期学会阅读、分析机床电气控制系统的方法；加深对典型控制环节的理解，了解设备中机械、液压、电气之间的紧密配合关系；掌握各种典型机床的电气控制系统，为设备电气控制系统的设计、安装、调试、运行等打下基础。

3.1　卧式车床的电气控制系统

3.1.1　分析设备电气控制系统的方法

在学习与分析设备电气控制系统时，应从以下入手：

1）了解控制对象，明确控制目的。应了解机床的基本结构、运行方式、加工工艺要求等。

2）了解机床液压系统、气压系统与电气控制系统的关系等。

3）将整个机床电气控制系统按功能的不同分成若干个子系统，进行逐个分析，然后再分析各个子系统之间的连锁与互锁关系等。

4）掌握各机床电气控制系统的特点，这是区别各机床电气控制的关键所在。

5）深刻理解机床电气控制系统中各电气元件的作用，学会分析问题的方法。

3.1.2　卧式车床的主要结构及运动情况

1. 概述

车床是一种应用最为广泛的金属切削机床，主要用来车削外圆、内圆、端面、螺纹和定型表面，也可用钻头、铰刀等进行孔加工。

车床的种类很多，有卧式车床、立式车床、落地车床、转塔车床等。应用最普遍、数量最多的是卧式车床，本节以 CA6140 型卧式车床为例进行分析。如图 3-1 所示，卧式车床主要由床身、主轴变速箱、交换齿轮箱、进给箱、溜板箱、滑板与刀架、尾座、光杠和丝杠等部分组成。

2. 车床的运动情况

车床的主运动是工件的旋转运动，它由主轴通过卡盘或顶尖带动工件旋转，以承受车削加工时的主要切削功率。在加工时，应根据被加工工件的材料、刀具、尺寸、工艺要求等来

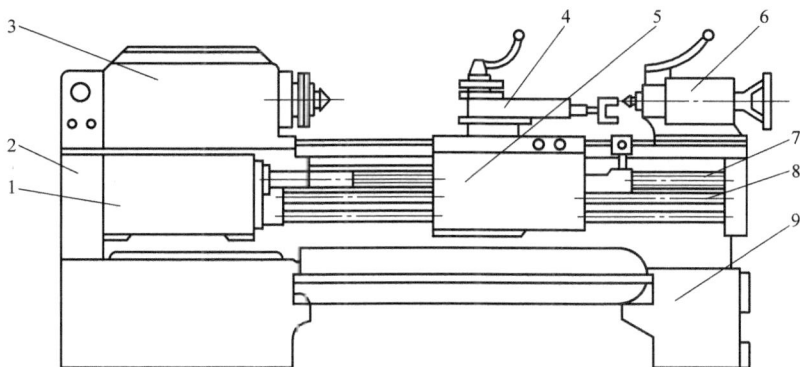

图 3-1 卧式车床的结构示意图
1—进给箱 2—交换齿轮箱 3—主轴变速箱 4—滑板与刀架
5—溜板箱 6—尾座 7—丝杠 8—光杠 9—床身

选择切削速度，这就要求主轴的调速范围大。对于卧式车床，主轴的调速范围一般大于70。一般车削加工时，不要求反转，但在加工螺纹时，为避免乱扣，要反转退刀，再纵向进刀继续加工，这就要求主轴具有正、反转。

车床的进给运动是刀架的纵向与横向直线运动，它由主轴箱的输出轴，经交换齿轮箱、进给箱、光杠（或丝杠）传入溜板箱而获得，也可手动实现。在加工螺纹时，工件的旋转速度与刀具的进给速度应保持严格的比例关系。

车床的辅助运动为溜板箱的快速移动、尾座的移动和工件的夹紧与放松等。

3.1.3 电力拖动与电气控制的要求

根据车床加工工艺的要求，电力拖动及控制应满足以下要求：

1）主电动机一般选用笼型异步电动机，为满足调速要求采用机械变速。

2）为满足车削螺纹的要求，主轴应能正反转。对于小型车床，主轴正反转由主轴电动机正反转来实现；当主轴电动机容量较大时，主轴的正反转则靠摩擦离合器来实现，电动机只做单方向旋转。

3）中小型车床的主轴电动机一般采用直接起动。当电动机功率较大时，常用星形-三角形降压起动。为实现快速停车，一般采用机械或电气制动。

4）在车削加工时，为防止刀具与工件的温度过高，一般都需要切削液进行冷却，由电动机带动切削液泵工作，向系统提供切削液，该电动机只需单方向运转，它与主轴电动机有着连锁关系，即切削液泵电动机应在主轴电动机起动后选择起动与否；当主轴电动机停止时，切削液泵电动机便立即停止。

5）电路应有必要的保护环节、连锁环节、安全可靠的照明和信号指示电路。

6）为实现溜板箱的快速移动，采用点动控制的快速移动电动机拖动。

3.1.4 CA6140 型卧式车床的电气控制系统

图 3-2 是 CA6140 型卧式车床电路图。电源经断路器 QA 引入机床。MA1 为主轴电动

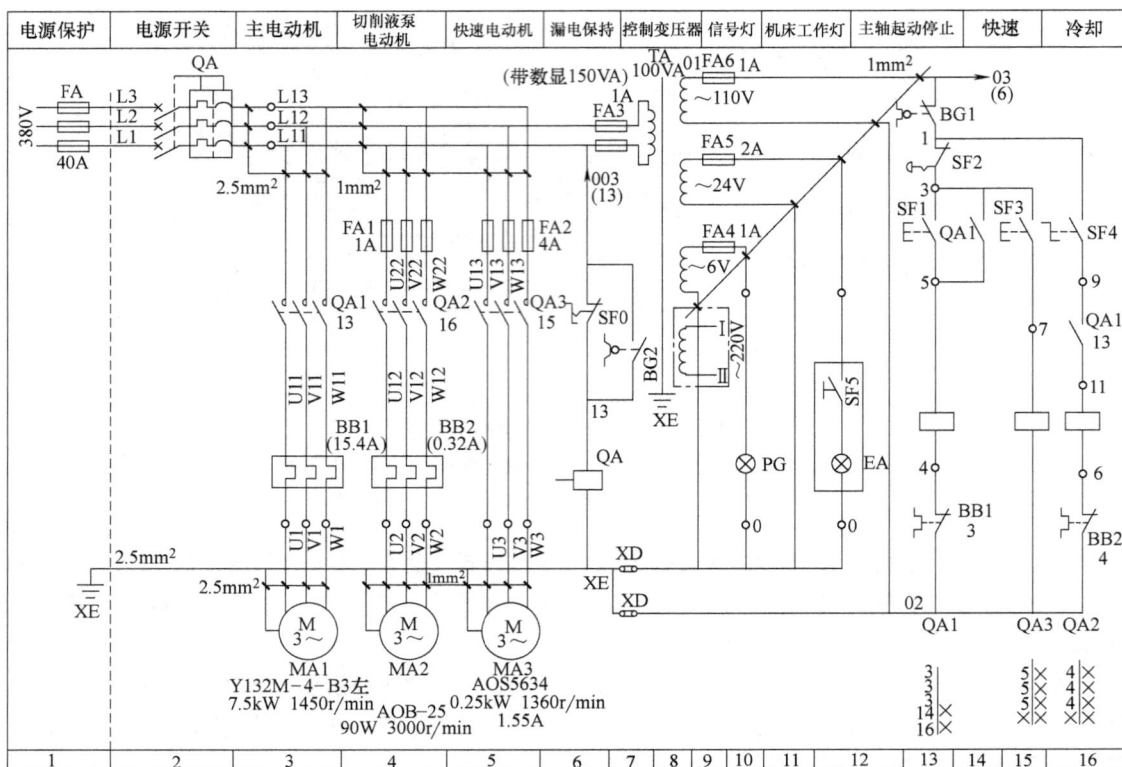

图 3-2　CA6140 型卧式车床电路图

机，它拖动主轴旋转，并通过进给机构实现车床的进给运动；MA2 为切削液泵电动机，拖动切削液泵向系统提供切削液；MA3 为拖动溜板快速移动的电动机。

1. 主轴电动机的控制

先用钥匙旋转电源开关锁 SF0，再合上 QA 接通电源，按下按钮 SF1，接触器 QA1 通电并自锁，主轴电动机 MA1 起动；按下按钮 SF2，QA1 断电，主轴电动机 MA1 停止，此按钮按下后即行锁住，右旋后方能复位。

2. 快速移动电动机的控制

若要快速移动滑板，可将操纵手柄扳至需要的方向，按下快速移动按钮 SF3，QA3 通电，其主触头闭合，MA3 旋转。该电动机靠按钮 SF3 点动操作，松开按钮 SF3，MA3 停止。

3. 切削液泵电动机的控制

当主轴电动机 MA1 开始运行后，接触器 QA1 的辅助触头闭合，此时合上 SF4 可使 QA2 通电，切削液泵电动机 MA2 起动。

4. 照明及指示电路

由控制变压器向照明电路提供交流 24V 安全电压，经照明开关 SF5 控制照明灯 PG。由变压器向指示电路提供 6V 电压。当机床引入电源后，电源指示灯 EA 亮。

5. 保护环节

CA6140 型卧式车床具有完善的保护环节，其主要有：

1）电源开关带有开关锁 SF0 的断路器 QA。当需合上电源时，先用开关钥匙将开关锁 SF0 右旋，再扳动断路器 QA，将其合上，此时，电源送入主电路 380V 交流电压，并经控制变压器分别输出 110V 控制电压，24V 照明电压，6V 指示灯电压。

当将开关锁 SF0 左旋时，触头 SF0（003-13）闭合，QA 线圈通电，断路器 QA 跳开。若出现误操作，同时又将 QA 合上，QA 将在 0.1s 内再次自动跳闸。由于机床接通电源需使用开关钥匙将开关锁打开，才能合上开关，所以增加了安全性。

2）在机床控制配电盘壁门上装有安全行程开关 BG2，当打开配电盘壁门时，行程开关触头 BG2（003-13）闭合，将使 QF 线圈通电，QF 断路器自动断开，切除机床电源，以确保人身安全。

3）在机床主轴箱传动带罩处设有安全开关 BG1，当打开主轴箱传动带罩时，BG1（03-1）断开，使接触器 QA1、QA2、QA3 线圈断电释放，电动机全部停止转动，以确保人身安全。

4）为满足打开机床配电盘壁门进行带电检修的需要，可将 BG2 开关传动杆拉出，使触头 BG2（003-13）断开，此时 QA 线圈断电，QA 开关仍可合上。当检修完毕，关上壁门后，BG2 开关传动杆复位，保护作用正常。

5）电动机 MA1、MA2 由热继电器 BB1、BB2 实现电动机长时间过载保护；断路器 QA 实现全电路的电流、欠电压、热保护；熔断器 FA、FA1～FA6 实现各部分电路的短路保护。

3.1.5 CA6140 型卧式车床电气控制特点与故障分析

1. 电气控制特点

1）机床分别由主轴和进给电动机 MA1、切削液泵电动机 MA2 与快速移动电动机 MA3 拖动。特别是滑板箱的快速移动由一台快速移动电动机拖动，这在相当型号的车床中较为突出。

2）具有完善的人身安全保护环节；带钥匙的电源断路器、机床主轴箱传动带罩处的安全开关 BG1、机床控制配电盘壁门上的安全开关 BG2 等。

2. 常见故障

CA6140 型卧式车床电气控制的故障往往出现在 BG1、BG2 安全开关上。首先应将 BG1、BG2 开关动作调整正确，才可保证安全可靠。由于长期使用，可能出现开关松动移位，致使打开主轴箱传动带罩时，BG2（003-13）触头断不开，或打开配电盘壁门时 BG2（003-13）不闭合，而失去人身安全保护作用。

另一个故障是由带有钥匙开关 SF0 的断路器 QA 引起的。当开关锁 SF0 失灵时，将会失去保护作用。因此，应检验将开关锁 SF0 左旋时，断路器 QA 能否自动跳开；跳开后，若又将 QA 开关合上，经过 0.1s 后 QA 开关能否自动跳闸。

其次故障为电动机单向旋转常见故障，在此不再复述。

3.2 铣床电气控制系统

铣床可用来加工平面、斜面和沟槽等，若装上分度头，可铣切直齿齿轮和螺旋面。装上圆工作台，还可加工凸轮和弧形槽等。铣床的种类很多，有卧铣、立铣、龙门铣、仿形铣和专用铣床等，其中卧铣和立铣应用广泛。本节以 XA6132 型卧式升降台铣床为例进行分析。

3.2.1 铣床的主要结构及运动情况

1. 主要结构

XA6132 型铣床为通用铣床，如图 3-3 所示，由底座、床身、悬梁、刀杆支架、升降台、滑板及工作台组成。

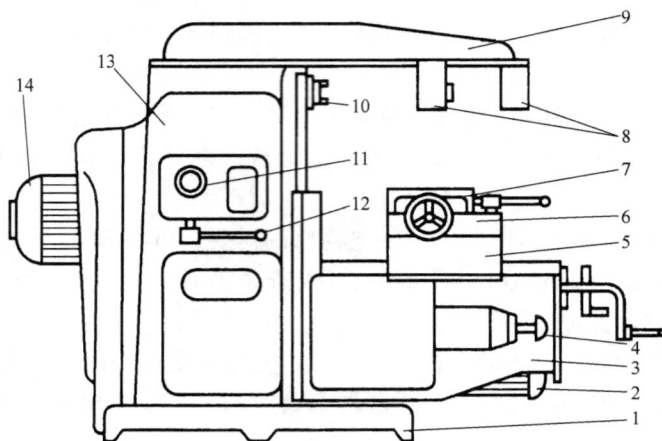

图 3-3　卧式万能铣床外形图

1—底座　2—进给电动机　3—升降台　4—进给变速手柄及变速盘　5—滑板
6—传动部分　7—工作台　8—刀架支杆　9—悬梁　10—主轴　11—主
轴变速操纵箱　12—主轴变速手柄　13—床身　14—主轴电动机

2. 铣床的运动情况

铣床的主运动是主轴带动铣刀的旋转运动。主运动有正转和反转两种形式，加工时固定为一种，进给运动是由工作台实现两个相互垂直方向的进给，即工作台沿滑板上部可转动部分的导轨在垂直于主轴轴线方向的纵向进给，滑板沿平行于主轴轴线方向的横向进给，以及升降台沿床身的垂直导轨做上下垂直进给。

另外，转动部分对溜板可绕垂直轴线转动一个角度，因此，工作台除能实现平行或垂直于主轴方向的横向或纵向进给外，还能在倾斜方向上进给，从而可进行螺纹的加工。

铣床的辅助运动是工作台在纵向、横向、垂直方向上的快速移动。

3.2.2 电力拖动与电气控制要求

1）铣床要求主轴能够变速，故主轴电动机采用笼型异步电动机，经齿轮变速箱拖动主轴。

2）要求主轴能正、反转，以适应顺铣和逆铣的工艺需要。

3）为了实现快速停车，主轴采用制动停车方式。

4）为使主轴变速箱内齿轮易于啮合，要求主轴电动机在主轴变速时具有变速冲动控制功能。

5）为适应铣削加工时操作者可正面与侧面操作，铣床应备有正面和侧面的操作设施。

6）工作台的进给、快速运动以及圆工作台工作均由一台进给电动机拖动。由于进给和快速运动在三个方向上都是往复式，因此要求电动机正反转。进给和快速运动通过牵引电磁铁换接传动链来实现。

7）工作台上、下、左、右、前、后六个方向的运动，在同一时刻只允许一个方向的运动。

8）在进给变速时，为使齿轮易于啮合，应有变速冲动环节。

9）为了实现工件和刀具的冷却，需要一台切削液泵电动机。

10）为防止主轴未转动工作台运动而将工件送进，造成刀具或工件损坏，故要求设置主轴开动后方可起动进给电动机的顺序连锁。要有必要的保护、连锁及照明电路。

3.2.3　XA6132 型卧式升降台铣床电气控制

图 3-4 为 XA6132 型卧式升降台铣床的电气控制电路图。

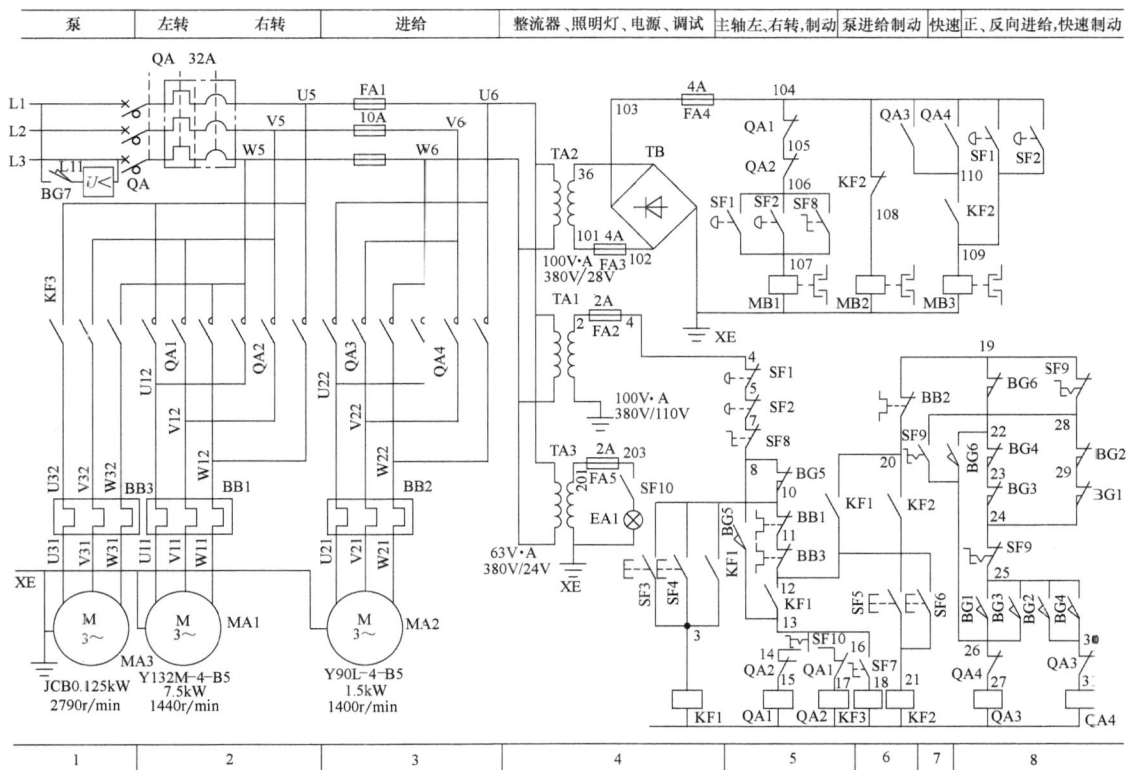

图 3-4　XA6132 型卧式升降台铣床的电气控制电路图

1. 主轴控制电路分析

（1）主轴电动机的起动控制　主轴电动机 MA1 由正反转接触器 QA1 和 QA2 来实现正反转直接起动，而由主轴转换开关 SF10 来预先选择电动机的正、反转。

起动主轴时，先将断路器 QA 合上，再将转换开关 SF10 扳到主轴所需的旋转方向，然后按下起动按钮 SF3 或 SF4，调试继电器 KF1 线圈通电并自锁，KF1 触头（12-13）接通，使接触器 QA1（或 QA2）通电，主轴电动机 MA1 起动。而 QA1 或 QA2 一对辅助触头 QA1（104-105）或 QA2（105-106）断开，切断主轴制动电磁离合器线圈 MB1 电路。KF1（20-12）闭合，为工作台的进给与快速移动电路的工作做准备。

（2）主轴电动机的制动控制　由主轴停止按钮 SF1 或 SF2、正转接触器 QA1 或反转接触器 QA2 与主轴制动电磁离合器 MB1 构成主轴制动停车控制环节。按下停止按钮 SF1 或 SF2，使 KF1、QA1（或 QA2）线圈断电释放，切断主轴电动机 MA1 的三相电源，同时 MB1 线圈通电，在电磁吸力的作用下将摩擦片压紧产生制动，使主轴迅速制动。当松开 SF1 或 SF2 时，MB1 线圈断电，摩擦片松开，制动结束。这种制动方式迅速、平稳，制动时间不超过 0.5s。

（3）主轴变速冲动　为了使主轴变速时齿轮易于啮合，必须在齿轮即将啮合前，使主轴电动机瞬时转动，即变速冲动。

主轴变速操纵箱装在床身左侧窗口上，变换主轴转速由一个手柄和一个刻度盘来实现。变速时，操纵顺序如下：

1）将主轴变速手柄向下压，然后拉出手柄。

2）转动刻度盘，把所需要的转数对准指针。

3）把手柄推回原来位置。变速时为了使齿轮容易啮合，扳动变速手柄再将其推回原来的位置时，手柄带动凸轮将瞬时压下主轴变速行程开关 BG5，使触头 BG5（8-13）闭合，触头 BG5（8-10）断开，使 QA1 或 QA2 线圈通电，其主触头闭合，主轴电动机作瞬时点动，以便于齿轮啮合。当变速手柄推回原来位置时，BG5 不再受压，触头 BG5（8-13）断开切断主轴电动机瞬时点动电路。在操作时，应以连续较快的速度推回手柄，以免长时间压合 BG5，使电动机转速过高而打坏齿轮。

（4）主轴上刀制动　当主轴上刀或换刀时，主轴电动机不得旋转，否则将发生严重人身事故。为此，电路设有主轴上刀制动环节，它是由主轴上刀制动开关 SF8 控制。在主轴上刀前，将 SF8 扳到"接通"位置，而另一触头 SF8（106-107）闭合，接通 MB1 线圈通电，使主轴处于制动状态。然后再上刀。上刀完毕，再将转换开关 SF8 扳到断开位置，主轴方可起动。

2. 进给拖动控制电路分析

工作台的进给运动、快速移动和圆工作台工作都由进给电动机 MA2 拖动，由接触器 QA3 和 QA4 控制 MA2 的正、反转。

（1）进给运动的控制　工作台的纵向、横向及垂直方向进给由两个操纵手柄来控制。一个是纵向操纵手柄，一个是横向及垂直方向操纵手柄。如图 3-5 所示，纵向操纵手柄通过联动机构控制行程开关 BG1 和 BG2，分别控制工作台向右和向左进给运动；横向及垂直方向操纵手柄通过联动机构控制行程开关 BG3 和 BG4，BG3 控制工作台向前及向下运动，BG4 控制工作台向后和向上运动。

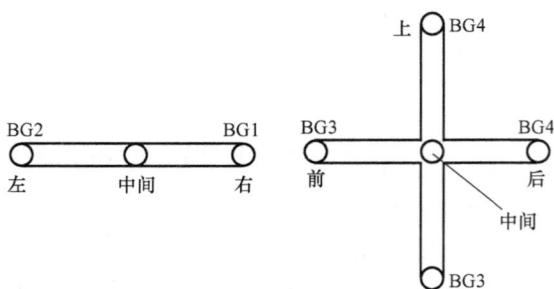

图 3-5　工作台进给操纵手柄示意图

1）工作台纵向进给运动的控制。工作台纵向（左、右）进给运动由工作台前面的纵向操纵手柄进行控制。当需工作台向右工作进给时，将纵向操纵手柄扳向"右"侧，行程开关 BG1 被压合，其常开触头（25-26）闭合，常闭触头（29-24）断开，此时控制电源由 4—5—7—8—10—11—12—20—19—22—23—24—25—26—27 接通接触器 QA3 线圈，其主触头闭合接通进给电动机 MA2 的正序电源，MA2 正转，通过纵向传动链拖动工作台向右工作进给。

向右工作进给结束，将纵向操纵手柄扳到"中间"位置，行程开关不再受压，BG1 复位，即触头 BG1（25-26）断开，QA3 线圈断电释放，MA2 停转，工作台向右进给停止。

工作台向左进给的电路与向右进给时相仿，此时是将纵向操纵手柄扳向"左"侧，行程开关 BG2 被压合，接触器 QA4 线圈通电，MA2 反转，拖动工作台向左进给。当将纵向操作手柄由左侧扳回中间位置时，向左进给结束。

2）工作台横向进给运动和垂直进给运动的控制。工作台的前、后及上、下进给运动由一套横向及垂直操纵手柄控制。当手柄扳到"前"或"后"时，连接的是横向进给传动链；当手柄扳到"上"或"下"时，连接的是垂直传动链。

当横向及垂直操纵手柄扳到"前"或"下"位置时，压合的行程开关都是 BG3，因此工作台向前和向下进给运动的工作电路相同，即控制电源经 4—5—7—8—10—11—12—20—19—28—29—24—25—26—27 接通 QA3，进给电动机 MA2 正向旋转，并通过横向进给传动链或垂直进给传动链，使工作台向前或向下进给。

向前或向下进给结束，将横向及垂直操作手柄扳回中间位置，BG3 不再受压，QA3 线圈断电释放，MA2 停止旋转。工作台向前或向下进给结束。

当手柄扳到"后"或"上"位置时，压合行程开关 BG4，QA4 通电，进给电动机反转使工作台向后或向上进给。工作电路也相同，在此不再分析。

（2）工作台快速移动的控制 铣床工作台除能实现进给工作外，还可以实现六个方向上的快速移动，它是通过进给操纵手柄配合快速按钮 SF5 或 SF6 进行操作。

将进给操纵手柄扳至需要的位置，按下快速移动按钮 SF5 或 SF6，快速移动继电器 KF2 接通，其常闭触头（104-108）将进给离合器 MB2 断开，常开触头（110-109）闭合，接通快速离合器 MB3，工作台按选定方向快速移动。松开 SF5（或 SF6）时，快速移动立即停止，仍以原进给速度继续运动。

由于 KF2 通电时，KF2 的另一触头（12-20）也闭合。因此，工作台的快速移动也可在主轴停止的情况下进行。

（3）圆工作台的控制 圆工作台是铣床的附件，可以手动回转，也可以由进给电动机 MA2 经传动机构驱动。在使用圆工作台时，首先把圆工作台转换开关 SF9 扳到"接通"位置（即 SF9 触头 28-26 通、19-28 断、24-25 断），然后按下起动按钮 SF3 或 SF4，KF1、QA1 或 QA2 通电吸合，主轴电动机起动旋转。QA3 线圈经 BG1～BG4 行程开关常闭触头和 SF9（28-26）通电，即控制电源经 4—5—7—8—10—11—12—20—19—22—23—24—29—28—26—27 接通 QA3 线圈。进给电动机起动旋转，拖动圆工作台单方向回转。

（4）进给变速冲动 需要变速时，先将蘑菇形进给变速手柄拉出并转动变速盘至需要的速度挡，在推回变速手柄时，先将手柄向后拉一下，使行程开关 BG6 瞬时压合（触头 22-26 通、触头 19-22 断开），此时接通 QA3，则进给电动机做瞬时转动（即变速冲动）。QA3

线圈的通电电路是：由控制电源经 4—5—7—8—10—11—12—20—19—28—29—24—23—22—26—27。当蘑菇手柄推回原位时，BG6 不再受压，进给电动机停止转动。

3. 切削液泵的控制及照明电路

切削液泵电动机 MA3 由转换开关 SF7 控制，当转换开关 SF7 扳到"接通"位置时，SF7（13-18）通，KF3 通电，电动机 MA3 起动，切削液泵开始工作。

由变压器 TA3 提供 24V 的安全电压，供照明用。由开关 SF10 控制照明灯 EA1 的通断。

4. 控制电路的连锁与保护

XA6132 型万能铣床运动较多，控制电路较复杂，为了安全可靠，应有完善的连锁与保护。

1）主运动与进给运动的顺序连锁。进给运动的控制电路接在调试继电器 KF1 触头（12-20）之后。这就保证了只有在主轴电动机起动后，方可起动进给电动机。而当主轴电动机停止时，进给电动机也立即停止。

2）工作台六个运动方向的连锁。工作台左、右、前、后、上、下六个方向进给运动由两套操纵手柄控制，使左右不能同时进给，前后、上下也不能同时进给，但六个方向不可能同时操纵。为保证加工时只允许一个方向的进给，因此又在电路上采用了互锁，即工作台实现左或右进给的工作电路经过控制前后、上下进给的行程开关 BG3、BG4 的常闭触头；而工作台实现前后、上下方向进给的工作电路经过控制右、左的行程开关 BG1、BG2 的常闭触头，从而实现了工作台六个方向之间的连锁。

3）圆工作台与长工作台的连锁。圆工作台工作时，不允许长工作台做任一方向的进给。电路中除了 SF9 开关连锁外，还使圆工作台的工作电路经过 BG1、BG2、BG3、BG4 的常闭触头来实现互锁。

4）工作台进给与快速移动的连锁。工作台进给与快速移动分别由离合器 MB2 与 MB3 传动。而 MB2 与 MB3 是由快速进给继电器 KF2 控制，实现工作台进给与快速移动的互锁。

5）具有完善的保护。该电路具有熔断器的短路保护，热继电器的长期过载保护，工作台 6 个方向的限位保护和电气控制箱门的断电保护。

机床的限位保护采用机械和电气相配合的方法。工作台左右运动的行程的长短，由安装在工作台前方操纵手柄两侧的挡铁来决定。当工作台左右运动到预定位置时，挡铁撞动操纵手柄，使其回到中间位置，使工作台停止，实现限位保护。

工作台横向运动的限位保护由安装在工作台左侧底部的挡铁撞动垂直与横向操纵手柄返回中间位置来实现。

在机床电气控制箱壁上安装了行程开关 BG7，BG7 常开触头与电源断路器 QA 失压线圈串联。当打开控制箱门时，BG7 触头断开，使断路器 QA 失电压线圈断电，QA 开关断开，达到开门断电的目的。

5. XA6132 型铣床电气控制特点与故障分析

（1）控制特点

1）采用电磁摩擦离合器的传动装置，实现主轴电动机的停车制动和主轴上刀时的控制，以及进给系统的工作进给和快速移动的控制。

2）主轴变速和进给变速时均设有变速冲动环节。

3）进给电动机的控制采用电气开关、机械挂挡联动手柄操作，且操纵手柄扳动方向与工作台运动方向一致。

4）工作台上、下、左、右、前、后六个方向的运动具有连锁保护的作用。

（2）常见故障

1）主轴停车制动效果不明显或无制动。主轴电动机 MA1 起动时，因 QA1 或 QA2 接触器通电吸合，使电磁摩擦离合器 MB1 线圈处于断电状态。当主轴停车时，QA1 或 QA2 线圈断电释放，主轴电动机 MA1 断开电源。同时 MB1 线圈经停止按钮 SF1 或 SF2 常开触头接通而接通直流电源，产生磁场，在电磁吸力作用下将摩擦片压紧产生制动效果。若主轴制动效果不明显，通常是按下停止按钮 SF1 或 SF2 时间太短，松手过早之故。若无制动，有可能未将停止按钮按到底，只将 SF1 或 SF2 按钮常闭触头断开，但未使其常开触头闭合，MB1 线圈无法通电，而造成无制动。若并非以上原因，则可能整流直流电压值低引起 MB1 直流电流偏低，磁场弱，制动力小而引起主轴停车效果差。若主轴无制动，也可能是 MB1 线圈断电造成。

2）主轴变速与进给变速时无变速冲动，多因操纵变速手柄时压合不上主轴变速开关 BG5 或压合不上进给变速开关 BG6 之缘故。造成的原因主要是开关松动或开关移位所致。

3）工作台控制电路的故障。如工作台能够左、右运动，但无垂直与横向运动。这表明进给电动机 MA2 与 QA3、QA4 接触器运行正常，但操纵横向垂直操纵手柄却无运动，这可能是由于手柄压合的行程开关 BG3 或 3G4 压合不上；也可能是 BG1 或 BG2 在纵向操纵手柄扳回中间位置时不能复位所致。

不再列举其他故障，只要电路工作原理清晰，操纵手柄与开关相互关系清楚，电器安装位置明确，根据故障现象不难找出故障原因；借助仪表等测试手段也不难找出故障点并排除。

【小结】

（1）机床电气控制电路的一般分析方法

1）了解机床基本结构、运动情况、工艺要求、操纵方法，以期对机床有个总体了解，进而明确机床对电力拖动的要求，为阅读和分析电路做准备。

2）阅读主电路，了解电动机台数和作用，结合该机床加工工艺要求分析电动机起动方法，有无正反转控制，采用何种制动，电动机的保护种类。

3）从机床加工工艺要求出发，一个环节一个环节地阅读各台电动机的控制电路。

4）根据机床对电气控制的要求和机-电-液配合情况，进一步分析其控制方法，各部分电路之间的连锁关系。

5）进一步总结出该机床的电气控制特点。

（2）各机床电气控制的特点 CA6140 型卧式车床设有快速移动电动机，拖动溜板箱快速移动；整个电路具有完善的人身安全保护环节；电源开关采用带开关锁的断路器，机床控制配电盘壁门装有安全开关，机床主轴箱传动带罩上设有安全开关。

XA6132 型卧式万能铣床主轴制动、工作台进给或快速移动采用电磁摩擦离合器控制；主轴与进给变速时均有变速冲动；机械操纵手柄同时实现电气开关、机械挂挡的控制；拥有工作台六个方向进给的连锁保护等。

（3）机床电气控制的故障分析与检查　熟知机床电气控制电路工作原理，了解各电气元件与机械操纵手柄的关系是分析电气故障的基础；了解故障发生的情况及经过是关键，学会用万用表检查电路或用导线短路法查找故障点的方法。通过不断参加生产实践，不断提高阅读和分析电气原理图的能力，提高分析与排除故障的能力，培养设计电路图的能力。

（4）掌握电气控制电路设计的原则、内容、方法和步骤及常用电气元件的选择

【习题】

1. CA6140 型卧式车床电气控制具有哪些特点？

2. CA6140 型卧式车床电气控制具有哪些保护？它们是通过哪些电气元件实现的？

3. 在 XA6132 型铣床电路中，电磁离合器 MB1、MB2、MB3 的作用是什么？

4. 在 XA6132 型铣床电路中，行程开关 BG1、BG2、BG3、BG4、BG5、BG6 的作用是什么？它们与机械手柄有何联系？

5. XA6132 型铣床电气控制具有哪些连锁与保护？是如何实现的？

6. XA6132 型铣床主轴变速能否在主轴停车时或主轴旋转时进行，为什么？

第4章

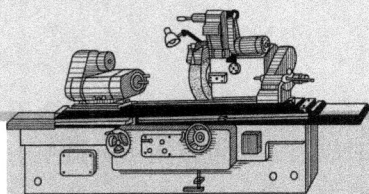

可编程序控制器及应用

可编程序控制器（PLC）是一种以微处理器为核心的电子系统，它是在继电器控制和计算机控制的基础上发展而来的一种新型工业自动控制装置。早期的可编程序控制器在功能上只能实现逻辑控制，与继电器控制系统相比具有可靠性高、控制逻辑容易改变、外接线简单等特点。随着微电子技术和微计算机技术的发展，可编程序控制器不仅可以实现逻辑控制，还能实现模拟量、运动和过程的控制，以及数据处理及通信。

本章主要介绍可编程序控制器的基础知识；西门子系列 PLC 的型号规格、主要技术性能、内部寄存器的配置、常用的基本指令、编程软件；通过举例来说明 PLC 的应用和编程方法。

4.1 可编程序控制器概述

4.1.1 PLC 的产生

20 世纪 60 年代计算机技术已开始应用于工业控制，但由于计算机技术本身的复杂性，编程难度高，难以适应恶劣的工业环境以及价格昂贵等原因未能广泛用于工业控制。1969 年美国数字设备公司（DEC）研制出第一台可编程序控制器，并在美国通用汽车公司的自动装配线上试用，获得成功，从而开创了工业控制的新局面。从此以后，各公司相继向可编程序控制器实用化阶段发展。

1987 年 2 月，国际电工委员会（IEC）颁布的可编程序控制器的定义如下："可编程序控制器是一种数字运算操作的电子系统，专为在工业环境下应用而设计，它采用了可编程序的存储器，用来在其内部存储执行逻辑运算、顺序控制、定时和算术运算等操作的指令，并通过数字式和模拟式的输入、输出，控制各类机械的生产过程。可编程序控制器及其有关外围设备，都按易于与工业系统联成一个整体，易于扩充其功能的原则设计"。

4.1.2 PLC 的特点

1. 配套齐全，功能完善，通用性强

PLC 发展至今，已经形成了大、中、小各种规模的系列化产品，可用于各种规模的工业控制场合，要改变控制功能只需改变程序即可，具有较强的通用性。另外，现代 PLC 除逻辑处理能力外，大多具有数据处理能力，可用于各种数字控制领域。近年来，随着 PLC 多种智能模块的出现，使 PLC 渗透到了位置、温度、计算机数字控制（CNC）等各种工业控制中。加上 PLC 通信能力的增强及人机界面技术的发展，使用 PLC 组成各种控制系统变得非常容易。

2. 可靠性高，抗干扰能力强

PLC 采用现代大规模集成电路技术和先进的抗干扰技术，在严格的生产工艺下制造出来，在性能上具有很高的可靠性，平均无故障时间达到数万小时以上，可直接用于有强烈干扰的工业生产现场。PLC 已被广大用户公认为最可靠的工业控制设备之一。

3. 编程方法简单易学

PLC 通常采用与继电器控制线路图非常接近的梯形图作为编程语言，它既有继电器清晰直观的特点，又充分考虑到电气工人和技术人员的读图习惯。对使用者来说，几乎不需要专门的计算机知识，因此，易学易懂，控制改变时，也容易修改程序。

4. 使用简单，调试维修方便

PLC 的接线简单方便，只需将产生输入信号的设备（如开关）与 PLC 的输入端子连接。将接收输出信号的设备（如电磁阀）与 PLC 的输出端子连接。PLC 的用户程序可在实验室模拟调试。另外，PLC 的可靠性很高，且有完善的自诊断功能和运行故障监视系统，所以，PLC 使用简单，调试和维修方便。

5. 开发周期短，成功率高

大多数工业控制装置的开发研制包括机械、液压、气动、电气控制等部分，采用以 PLC 为核心的控制方式具有开发周期短、风险小和成功率高的优点。其主要原因是：①正确、合理选用各种各样的模块组成系统，无需大量硬件配置和管理软件的二次开发；②PLC 采用软件控制方式，控制系统一旦构成，便可在机械装置研制之前根据技术要求独立进行应用程序开发和模拟调试。

6. 体积小，质量小，功耗低

由于 PLC 采用半导体集成电路，其体积小、质量小、结构紧凑、功耗低，因而是机电一体化的理想控制器。例如，日本三菱公司生产的 FX2-40MR 小型 PLC 内有供编程使用的各类软继电器 1540 个、状态器 1000 个、定时器 256 个、计数器 235 个，还有大量用以生成用户环境的数据寄存器（多达 5000 个以上），而其外形尺寸仅为 350mm × 90mm × 87mm，质量仅为 1.5kg。

4.1.3　PLC 的应用领域

目前，PLC 在国内外广泛应用于钢铁、石油、化工、建材、机械制造、汽车、轻纺、交通运输、环保及文化娱乐等各个行业。随着 PLC 性价比的不断提高，其应用越来越广。

（1）开关量控制　可用 PLC 取代传统的继电器控制系统，实现逻辑控制和顺序控制。在单机控制和自动生产线控制方面都有很多成功的应用实例，如机床电气控制、电梯的控制等。

（2）模拟量控制　在工业生产过程中，有许多连续变化的量，如温度、压力等都是模拟量。PLC 生产厂家都配套的 A-D 和 D-A 转换模块，使 PLC 可用于模拟量的控制。

（3）运动控制　PLC 的运动控制是指对直线和圆周运动的控制，也称位置控制。早期 PLC 的运动控制直接用开关量 I/O 模块连接位置传感器和执行机构，现在一般使用运动模块，如驱动步进电动机或伺服电动机的单轴或多轴位置控制模块。目前，PLC 的运动控制功能广泛应用在金属切削机床、机器人等各种设备上，如 PLC 与计算机数字控制装置（CNC）组合成一体，构成先进的数控机床。

（4）过程控制　PLC 的过程控制是指对温度、压力和流量等模拟量的闭环控制。PID 调节是一般闭环控制系统中用得较多的调节方法。大中型 PLC 都有 PID 模块，目前许多小型 PLC 也具有 PID 功能。

（5）数据处理　现代 PLC 都具有不同程度的数据处理功能，能完成数学运算、数据移位、比较、传递、数值的转换和查表等操作。可对数据进行采集、分析和处理。

（6）通信联网　PLC 通信包括 PLC 之间的通信及 PLC 与其他智能设备之间的通信，利用 PLC 和计算机的 RS-232 接口、RS-422 接口、PLC 专用通信模块，可实现相互间的信息交换，构成"集中管理、分散控制"的多级分布式控制系统，建立工厂的自动化网络。

4.1.4　PLC 的发展趋势

近年来，随着微电子技术、计算机技术和通信技术的快速发展，PLC 的结构和功能不断改进，应用范围迅速扩大。目前，PLC 的发展主要有下面几个方面。

1. 向两极化方面发展

其一是向体积更小、速度更快、忄能价格比更高的小型化或微型化 PLC 方向发展，以真正完全取代最小的继电器系统。

其二是向大容量、高速度、多功能的大型高档 PLC 发展。目前，输入/输出（简称 I/O）点数达到 8192 点以上的大型 PLC 不在少数，如莫迪康公司的 984～785 型的 PLC 的最大 I/O 点数已达到 16384 点。大型 PLC 不但运算速度快，而且具有 PID、多轴定位、高速计数、远程 I/O、光纤通信等多种功能，能与计算机组成分布式控制系统，实现对工厂生产全过程的集中管理。

2. 编程语言和编程工具向标准化、多样化发展

目前，美国、日本等生产的 PLC 产品在控制方面的编程语言基本采用的是梯形图，且已标准化。但随着现代 PLC 产品应用的急速扩展，尤其是 PLC 在一些复杂的大规模的控制系统以及通信联网方面的应用，仅靠梯形图是不够的。因此，近年来 PLC 编程语言出现了向高级语言发展的趋势，出现了多种 PLC 的高级编程语言。

3. I/O 组件标准化、功能组件智能化

PLC 的输入/输出均模块化，其点数一般以 8、16、32 为模块单元，可根据需要进行组合、扩充，因而是一个颇具有柔性的系统，并且有高度的兼容性和可靠性，即所有的 I/O 单元、高功能单元及特殊功能单元对同一类系列的 PLC 完全是兼容的。

为满足工业自动化各种控制系统的需要，PLC 生产厂家不断致力于开发各种新器件和智能模块。智能模块是以微处理器为基础的功能部件，模块的 CPU 与主 CPU 并行工作，可极大地减少占用主 CPU 的时间，有利于提高 PLC 的扫描速度，又可以使模块具有自适应、参数自整定等功能，使调试时间减少，控制精度得到提高。另外，特殊功能智能模块还能与计算机、调制解调器、打印机等设备连接，进行运算状态监测、数据采集、打印等。

4. 通信网络化

通信网络化是 PLC 系统的发展趋势。目前，几乎所有的 PLC 都具有通信联网功能。上位计算机与 PLC、PLC 与 I/O 之间都可以进行通信，它可广泛用于功能强、规模大的分散控制系统。该系统的主控制器和本地控制器均有 CPU，执行各自的控制程序，可对复杂分布的自动生产线进行集中控制。

5. 发展故障诊断技术和容错技术

PLC 系统 80% 以上的故障是外围的。迅速准确地诊断故障将大大减少维修时间和提高设备的开机率。为此，目前一些 PLC 制造厂家正在开发一些故障智能诊断方法：智能可编程 I/O 系统，供用户了解 I/O 组件的状态和监测系统的故障；故障监测程序，供回路远程诊断和网络诊断等。

另外，国外一些主要的 PLC 生产厂家为了适应大规模、复杂控制系统及高可靠性控制场合对 PLC 产品的要求，不断地发展容错技术，在其生产的 PLC 中增加容错功能，如冗余技术（当主 CPU 发生故障时，由冗余处理单元（RPU）控制，自动投入备用 CPU）、双机热备、自动切换 I/O、双机表决（当输出状态与 PLC 逻辑状态相比较出错时，会自动断开该输出）和 I/O 三重表决（当输出状态进行软件硬件表决，取 2 个相同的），以大幅度提高 PLC 控制系统的可靠性。

4.2 PLC 的组成与工作原理

4.2.1 PLC 的硬件结构

世界各国生产的 PLC 外观各异，但作为工业控制计算机，其硬件结构都大体相同。主要由中央处理器（CPU）、存储器（RAM、ROM）、输入/输出模块（I/O 接口）、电源单元及编程设备等几大部分构成。PLC 的硬件结构框图如图 4-1 所示。

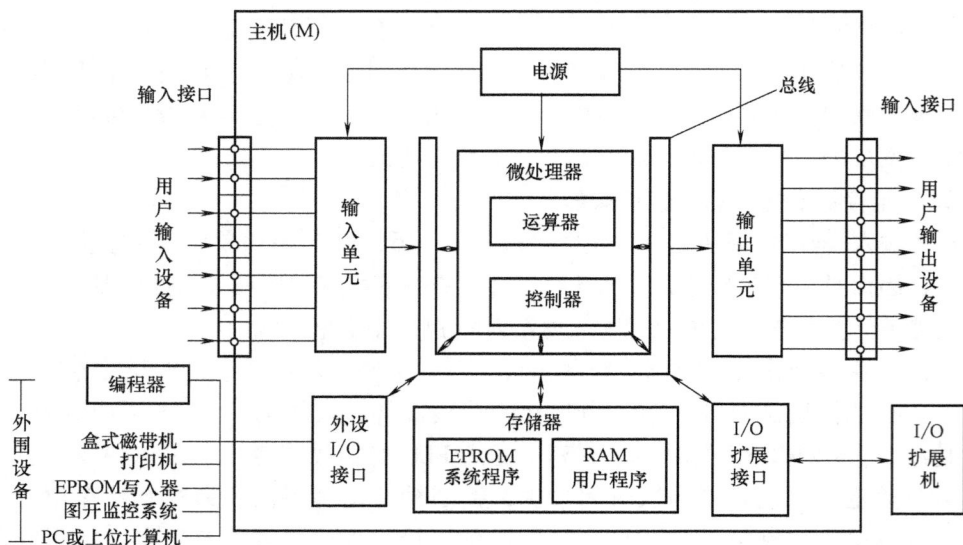

图 4-1 PLC 控制系统示意图

在图 4-1 中，PLC 的主机由微处理器（CPU）、存储器（EPROM、RAM）、输入/输出模块、外设接口、通信接口及电源组成。对于整体式的 PLC，这些部件都在同一个机壳内。对于模块式的 PLC，各部件独立封装，称为模块，各模块通过机架和电缆连接在一起。

主机内的各个部分均通过电源总线、控制总线、地址总线和数据总线连接。根据实际控制对象的需要配备一定的外部设备，可构成不同的 PLC 控制系统。常用的外部设备有编程器、打印机、EPROM 写入器等。PLC 可以配置通信模块与上位机及其他的 PLC 进行通信，构成 PLC 的分布式控制系统。

1. 中央处理器（CPU）

CPU 是 PLC 的控制中枢，PLC 中所采用的 CPU 随机型不同，通常有三种：通用微处理器（如 886、80286、80386 等）、单片机、位片式微处理器。小型 PLC 大多采用 8 位、16 位微处理器或单片机做 CPU，具有集成度高、运算速度快、可靠性高等优点。大型 PLC 大多数采用高速位片式微处理器，具有灵活性强、速度快、效率高等优点。

在 CPU 的控制下，PLC 有条不紊地协调工作，实现对现场各个设备的控制。具体作用如下：

1）接收、存储用户程序。

2）以扫描方式接收来自输入单元的数据和状态信息，并存入相应的数据存储区。

3）执行监控程序和用户程序。完成数据和信息的逻辑处理，产生相应的内部控制信号，完成用户指令规定的各种操作。

4）响应外部设备（如编程器、打印机）的请求。

2. 存储器

PLC 配有系统存储器（EPROM）和用户存储器（RAM）。系统存储器用来存放系统管理程序，用户不能访问和修改这部分存储器的内容。用户存储器用来存放编制的应用程序和工作数据状态。存放工作数据状态的用户存储器部分也称为数据存储区。它包括输入、输出数据映像区，定时器/计数器预置数和当前值的数据区，存放中间结果的缓冲区。

3. 输入/输出模块

PLC 的控制对象是工业生产过程，实际生产过程中的信号电平是多种多样的，外部执行机构所需的电平也是各不相同的，而 PLC 控制器的 CPU 所处理的信号只能是标准电平，这样就需要有相应的 I/O 模块作为 CPU 与工业生产现场的桥梁，进行信号电平的转换。

输入模块接收来自用户设备的各种控制信号，如各种开关、按钮、传感器等，其信号可能是交流电压（110V 或 220V）或直流电压（12～24V）等。因此，输入模块要能将生产现场的信号转换成 CPU 能接收的标准电平的数字量信号。

输出模块将 CPU 执行用户程序所输出的标准电平控制信号转化为生产现场所需的，能驱动特定设备的信号，以驱动执行机构的动作。通常开关量输出模块有三种形式，即继电器输出、晶体管输出和双向晶闸管输出。继电器输出可接直流或交流负载，晶体管输出属直流输出，只能接直流负载。当开关量输出的频率低于 1000Hz，一般选用继电器输出模块。当开关量输出的频率大于 1000Hz，一般选用晶体管输出。而双向晶闸管输出属交流输出。

4. 电源单元

PLC 一般使用 220V 的交流电源，也有用 24V 直流电源。PLC 对电源稳定度要求不高，一般允许电源电压额定值在 10%～15% 的范围内波动。PLC 内有一个稳压电源用于对 PLC

的 CPU 单元和 I/O 单元供电，小型 PLC 电源往往和 CPU 单元合为一体，中大型 PLC 都有专门电源单元。有些 PLC 电源部分还有 DC 24V 输出，用于对外部传感器供电，但电流往往是毫安级。

5. 编程设备

编程设备是 PLC 最重要的外围设备，它实现了与 PLC 的联系对话。用户利用编程设备不但可以输入、检查、修改和调试用户程序，还可以监视 PLC 的工作状态、修改内部系统寄存器的设置参数以及显示错误代码等。编程设备分三种类型。

（1）手持编程器　它可以直接与 PLC 的专用插座相连，或通过电缆与 PLC 相连，它与主机共用一个 CPU，一般只能用助记符或功能指令代号编程。其优点是携带方便，价格便宜。多用于微型、小型 PLC，缺点是因为编程器与主机共用一个 CPU，只能联机编程，对 PLC 的控制能力小。

（2）图形编程器　图形编程器显示屏可以用来显示编程的情况，还可以显示 I/O、各继电器的工作状况、信号状态和出错信息等。工作方式既可以是联机编程又可以是脱机编程。可以是梯形图编程，也可以用助记符指令编程，同时还可以与打印机、绘图仪等设备相连，并有较强的监控功能，但价格高，通常被用于大中型 PLC。

（3）通用计算机编程　它采用通用计算机，硬件通过 RS-232 通信接口与 PLC 连接，若 PLC 用的是 RS-422 通信接口，则须另加适配器。软件装有 PLC 专用工具软件包，使用户可以直接在计算机上以联机或脱机方式编程。可以运用梯形图编程，也可以用助记符指令编程，并有较强的监控能力。

6. I/O 扩展单元

若主机单元（带有 CPU）的 I/O 点数不够用，可进行 I/O 扩展，即通过 I/O 扩展接口电缆与 I/O 扩展单元（不带有 CPU）相连，以扩充 I/O 点数。A-D、D-A 单元一般也通过 RS-232 通信与主机单元相连接。

4.2.2　PLC 的基本工作原理

1. 扫描工作方式

当 PLC 运行时，有许多操作需要进行，但 CPU 不可能同时去执行多个操作，它只能按分时操作原理每一时刻执行一个操作。由于 CPU 的运算处理速度很高，使 PLC 外部出现的结果从宏观上来看似乎是同时完成的。这种分时操作的过程称为 CPU 的扫描工作方式。

PLC 执行用户程序时，采用扫描工作方式完成。在整个扫描过程中，PLC 除了执行用户程序外，还要完成其他工作。图 4-2 所示为 PLC 工作过程及其框图。

在执行用户程序前，PLC 还应完成内部处理、通信服务与自诊断检查。在内部处理阶段，PLC 检查 CPU 模块内部硬件是否正常，监视定时器复位以及完成其他一些内部处理。在通信服务阶段，PLC 应完成与一些带处理器的智能模块或其他外设的通信，完成数据的接收和发送任务、响应编程器键入命令、更新时钟和特殊寄存器内容等工作。PLC 具有很强的自诊断功能，如电源检测、内部硬件是否正常、程序语法是否有错误等。一旦有错或异常，则能根据错误类型和程度发出提示信号，甚至进行相应的出错处理，使 PLC 停止扫描或强制变成 STOP 方式。

当 PLC 处于停止（STOP）状态时，只完成内部处理和通信服务工作。当 PLC 处于运行

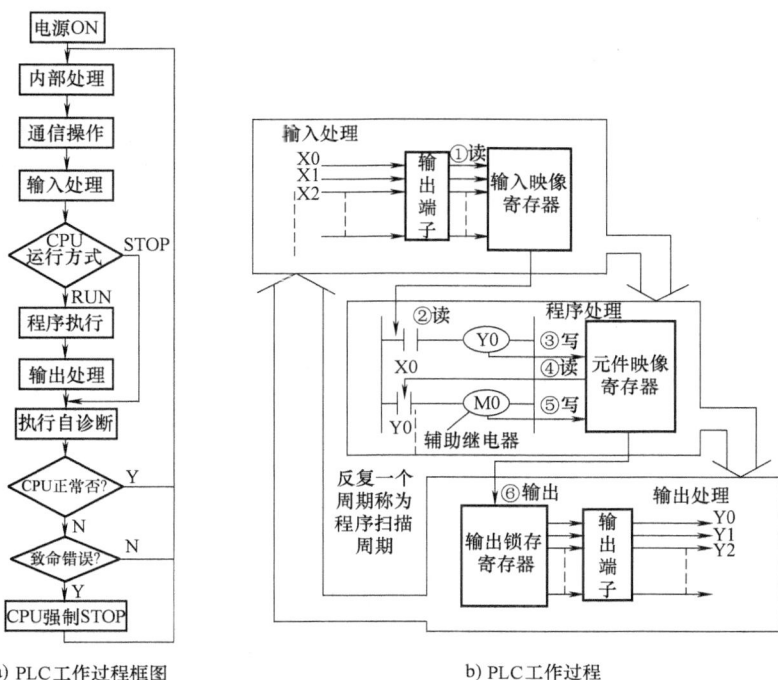

a) PLC工作过程框图

b) PLC工作过程

图 4-2 PLC 工作过程及其框图

状态时，除完成内部和通信服务的操作外，还要完成输入处理、程序执行、输出处理工作。

2. PLC 执行程序的过程

微型计算机对输入、输出信号是实时处理，而 PLC 对输入、输出信号是集中批处理。PLC 扫描工作方式分三个阶段，即输入采样、程序执行、刷新阶段。

（1）输入采样　PLC 在开始执行程序之前，首先扫描输入端子，按顺序将所有输入信号，读入到寄存输入状态的输入映像寄存器中，这个过程称为输入采样。PLC 在运行程序时，所需的输入信号不是现时取输入端子上的信息，而是取输入映像寄存器中的信息。在一个工作周期内这个采样结果的内容不会改变，只有到下一个扫描周期输入采样阶段才被刷新。

（2）程序执行　PLC 完成了输入采样工作后，按顺序从上到下、从左到右地扫描每条指令。并分别从输入映像寄存器和输出映像寄存器中获得所需的数据进行运算、处理，再将程序执行的结果写入寄存执行结果的输出映像寄存器中保存。但这个结果在全部程序未执行完毕之前不会送到输出接口上。

（3）刷新阶段　在执行到 END 指令，即执行完用户所有程序后，PLC 将输出映像寄存器中的内容送到输出锁存器中进行输出，驱动用户设备。

3. 输入/输出的滞后现象

从上述 PLC 的工作过程可以看出：PLC 工作方式的主要特点是采用周期循环扫描、集中输入与输出的方式。这种"串行"工作方式可以避免继电器控制系统触头竞争和时序失配的问题，使 PLC 具有高可靠性、抗干扰能力强的优点。但在程序执行过程中，输入信号发生变化，其输出不能即时做出反映，只能等到下一个扫描周期开始时才能采样该变化了的输入信号。另外，程序执行过程中产生的输出不是立即去驱动负载，而是将处理的结果存放在输出映像寄存器中，等程序全部执行结束，才能将输出映像寄存器的内容通过锁存器输出到端子上。因此，PLC 最大的问题是输入/输出有响应滞后现象。但对一般工业设备来说，其输入为一般的开关量，其输入信号的变化周期大于程序扫描周期，PLC 的输入/输出滞后现象对一般工业设备来说是完全允许的。对某些设备，如需要输出对输入做快速反应，这时可采用快速响应模块、高速计速模块以及中断处理等措施来尽量减少滞后时间。

4.3　PLC 的编程语言

PLC 的控制功能是由程序实现的。目前 PLC 常用的编程语言有：梯形图语言、助记符（语句表）语言、功能图语言、顺序功能图语言、高级编程语言等，这里仅做简单介绍。详细的编程语言应用将在以后的章节中予以说明。

4.3.1　梯形图语言

梯形图语言形象直观，类似电气控制系统中继电器控制电路图。逻辑关系明显，电气技术人员容易接受，是目前应用最多的一种 PLC 编程语言。图 4-3 所示为电动机正反转继电器控制线路图及梯形图。对于同一控制电路，继电器控制原理图和梯形图的输入/输出信号、控制过程等效。继电器控制原理图使用的是硬继电器和定时器，靠硬件连接组成控制线路。而 PLC 的梯形图使用的是内部软继电器、定时器/计数器等，靠软件来实现控制。

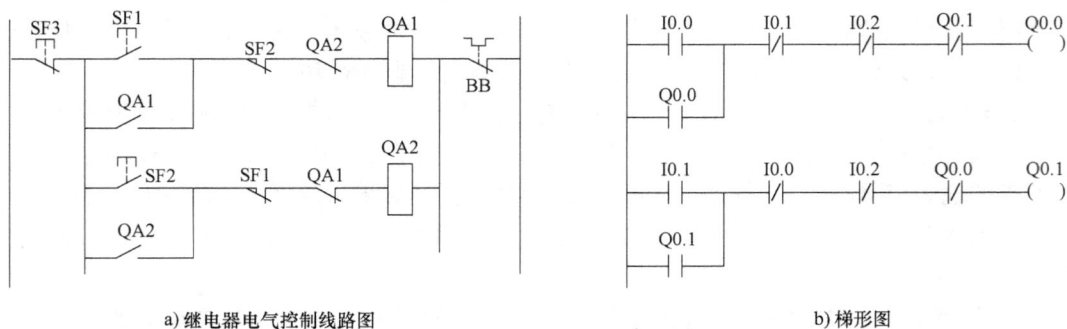

a) 继电器电气控制线路图　　　　　　　　　　　　　　b) 梯形图

图 4-3　电动机正反转继电器控制线路图及梯形图

在 PLC 梯形图中，左、右母线类似于继电器与接触器控制电源线，输出线圈类似于负载，输入触头类似于按钮、开关。梯形图中左母线可以假想为电源火线，右母线可以假想为电源零线（可以不画出）。梯形图由若干阶级构成，自上而下排列，每个阶级起于左母线，经过触头与线圈，止于右母线。梯形图的程序运行是按从左至右、从上到下的顺序进行，PLC 梯形图中的某些编程元件沿用了继电器这一名称，如输入继电器、输出继电器、内部辅助继电器等，但是它们不是真实的物理继电器，而是一些存储单元（软继电器），每一软继电器与 PLC 存储器中映像寄存器的一个存储单元相对应。该存储单元如果为"1"状态，则表示梯形图中对应软继电器的线圈"通电"，其常开触头接通，常闭触头断开，称这种状态是该软继电器的"1"或"ON"状态。如果该存储单元为"0"状态,对应软继电器的线圈和触头的状态与上述的相反,称该软继电器为"0"或"OFF"状态。使用中也常将这些"软继电器"称为编程元件。

4.3.2 助记符语言

PLC 的助记符语言是 PLC 的命令语句表达式,它与计算机汇编语言相类似。用户可以直观地根据梯形图写出助记符语言,并通过编程器(或计算机)送到 PLC 中去。不同厂家生产的 PLC 所使用的助记符语言有所区别。

4.3.3 功能图语言

功能图语言是一种类似于数字逻辑电路图的编程语言,熟悉数字电路的人比较容易掌握。

4.3.4 顺序功能图语言

顺序功能图常用来编制顺序控制类程序。它包括工步、动作、转换驱动条件三个元素。顺序功能编程法可将一个复杂的控制过程分解为一些具体的工作状态,把这些具体的功能分别处理后,再按一定的顺序控制要求,组合成整体的控制程序。顺序功能图体现了一种编程思想,在程序的编制中有很重要的意义。顺序功能图如图 4-4 所示。

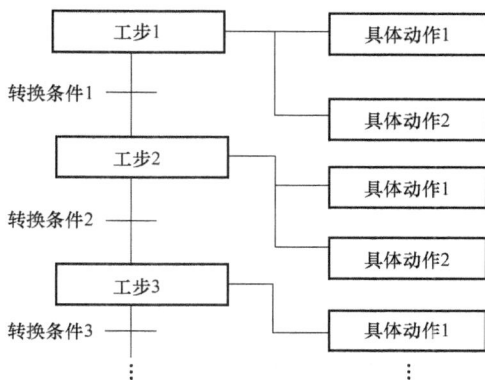

图 4-4 顺序功能图

4.3.5 高级语言

高级语言编程已经在某些厂家生产的 PLC 中应用,这种语言类似于 BASIC 语言、C 语言等高级编程语言,如德国的 Jetter PLC 等。

4.4 西门子系列 PLC 简介

4.4.1 西门子 S7 系列 PLC 简介

1. 西门子 S7-200 系列 PLC

S7-200 系列 PLC 是超小型化的 PLC,它适用于各行业,各种场合中的自动检测、监测及控制等。S7-200 系列 PLC 的强大功能使其无论在独立运行,或相连成网络都能实现复杂控制功能。

S7-200 系列 PLC 在集散自动化系统中充分发挥其强大功能。使用范围可覆盖从替代继电器的简单控制到复杂的自动化控制。

S7-200 系列 PLC 可提供 4 个不同的基本型号的 8 种 CPU 供选择使用。S200 系列对比图如图 4-5 所示。

2. 西门子 S7-300 系列 PLC

S7-300 系列 PLC 是模块化小型 PLC 系统，能满足中等性能要求的应用。各种单独的模块之间可进行广泛组合以用于扩展。

（1）系统组成　S7-300 系列 PLC 主要由下列模块组成：中央处理单元（CPU），各种 CPU 有各种不同的性能，例如，有的 CPU 上集成有输入/输出点，有的 CPU 上集成有 PROFIBUS-DP 通信接口等；信号模块（SM）用于数字量和模拟量输入/输出；通信处理器（CP）用于连接网络和点对点连接；功能模块（FM）用于高速计数、定位操作（开环或闭环定位）和闭环控制；负载电源模块（PS）用于将 SIMATIC S7-300 连接到 120V/230V 交流电源，或 24V/48V/60V/110V 直流电源；接口模块（1M）用于多机架配置时连接主机架（CR）和扩展机架（ER）。S7-300 系列 PLC 通过分布式的主机架（CR）和 3 个扩展机架（ER），可以操作多达 32 个模块。运行时无需风扇。

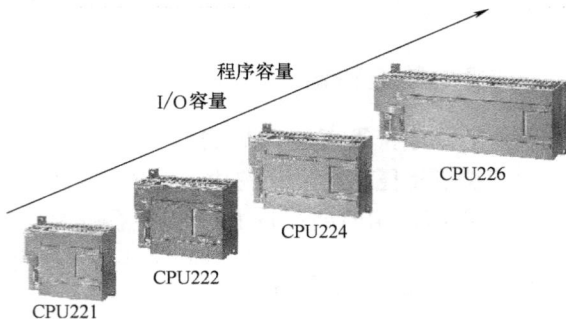

图 4-5　西门子 S200 系列对比图

（2）主要功能　S7-300 系列 PLC 的主要功能有：高速（0.6 ~ 0.1μs）的指令处理在中等到较低的性能要求范围内开辟了全新的应用领域；浮点数运算可以有效地实现更为复杂的算术运算；一个带标准用户接口的软件工具方便用户给所有模块进行参数赋值；方便的人机界面服务已经集成在 S7-300 操作系统内，人机对话的编程要求大大减少。SIMATIC 人机界面（HM1）从 S7-300 操作系统中取得数据，S7-300 操作系统按用户指定的刷新速度传送这些数据。S7-300 操作系统自动地处理数据的传送；CPU 智能化的诊断系统连续监控系统的功能是否正常、记录错误和特殊系统事件（如超时、模块更换等）；多级口令保护可以使用户高度、有效地保护其技术机密，防止未经允许地复制和修改；S7-300 系列 PLC 设有操作方式选择开关，操作方式选择开关像钥匙一样可以拔出，当钥匙拔出时，就不能改变操作方式。这样就可防止非法删除或改写用户程序。

（3）通信功能　S7-300 系列 PLC 可通过 Step7 的用户界面提供通信组态功能，这使得组态非常容易、简单。S7-300 系列 PLC 具有多种不同的通信接口，并通过多种通信处理器来连接 AS-1 总线接口和工业以太网总线系统；串行通信处理器用来连接点到点的通信系统；多点接点（MPI）集成在 CPU 中，用于同时连接编程器、PC、人机界面系统及 SIMAT-IC S7/M7/C7 等自动化控制系统。

S7-300 系列 CPU 支持的通信类型有：

过程通信：通过总线（AS-1 或 PROFIBUS）对 I/O 模块周期寻址（过程映像交换）。

数据通信：在自动控制系统之间或人机界面（HMI）和几个自动控制系统之间，数据通信会周期地进行或被用户程序或功能块调用。

3. 西门子 S7-400 系列 PLC

S7-400 系列 PLC 是用于中、高档性能范围的可编程序控制器。它采用模块化无风扇的设计，可靠耐用。同时可以选用多种级别（功能逐升级）的 CPU，并配有多种通用功能的模板，这使用户能根据需要组合成不同的专用系统。当控制系统规模扩大或升级时，只要适当地增加一些模板，便能使系统升级和充分满足需要。

S7-400 系列 PLC 主要由下列模块（部件）组成。

电源模板（PS）：将 SIMATIC S7-400 连接到 AC 120V/230V 或 DC 24V 电源上。

中央处理单元（CPU）：有多种 CPU 可供用户选择，有些带有内置的 JPROFIBUS-DP 接口，用于各种性能且包括多个 CPU，以加强其性能。

I/O 模块（SM）：数字量输入和输出（DI/DO）和模拟量输入和输出（AI/AO）的信号模板。

通信处理器（CP）：用于总线连接和点到点连接。

功能模板（FM）：专门用于计数、定位、凸轮等控制任务。

SIMATIC S7-400 还提供以下部件：接口模板（1M），用于连接中央控制单元和扩展单元。SIMATIC S7-400 中央控制器最多能连接 21 个扩展单元。

4.4.2 S7-200 系列 PLC 的基础知识

目前市场上的 PLC 种类繁多，生产公司不同，PLC 的结构、编程语言也会有一些差异，即使是同一家公司的产品，产品系列不同，其编程语言也会有差异，所以给 PLC 学习者学习 PLC 带来了一定麻烦。但是 PLC 的硬件组成和编程语言绝大部分是相同或相似的，所以只要学习好一种 PLC 后，学习和使用其他 PLC 就容易了。西门子 S7-200 系列 PLC 适用于各行各业，各种场合中的检测、监测及控制的自动化。S7-200 系列 PLC 的强大功能使其无论在独立运行中，或相连成网络皆能实现复杂控制功能。因此 S7-200 系列 PLC 具有极高的性价比。所以本书以西门子 S7-200 系列 PLC 为对象来讲解 PLC 基础知识及应用。

1. S7-200 系列 PLC 的基本硬件组成

S7-200 系列 PLC 可提供 4 种不同的基本单元和 6 种型号的扩展单元。其系统构成包括基本单元、扩展单元、编程器、程序存储卡、写入器、人机界面等。

（1）基本单元 S7-200 系列 PLC 中有 4 种不同的基本型号的 8 种 CPU 供选择使用，其输入输出点数的分配见表 4-1。

表 4-1 S7-200 系列 PLC 中 CPU22X 的基本单元

型号	输入点	输出点	可带扩展模块数
S7-200 CPU221	6	4	—
S7-200 CPU222	8	6	2 个扩展模块 78 路数字量 I/O 点或 10 路模拟量 I/O 点
S7-200 CPU224	14	10	7 个扩展模块 168 路数字量 I/O 点或 35 路模拟量 I/O 点
S7-200 CPU226	24	16	2 个扩展模块 248 路数字量 I/O 点或 35 路模拟量 I/O 点
S7-200 CPU226XM	24	16	2 个扩展模块 248 路数字量 I/O 点或 35 路模拟量 I/O 点

基本单元（S7-200 CPU 模块）亦称为主机，它包括一个中央处理单元（CPU）、电源、数字量输入输出单元。基本单元可以构成一个独立的控制系统。这几种 CPU 模块的外部结构大体相同，其外部结构如图 4-6 所示。

S7-200CN CPU 端子和硬件介绍

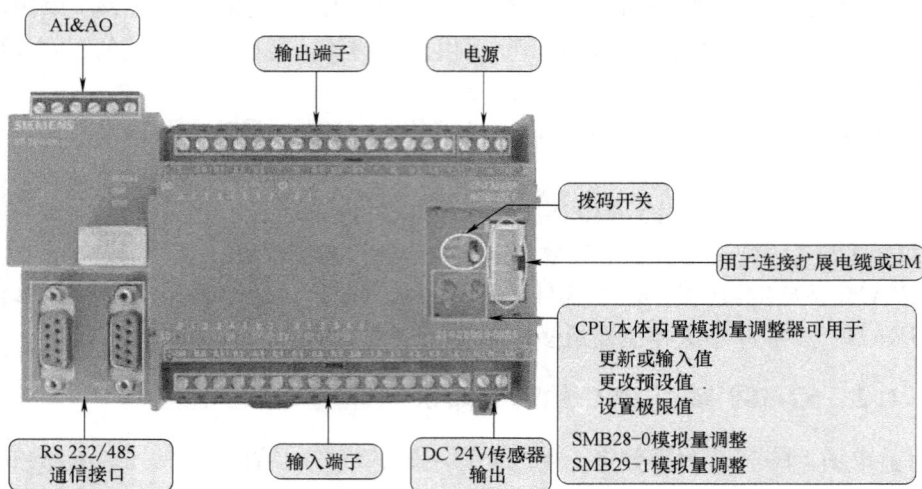

图 4-6　西门子 S200 系列 PLC 结构图

（2）扩展单元　S7-200 系列 PLC 主要有 6 种扩展单元，它本身没有 CPU，只能与基本单元相连接使用，用于扩展 I/O 点数。S200 扩展模块如图 4-7 所示。

（3）编程器　S7-200 系列 PLC 可采用多种编程器，一般可分为简易型和智能型。简易型编程器显示功能较差，只能用指令表方式输入，使用不够方便。智能型编程器采用计算机进行编程操作，将专用的编程软件装入计算机内，可直接采用梯形图语言编程，实现在线监测，非常直观，且功能强大。S7-200 系列 PLC 的专用编程软件为 STEP7-Micro/WIN。

（4）程序存储卡　为了保证程序及重要参数的安全，一般小型 PLC 设有外接 EEPROM 卡盒接口，通过该接口可以将卡盒的内容写入 PLC，也可将 PLC 内的程序及重要参数传到外接 EEPROM 卡盒内作为备份。程序存储卡 EEPROM 有 6ES 7291-8GC00-0XA0 和 6ES 7291-8GD00-0XA0 两种，程序容量分别为 8K 和 16K 程序步。

图 4-7　S200 扩展模块

（5）写入器　写入器的功能是实现 PLC 和 EPROM 之间的程序传送，是将 PLC 中 RAM 区的程序通过写入器固化到程序存储卡中，或将 PLC 中程序存储卡中的程序通过写入器传送到 RAM 区。

（6）人机界面　人机界面主要指专用操作员界面，例如操作员面板、触摸屏、文本显示器等，这些设备可以使用户通过友好的操作界面轻松地完成各种调整和控制的任务。操作员面板和触摸屏用于过程状态和过程控制的可视化，可以用 Protool 软件组态它们的显示与控制功能。西门子 PLC 触摸屏如图 4-8 所示。

2. S7-200 系列 PLC 的主要技术性能

以 S7-200 CPU224 为例说明 S7 系列 PLC 的主要技术性能。

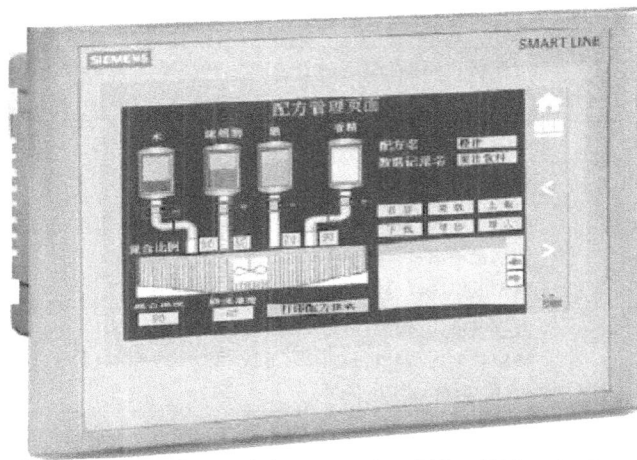

图 4-8 西门子 PLC 触摸屏

（1）一般性能 S7-200 CPU224 的一般性能见表 4-2。

表 4-2 S7-200 CPU224 的一般性能

电 源 电 压	DC 24V，AC 100～230V
电源电压波动	DC 20.4～23.8V，AC 84～264V（47～63Hz）
环境温度、湿度	水平安装：0～55℃，垂直安装：0～45℃，5%～95%
大气压	860～1080kPa
保护等级	IP20 到 IEC529
输出给传感器的电压	DC 24V（20.4～28.8V）
输出给传感器的电流	280mA，电子式短路保护（600mA）
为扩展模块提供的输出电流	660mA
程序存储器	8KB/典型值为 2.6K 条指令
数据存储器	2.5K 字
存储器子模块	1 个可插入的存储器子模块
数据后备	整个 BD1 在 EEPROM 中无需维护 在 RAM 中当前的 DB1 标志位、定时器、计数器等通过高能电容或电池维持，后备时间 190h（40℃时 120h），插入电池后备 200 天
编程语言	LAD，FBD，STL
程序结构	一个主程序块（可以包括子程序）
程序执行	自由循环。中断控制，定时控制（1～255ms）
子程序级	8 级
用户程序保护	3 级口令保护
指令集	逻辑运算、应用功能
位操作执行时间	0.37μs
扫描时间监控	300ms（可重启动）
内部标志位	256，可保持：EEPROM 中 0～112
计数器	0～256，可保持：256,6 个高速计数器

（续）

电源电压	DC 24V，AC 100～230V
定时器	可保持：256，4 个定时器，1ms～30s，16 个定时器，10ms～5min，236 个定时器，100ms～54min
接口	一个 RS-485 通信接口
可连接的编程器/PC	PG740PII，PG760PII，PC（AT）
本机 I/O	数字量输入：14，其中 4 个可用作硬件中断，14 个用于高速功能 数字量输出：10，其中 2 个可用作本机功能 模拟电位器：2 个
可连接的 I/O	数字量输入/输出：最多 94/74 模拟量输入/输出：最多 28/7（或 14） AS 接口输入/输出：496
最多可接扩展模块	7 个

（2）输入特性　S7-200 CPU224 的输入特性见表 4-3。

表 4-3　S7-200 CPU224 的输入特性

类　　型	源型或汇型
输入电压	DC24V，"1 信号"：14～35A，"0 信号"：0～5A
隔离	光耦隔离，6 点和 8 点
输入电流	"1 信号"：最大 4mA
输入延迟（额定输入电压）	所有标准输入：全部 0.2～12.8ms（可调节） 中断输入：（I0.0～0.3）0.2～12.8ms（可调节） 高速计数器：（I0.0～0.5）最大 30kHz

（3）输出特性　S7-200 CPU224 的输出特性见表 4-4。

表 4-4　S7-200 CPU224 的输出特性

类　　型	晶体管输出型	继电器输出型
额定负载电压	DC24V（20.4～28.8V）	DC24V（4～30V） AC24～230V（20～250V）
输出电压	"1 信号"：最小 DC20V	L+/L-
隔离	光耦隔离，5 点	继电器隔离，3 点和 4 点
最大输出电流	"1 信号"：0.75A	"1 信号"：2A
最小输出电流	"0 信号"：10μA	"0 信号"：0mA
输出开关容量	阻性负载：0.75A 灯负载：5W	阻性负载：2A 灯负载：DC30W，AC200W

3. S7-200 系列 PLC 的工作方式

S7-200 系列 PLC 的工作方式有三种：RUN、STOP、TERM（终端）方式，可用 CPU 模块上的方式开关改变工作方式，方式开关在 STOP 或 TERM 位置时通电，自动进入 STOP 方式；在 RUN 位置通电自动进入 RUN 方式，在该方式下接通一个扫描周期。

4.4.3　S7-200 系列 PLC 的内部元器件

1. S7-200 系列 PLC 的存储器空间

S7-200 系列 PLC 的存储器空间大致分为三个空间，即程序空间、数据空间和参数空间。

（1）程序空间　该空间主要用于存放用户应用程序，程序空间容量在不同的 CPU 中是不同的。另外，CPU 中的 RAM 区与内置 EEPROM 上都有程序存储器，但它们互为映像，且空间大小一样。

（2）数据空间　该空间的主要部分用于存放工作数据，称为数据存储器；另外有一部分做寄存器使用，称为数据对象。

1）数字量输入映像区和输出映像区。输入映像寄存器是 S7-200 CPU 为输入端信号状态开辟的一个存储区。它的每一位对应一个数字量输入结点。在每个扫描周期开始，PLC 依次对各个输入结点采样，并把采样结果送入输入映像存储器。PLC 在执行用户程序过程中，不再理会输入结点的状态，它所处理的数据为输入映像存储器中的值。

输出映像存储器（Q）是 S7-200 CPU 为输出端信号状态开辟的一个存储区，每一位对应一个数字输出量结点。PLC 在执行用户程序的过程中，并不把输出信号随时送到输出结点，而是送到输出映像存储器，只有到了每个扫描周期的末尾，才将输出映像寄存器的输出信号几乎同时送到各输出结点。

2）模拟量输入映像区和输出映像区。

① 模拟量输入映像区（AI 区）。S7-200 的模拟量输入电路将外部输入的模拟量（如温度、电压）等转换成 1 个字长（16 位）的数字量，存入模拟量输入映像寄存器区域。模拟量输入映像区是 S7-200 CPU 为模拟量输入端信号开辟的一个存储区。S7-200 将测得的模拟量（如温度、压力）转换成 1 个字长（2 个字节）的数字量，模拟量输入映像寄存器用标识符（AI）、数据长度（W）及字节的起始地址表示。AI 编址范围为 AIW0，AIW2，…，AIW62，起始地址定义为偶数字节地址，共有 32 个模拟量输入点。模拟量输入值为只读数据。

② 模拟量输出映像区（AQ 区）。模拟量输出映像区是 S7-200 CPU 为模拟量输出端信号开辟的一个存储区。S7-200 模拟量输出电路用来将模拟量输出映像寄存器区域的 1 个字长（16 位）数字值转换为模拟电流或电压输出。模拟量输出映像寄存器用标识符（AQ）、数据长度（W）及字节的起始地址表示。AQ 编址范围为 AQW0，AQW2，…，AQW62，起始地址采用偶数字节地址，共有 32 个模拟量输出点。

3）变量存储器（V）（相当于内辅继电器）。PLC 执行程序过程中，会存在一些控制过程的中间结果，这些中间数据也需要用存储器来保存。变量存储器就是根据这个实际的要求设计的。变量存储器是 S7-200 CPU 为保存中间变量数据而建立的一个存储区，用 V 表示。

4）内部标志位存储器（M）区。PLC 执行程序过程中，可能会用到一些标志位，这些标志位也需要用存储器来寄存。位存储器就是根据这个要求设计的。位存储器是 S7-200 CPU 为保存标志位数据而建立的一个存储区，用 M 表示。该区虽然叫位存储器，但是其中的数据不仅可以是位，还可以是字节、字或双字。

5）顺序控制继电器区（S）。PLC 执行程序过程中，可能会用到顺序控制。顺序控制继电器就是根据顺序控制的特点和要求设计的。顺序控制继电器区是 S7-200 CPU 为顺序控制继电器的数据而建立的一个存储区，用 S 表示。在顺序控制过程中，用于组织步进过程的控制。

6）局部存储器区（L）（相当于内辅继电器）。S7-200 CPU 有 64 个字节的局部存储器，编址范围为 LB0.0 ~ LB63.7，其中 60 个字节可以用作暂时存储器或者给子程序传递参数，最后 4 个字节为系统保留字节。

7）定时器存储器区（T 区）。S7-200 CPU 中的定时器是对内部时钟累计时间增量的设备，用于时间控制。编址范围为 T0 ~ T255（22X）或 T0 ~ T127（21X）。

8）计数器存储器区（C 区）。S7-200 CPU 提供三种类型的计数器，即为增计数、减计数、增/减计数。编址范围为 C0 ~ C255（22X）或 C0 ~ C127（21X）。

9）高速计数器区（HSC 区）。高速计数器用来累计比 CPU 扫描速率更快的事件。S7-200 各个高速计数器计数频率高达 30kHz。CPU 22X 提供了 6 个高速计数器 HC0，HC1，…，HC5（每个计数器最高频率为 30kHz），用来累计比 CPU 扫描速率更快的事件。高速计数器的当前值为双字长的符号整数。

10）累加器区（AC 区）。S7-200 CPU 提供了 4 个 32 位累加器（AC0、AC1、AC2、AC3），可以按字节、字或双字来存取累加器数据中的数据。但是，以字节形式读/写累加器中的数据时，只能读/写累加器 32 位数据中的最低 8 位数据。如果是以字的形式读/写累加器中的数据，只能读/写累加器 32 位数据中的低 16 位数据。只有采取双字的形式读/写累加器中的数据时，才能一次读写全部 32 位数据。

11）特殊存储器区（SM 区）。特殊存储器用于 CPU 与用户之间交换信息，例如，SM0.0 一直为"1"状态，SM0.1 仅在执行用户程序的第一个扫描周期为"1"状态。SM0.4 和 SM0.5 分别提供周期为 1min 和 1s 的时钟脉冲。SM1.0、SM1.1 和 SM1.2 分别是零标志、溢出标志和负数标志。

（3）参数空间　用于存放有关 PLC 组态参数的区域，如保护口令、PLC 站地址、停电记忆保持区、软件滤波、强制操作的设定信息等，存储器为 EEPROM。

2. S7-200 系列 PLC 中的数据类型

（1）数据在存储器中存取的方式

1）"位"存取方式：位存储单元的地址由字节地址和位地址组成，如 I3.2，其中的区域标识符"I"表示输入（Input），字节地址为 3，位地址为 2，如图 4-9 所示。

2）"字节"存取方式：输入字节 IB3（Byte）由 I3.0 ~ I3.7 这 8 位组成，如图 4-10a 所示。

3）"字"存取方式：相邻的两个字节组成一个字，一个字中的两个字节的地址必须连续，且低位字节在一个字中应该是高 8 位，高位字节在一个字中应该是低 8 位，如图 4-10b 所示。

4）"双字"存取方式：相邻的四个字节表示一个双字，四个字节的地址必须连续。最低位字节在一个双字中应该是最高 8 位，如图 4-10c 所示。

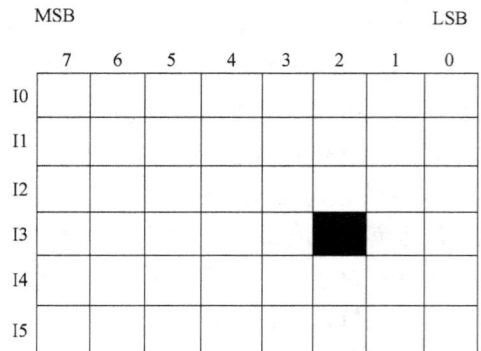

图 4-9　"位"存取方式示意图

MSB　　　　　LSB
7　　　　　　　0

IB3

a)

MSB　　　　　　　　　　　　　　　LSB
15　　高有效字节　　　低有效字节　　0

IB14	IB15

b)

MSB　　　　　　　　　　　　　　　　　　LSB
31　最高有效字节　　　　　　最低有效字节　0

IB12	IB13	IB14	IB15

c)

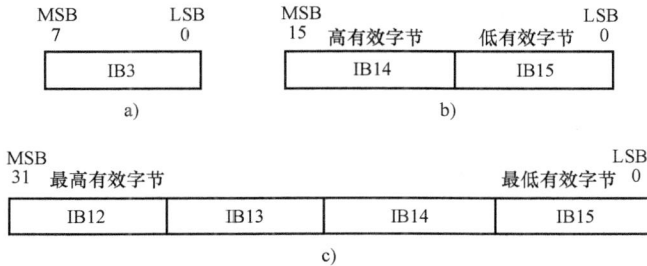

图 4-10　数据的存放方式

（2）数据类型及范围　　S7-200 系列 PLC 数据类型可以是布尔型、整型和实型（浮点数）。实数采用 32 位单精度数来表示。基本数据类型所表示数据的存储空间大小及表示范围见表 4-5。

表 4-5　基本数据类型信息

基本数据类型	存储空间大小	说　　明	数据表示范围
BOOL	1 位	布尔	$0 \sim 1$
BYTE	8 位	不带符号的字节	$0 \sim 255$
BYTE	8 位	带符号的字节（SIMATIC 模式仅限用于 SHRB 指令）	$-128 \sim +127$
WORD	16 位	不带符号的整数	$0 \sim 65535$
INT	16 位	带符号的整数	$-32768 \sim +32767$
DWORD	32 位	不带符号的双整数	$0 \sim 4294967295$
DINT	32 位	带符号的双整数	$-2147483648 \sim +2147483647$
REAL	32 位	实数，IEEE 32 位浮点数	$+1.175495E-38 \sim +3.402823E+38$ $-1.175495E-38 \sim -3.402823E+38$

（3）常数及变量　　在编程中会用到一些数据，它们保存在数据存储器中，能以位、字节、字和双字的格式进行访问。若这些存储单元的值在系统运行期间一直不变，则把这些存储单元叫作常量，否则叫作变量。

常数的数据长度可为字节、字和双字，在机器内部的数据都以二进制存储，但常数的书写可以用二进制、十进制、十六进制、ASCII 码或浮点数（实数）等多种形式。几种常数形式见表 4-6。

表 4-6　几种常见的常数形式

进　　制	书 写 格 式	举　　例
十进制	进制数值	608
十六进制	16#十六进制值	16#6F2A
二进制	2#二进制值	2#10010010
ASCII 码	'ASCII 码文本'	'Stars Shine'
浮点数（实数）	ANSI/IEEE 754-1985 标准	$+1.165468E-36,　-1.165468E-36$

3. S7-200 系列 PLC 中数据的寻址方式

S7-200 系列 PLC 数据寻址方式有立即数寻址、直接寻址和间接寻址三大类。

（1）立即数寻址　指令中直接给出立即数作为参与运算的数据，如 MOVB　#100，VB100。

（2）直接寻址　编程时直接给出存有所需数据的单元的地址，可以是位、字节、字、双字单元，如 I2.1、VB100、VW100、VD100。

（3）间接寻址　间接寻址方式是指数据存放在存储器或寄存器中，在指令中只出现所需数据所在单元的内存地址的地址。存储单元地址的地址又称为地址指针。这种间接寻址方式与计算机的间接寻址方式相同。

4.4.4　S7-200 系列 PLC 的 I/O 地址分配及接线

1. S7-200 系列 PLC 地址分配原则

数字量和模拟量分别编址，数字量输入地址冠以字母"I"，数字量输出地址冠以字母"Q"。模拟量输入地址冠以字母"AI"，模拟量输出地址冠以字母"AQ"。数字量模块的编址是以字节为单位，如 IB0、QB1，也可位寻址，如 I0.0、Q0.1，模拟量模块的编址是以字为单位（即以双字节为单位），如 AIW0、AQW2。

2. S7-200 系列 PLC 的 CPU 的 I/O 接线

输入输出接口电路是 PLC 与被控对象间传递输入输出信号的接口部件。各输入输出点的通、断状态用发光二极管（LED）显示，外部接线一般接在 PLC 的接线端子上。

S7-200 系列 CPU22X 主机的输入回路为直流双向光耦合输入电路，输出有继电器和晶体管两种类型。其中 CPU226 的主机 24 个数字量输入点和 16 个数字量输出点。CPU226 的主机分为 CPU226 CN DC/DC/DC（直流电源/直流输入/直流输出（晶体管），其端子连接图见图 4-11）和 CPU226 CN AC/DC/RELY（交流电源/直流输入/交直流输出（继电器），其端子连接图见图 4-12）。

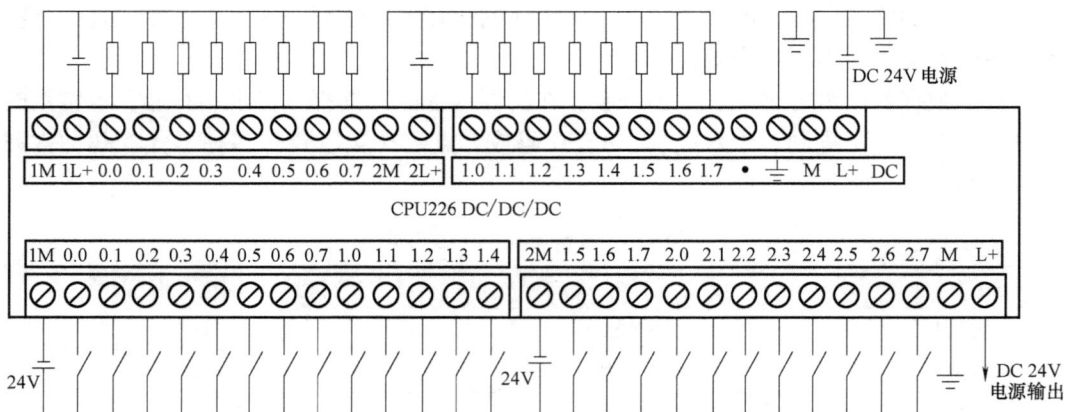

图 4-11　CPU226 CN DC/DC/DC 的端子连接图

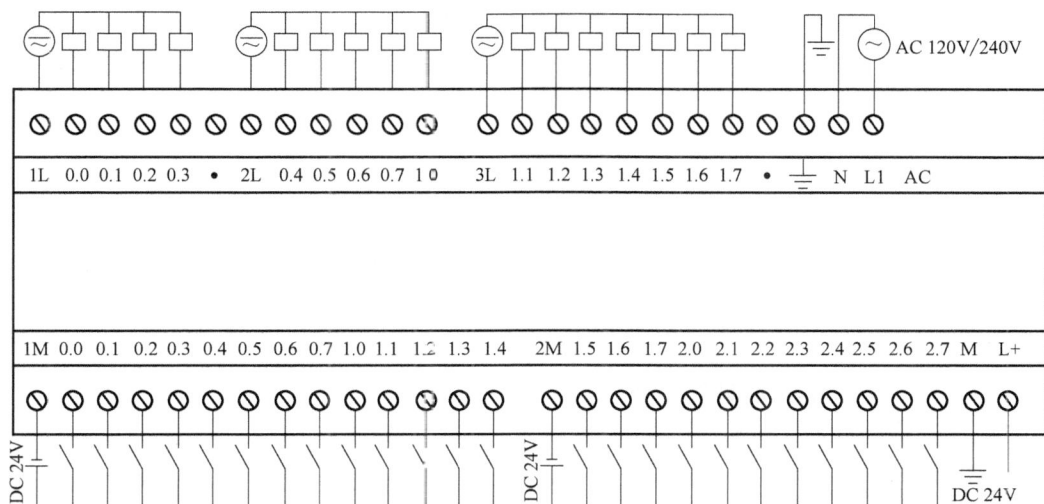

图 4-12 CPU226 CN AC/DC/RELY 的端子连接图

4.4.5 S7-200 系列 PLC 的基本指令

在 S7-200 系列 PLC 梯形图中，输入触头类似于按钮、开关等的表示形式如图 4-13a 所示。输出结果类似于灯、继电器、定时器等的表示形式如图 4-13b 所示，对输出继电器 Q、中间继电器 M 等元件就以线圈形式表示，线圈被激励，其寄存器的相应位为 1，反之为 0。对定时器 T、计数器 C 以及大部分功能指令就以指令盒形式表示。指令盒的四周既有输入信号的接口，也有输出信号的接口，另外它上面还有指令的名称。程序被分成称为网络的一些程序段，而每一个网络由一个或多个梯级构成，一个梯级是一个完整的电路，不允许短路，也不允许开路，输入总是在框图的左边，输出总是在框图的右边。网络块的使用如图 4-13c 所示。

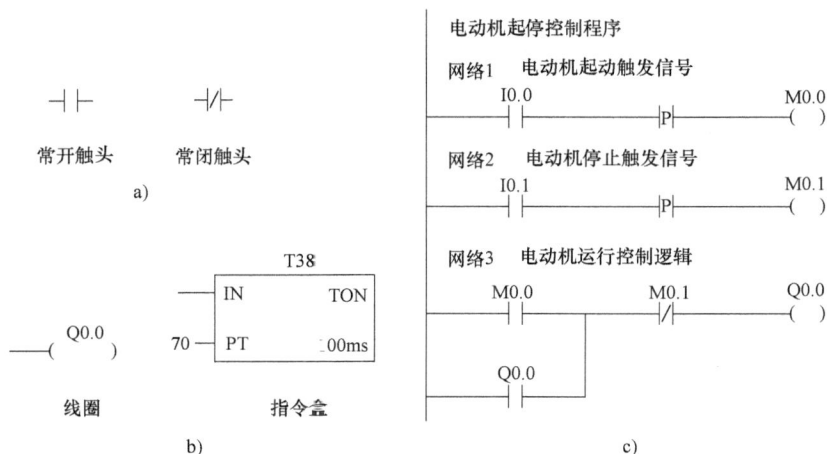

图 4-13 常用元件的表示方式

1. 逻辑取及线圈驱动指令 LD、LDN、=

LD，取指令。表示一个与输入母线相连的常开触头指令，即常开触头逻辑运算起始。

LDN，取反指令。表示一个与输入母线相连的常闭触头指令，即常闭触头逻辑运算起始。

=，线圈驱动指令，也叫输出指令。

图 4-14 是上述三条基本指令的使用说明。

2. 触头串联指令 A、AN

A，与指令。单个常开触头的串联连接。

AN，与非指令。用于单个常闭触头的串联连接。

A、AN 指令的使用说明如图 4-15 所示。

3. 触头并联指令 O、ON

O，或指令，用于单个常开触头的并联。

ON，或非指令，用于单个常闭触头的并联。

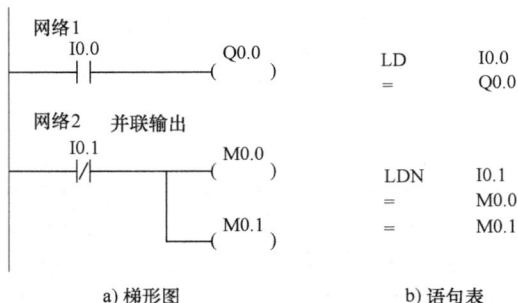

图 4-14　LD、LDN、= 指令的使用说明

O 与 ON 指令都是一个程序步指令，是从该指令的当前步开始，对前面的 LD、LDN 指令并联连接。并联的次数无限制。O、ON 指令的使用说明如图 4-16 所示。

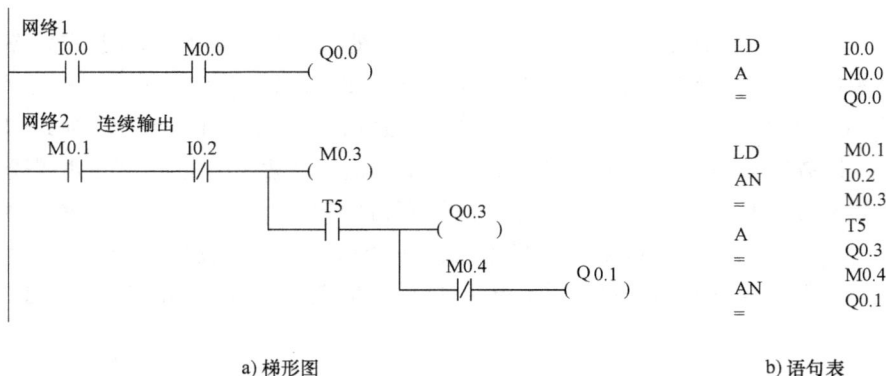

图 4-15　A、AN 指令的使用说明

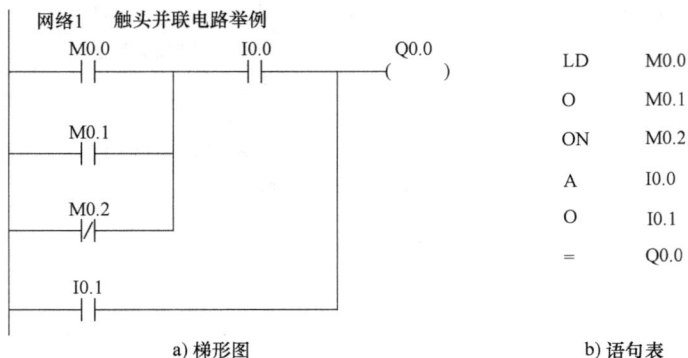

图 4-16　O、ON 指令使用说明

4. 串联电路块的并联连接指令 OLD

OLD，或块指令，用于串联电路块并联连接。

两个或两个以上的触头串联连接的电路叫串联电路块。其并联连接时，分支开始用 LD、LDN 指令，分支结果用 OLD 指令（也称为块并联指令），OLD 指令的使用说明如图 4-17 所示。

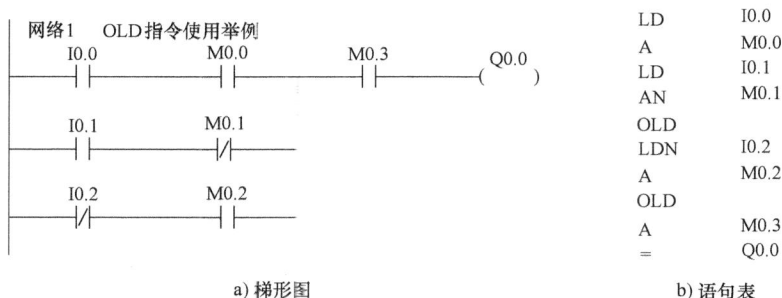

```
网络1    OLD指令使用举例                          LD      I0.0
I0.0        M0.0           M0.3        ( Q0.0 )    A       M0.0
--| |--------| |------------| |---------(    )     LD      I0.1
                                                   AN      M0.1
I0.1        M0.1                                    OLD
--| |--------|/|--                                 LDN     I0.2
                                                   A       M0.2
I0.2        M0.2                                    OLD
--| |--------| |--                                 A       M0.3
                                                   =       Q0.0
        a) 梯形图                                       b) 语句表
```

图 4-17 OLD 指令的使用说明

5. 并联电路的串联连接指令 ALD

ALD，与块指令，用于并联电路块并联连接。

两个或两个以上触头并联的电路称为并联电路块，分支电路并联块与前面电路串联连接时，使用 ALD 指令。分支的起点用 LD、LDN 指令，并联电路块结束后，使用 ALD 指令与前面电路串联。ALD 指令也简称与块指令，ALD 指令的使用说明如图 4-18 所示。

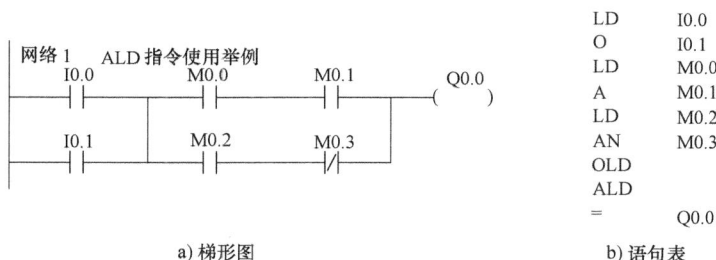

```
网络1    ALD指令使用举例                          LD      I0.0
I0.0        M0.0           M0.1        Q0.0        O       I0.1
--| |--------| |------------| |---------(    )     LD      M0.0
                                                   A       M0.1
I0.1        M0.2           M0.3                     LD      M0.2
--| |--------| |------------|/|--                  AN      M0.3
                                                   OLD
                                                   ALD
                                                   =       Q0.0
        a) 梯形图                                       b) 语句表
```

图 4-18 ALD 指令的使用说明

6. 多重输出指令 LPS、LRD、LPP

LPS，入栈指令；LRD，读栈指令；LPP，出栈指令。这三条指令是无操作器件指令，都为一个程序步长。这组指令用于多输出电路。可将连接点先存储，用于连接后面的电路。LPS、LRD、LPP 指令的使用说明如图 4-19 所示。特别要指出的是，LPS 和 LPP 连续使用必须少于 9 次，并且 LPS 与 LPP 必须配对使用。

LPS，入栈指令（分支电路开始指令）。从梯形图的分支结构中可以看出，它用于生成一条新的母线，其左侧为原来的主逻辑块，右侧为新的逻辑块。

LRD，读栈指令。在梯形图的分支结构中，当新母线左侧为主逻辑块时，LPS 开始右侧的第一个从逻辑块编程，LRD 开始第二个以后的从逻辑块编程。

LPP，出栈指令（分支电路结束指令）。在梯形图的分支结构中，LPP 用于 LPS 产生的新母线右侧最后一个逻辑块编程。

网络1　　LPS、LRD、LPP指令使用举例

LD		I0.0
LPS		
LD		M0.0
O		M0.1
ALD		
=		Q0.0
LRD		
LD		M0.2
A		M0.3
LDN		M0.4
A		M0.5
OLD		
ALD		
=		Q0.1
LPP		
A		M1.0
=		Q0.2
LD		M1.1
ON		M1.2
ALD		
=		Q0.3

a) 梯形图　　　　　　　　　　　　　　　　b) 语句表

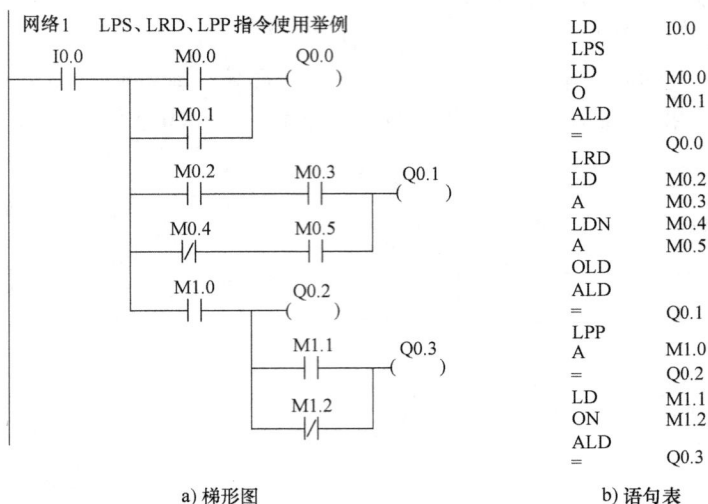

图4-19　LPS、LRD、LPP指令的使用说明

7. 置位与复位指令 S、R

S 为置位指令，使动作保持；R 为复位指令，使操作保持复位。S、R 指令的使用说明如图4-20所示。由波形图可见，当 I0.0 一接通，即使再变成断开，Q0.0 也保持接通。除非对它复位，一但被复位就保持在断电状态。S/R 指令可以互换次序使用。

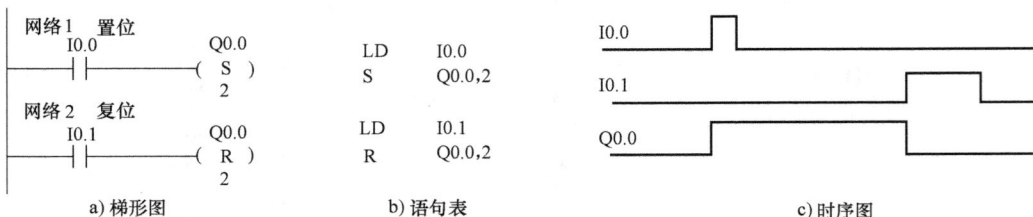

网络1　置位

LD	I0.0
S	Q0.0,2

网络2　复位

LD	I0.1
R	Q0.0,2

a) 梯形图　　　　　b) 语句表　　　　　c) 时序图

图4-20　S、R 指令的使用说明

8. 程序结束指令 END 和 MEND

结束指令分为有条件结束指令（END）和无条件结束指令（MEND）。END 指令在梯形图中以线圈形式编程。执行完结束指令后，系统结束主程序，返回主程序起点。

4.5　STEP 7-Micro/WIN32 编程软件使用

STEP 7-Micro/WIN 编程软件是西门子公司为用户开发、编辑和监控自己的应用程序而提供的良好的编程环境。STEP 7-Micro/WIN 是在 Windows 平台上运行的 SIMATIC S7-200 系列 PLC 编程软件，简单、易学，能够解决复杂的自动化任务。

4.5.1　软件安装

STEP 7-Micro/WIN32 编程软件可以从西门子公司的网站上下载，也可以用光盘安装。安装步骤如下：

1）双击 STEP 7-Micro/WIN32 的安装程序 setup. exe，则系统自动进入安装向导。

2）在安装向导的帮助下完成软件的安装。软件安装路径可以使用默认的子目录，也可以单击"浏览"按钮，在弹出的对话框中任意选择或新建一个子目录。

3）在安装过程中，如果出现 PG/PC 接口对话框，可单击"取消"按钮进行下一步。

4）在安装结束时，会出现下面的选项：

是，我现在要重新启动计算机（默认选项）；

否，我以后再启动计算机。

建议用户选择默认项，单击"完成"按钮，结束安装。

5）软件安装结束后，会出现两个选项：

是，我现在浏览 Readme 文件（默认选项）；

是，我现在进入 STEP 7-Micro/WIN32。

如果选择默认选项，可以使用德语、英语、法语、西班牙语和意大利语阅读 Readme 文件，浏览有关 STEP 7-Micro/WIN32 编程软件的信息。

4.5.2 STEP 7-Micro/WIN32 编程软件的主要功能介绍

STEP 7-Micro/WIN32 编程软件的主界面如图 4-21 所示。

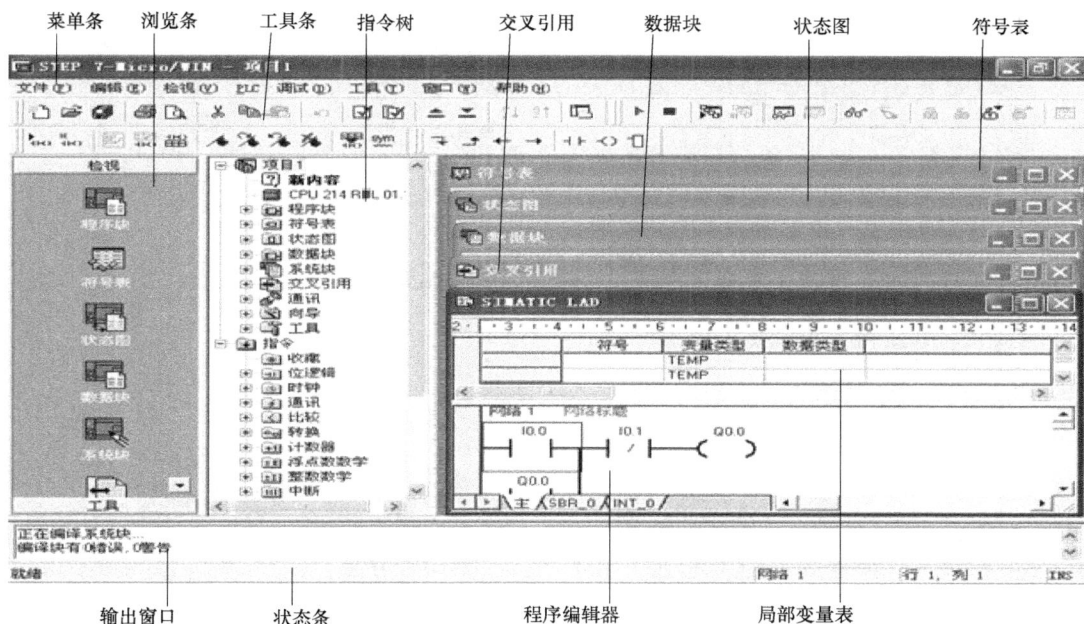

图 4-21 STEP 7-Micro/WIN32 编程软件主界面

4.5.3 STEP 7-Micro/WIN32 编程软件的使用

1. 硬件连接

利用一根 PC/PPI（个人计算机点对点接口）电缆可建立个人计算机与 PLC 之间的通信。这是一种单主站通信方式，不需要其他硬件，如图 4-22 所示。

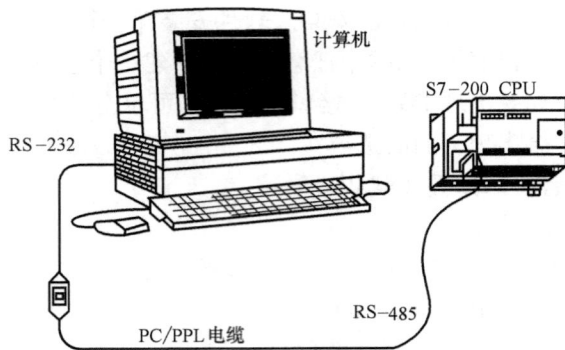

图 4-22　PLC 与计算机的连接图

2. 通信参数的设置和修改

（1）PC 端的 RS-232 通信串口设置　PC 端的 RS-232 通信串口设置如图 4-23 所示。

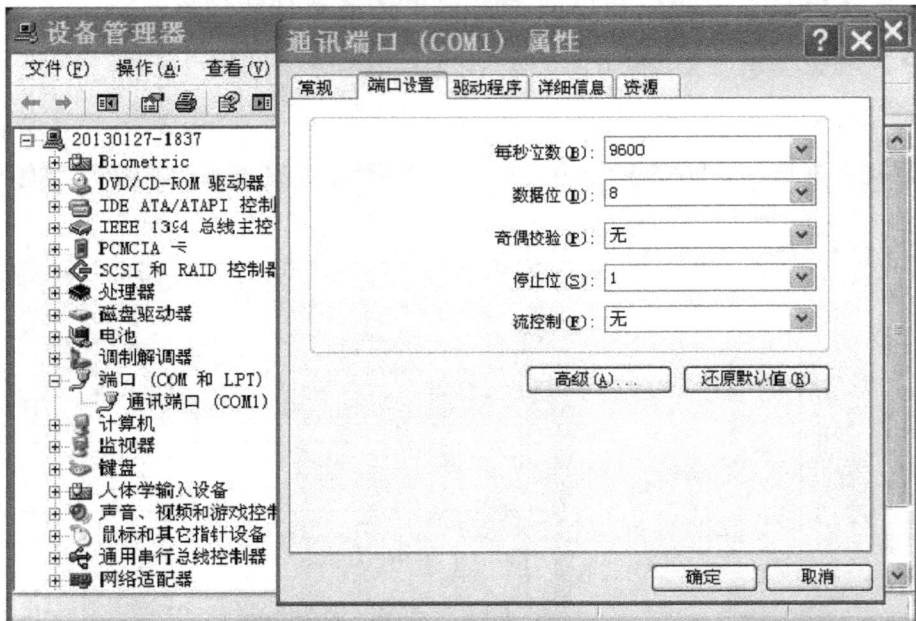

图 4-23　PC 端的 RS-232 通信串口设置

（2）PLC 端的 RS-485 通信串口设置　PLC 端的 RS-485 通信串口设置如图 4-24 所示。PG 与 PC 接口设置如图 4-25 所示。PG 与 PC 接口通信参数设置如图 4-26 所示。

3. 基本设置

（1）指令集和编辑器的选择　对"工具"→"选项"菜单中的"常规"进行设置即可。

（2）设定 PLC 类型　执行菜单命令"PLC"→"类型"→"读取 PLC"。

4. 建立项目

一个项目包含程序块、数据块、系统块等。项目文件的来源有三个：新建一个项目文件、打开已有的项目文件和从 PLC 上载项目文件。

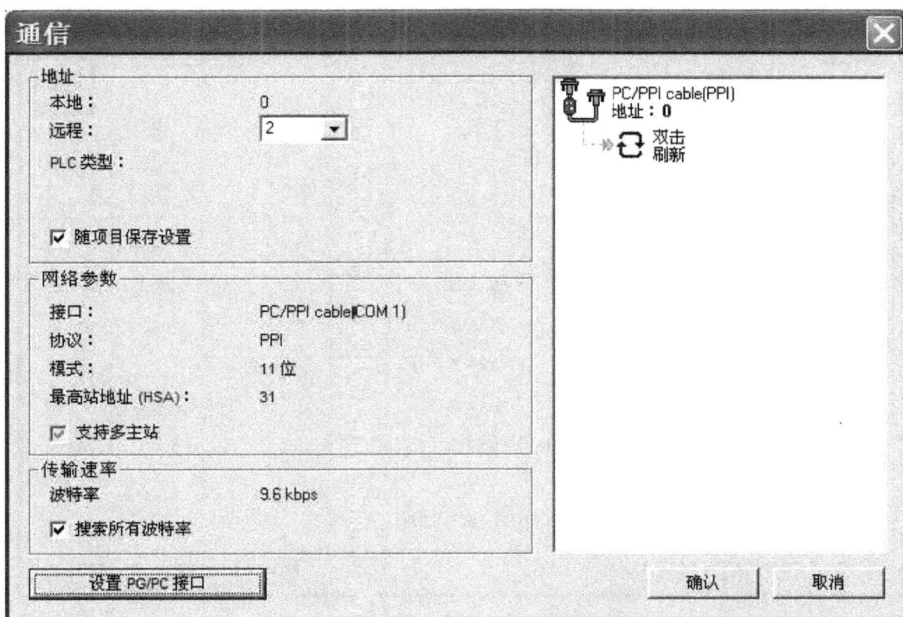

图 4-24　PLC 端的 RS-485 通信串口设置

图 4-25　设置 PG 与 PC 接口

5. 编辑项目

在指令树中可见一个项目文件包含 7 个相关的块（程序块、符号表、状态图、数据块、系统块、交叉索引及通信），其中程序块包含一个主程序（OB1）、一个可选的子程序（SBR_0）和一个中断服务程序（INT_0）。

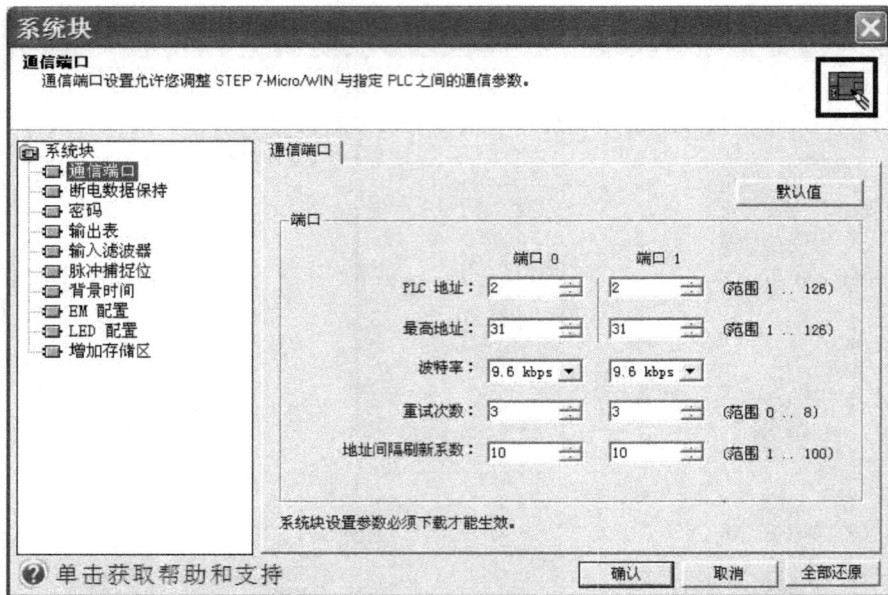

图 4-26　PG 与 PC 接口通信参数设置

建立项目之后,可以根据实际需要对项目文件的各个组成部分进行设置或修改。

(1) 程序块编辑　双击指令树中当前项目下的程序块,列出所包含的各个程序块,对需要编辑的程序块进行双击即可。

1) 输入编程元件。当选择使用 LAD 编程器时,指令工具条如图 4-27 所示。编程时根据需要使用。

2) 插入和删除程序。编辑程序时,经常要做插入或删除一行、一列、一个网络、一个字程序或一个中断程序的操作。编辑窗口如图 4-28 所示。

3) 编辑符号表。编辑程序时,将梯形图中的直接地址编号用具有实际含义的符号代替。符号表窗口如图4-29 所示。

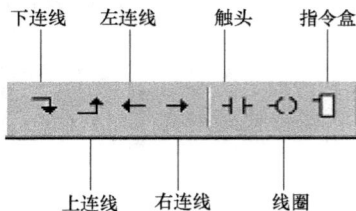

图 4-27　LAD 指令工具条

(2) 数据块编辑　数据块包括局部变量块与全局变量块。程序中的每个程序组织单元(Program Organizational Unit,POU) 都有 64K 字节 L 存储器组成的局部变量表。局部变量只在它被创建 POU 中有效。全局变量在各 POU 中均有效,但只能在全局变量表中做定义。

1) 局部变量的设置。局部变量的设置窗口如图 4-30 所示。

2) 全局变量的设置。全局变量的设置窗口如图 4-31 所示。

(3) 系统块设置　系统块可用于配置 S7-200 CPU 选项。在下载或上载系统块之前,必须成功地建立 PC (STEP 7-Micro/WIN 的位置) 与 CPU 之间的通信,然后即可下载一个修改的系统块,以便为 CPU 提供新系统配置。也可以从 CPU 上载一个现有系统块,以便使 STEP 7-Micro/WIN 项目配置与 CPU 相匹配。单击系统块树上分支即可修改项目配置。

(4) 注释　PLC 程序的每个 POU 可以有自己的程序注释,程序中的每个网络又可有自

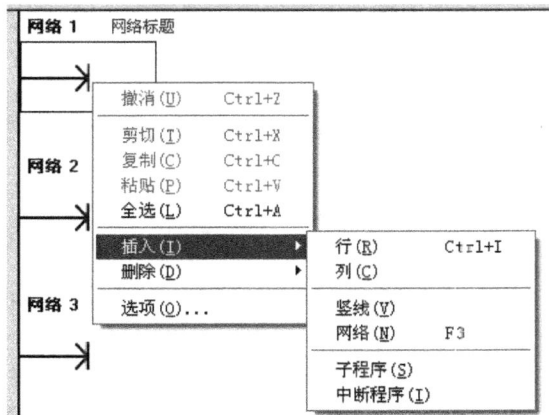

图 4-28 程序的插入或删除

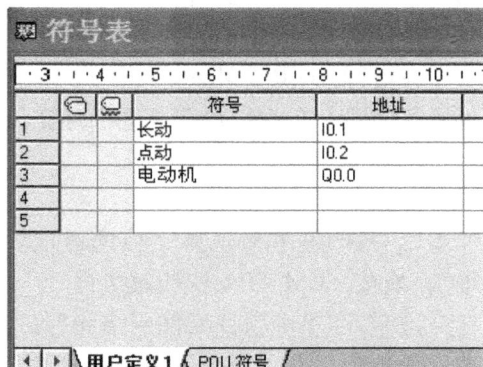

图 4-29 "符号表"窗口

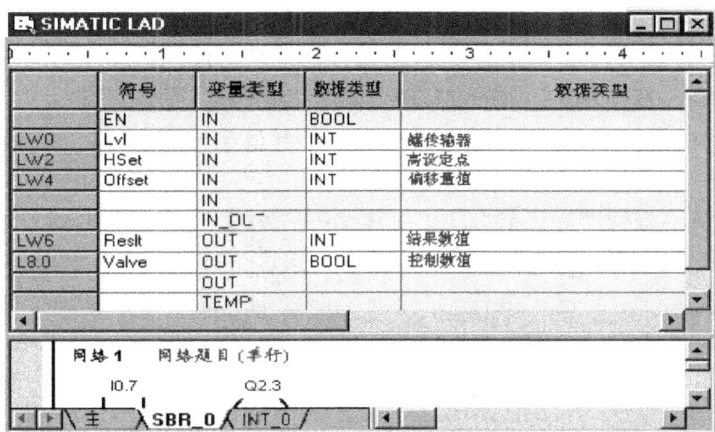

图 4-30 局部变量设置窗口

已的网络标题和网络注释。单击菜单
"查看"→"POU 注释"或"查看"→"网
络注释",可打开或关闭相关的注释文
本框。若已打开,可在相应文本框外键
入所需内容,即可加标题或注释。

6. 程序的编译

程序编辑完成,可用菜单"PLC"
中的"编译"项进行离线编译。双击输
出窗口中的某一条错误,程序编辑器中
的矩形光标将会移到程序中该错误所在
的位置。必须改正程序中的所有错误,
编译成功后才能下载程序。

7. 程序的下载和清除

下载之前,PLC 应处于 STOP 方式。单击工具栏的"停止"按钮,或选择菜单命令

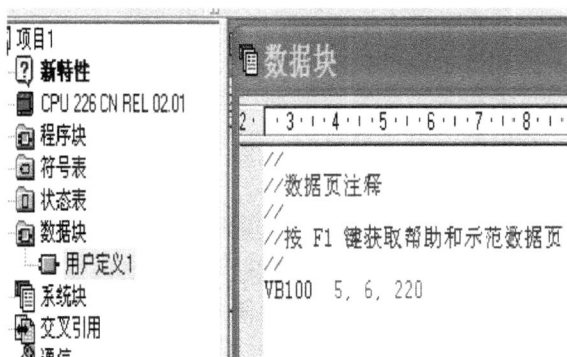

图 4-31 全局变量的设置窗口

"PLC"中的"停止"项，可以进入 STOP 状态。原程序清除方法是：单击菜单"PLC"中的"清除"项，会出现清除对话框，选择"清除全部"即可。

8. 程序的调试与监控

在运行 STEP 7-Micro/WIN 32 编程设备和 PLC 之间建立通信并向 PLC 下载程序后，便可运行程序，在收集状态下进行监控和调试程序。

9. 项目管理

（1）打印

1）打印程序和项目文档的方法。单击"打印"按钮；选择菜单命令"文件"→"打印"；或按 < Ctrl + P > 快捷键组合。

2）打印单个项目元件网络和行。例如，仅选择"打印内容/顺序"题目下方的"符号表"复选框以及"范围"下方的"用户定义 1"复选框，定义打印范围 6~20；或在符号表中增亮 6~20 行，并选择"打印"。

（2）复制项目　在项目中可以复制：文本或数据域、指令、单个网络、多个相邻网络、POU 中所有网络、状态图行或列或整个状态图、符号表行或列或整个符号表、数据块。

（3）导入文件　从 STEP 7-Micro/WIN 32 之外导入程序，可使用"导入"命令导入 ASCII 文本文件（内含 PLC 程序）。"导入"命令不允许导入数据块。打开新的或现有项目，才能用"文件"→"导入"命令。

（4）导出文件　将程序导出到 STEP 7-Micro/WIN 32 之外的编辑器，可以使用"导出"命令创建 ASCII 文本文件。默认文件扩展名为".awl"，可以指定任何文件名称。程序只有成功通过编译才能执行"导出"操作。"导出"命令不允许导出数据块。打开一个新项目或旧项目，才能使用"导出"功能。

4.6　三相异步电动机的直接起动 PLC 控制电路

4.6.1　三相异步电动机点动的 PLC 控制电路

三相异步电动机点动控制是指按下按钮时电动机开始起动运行，松开按钮后电动机即断电停止运行。用传统继电器控制的电路如图 4-32a 所示，现用 PLC 控制三相异步电动机点动，其控制电路转换采用继电器电路转换法是一个不错的选择。继电器电路转换法的一般步骤如下：

1）找出主电路和控制电路的关键元件和电路，如哪些是主令电器，哪些是执行电器等。也就是要找出哪些元器件可以作为 PLC 的输入/输出设备。在本电路中，可以看出按钮 SF 是输入设备，而接触器线圈 QA 是输出设备。

2）对照 PLC 的输入/输出接线端，对输入/输出设备进行 PLC I/O 地址分配，见表 4-7。

3）将传统继电器控制线路的中间继电器、时间继电器用 PLC 辅助继电器、定时器代替（本电路中没有涉及）。

4）程序设计。根据控制要求绘制梯形图。三相异步电动机的梯形图如图 4-32b 所示，并绘制出 PLC 的输入/输出接线图，如图 4-32c 所示。要特别注意对原继电器控制电路中作为输入设备的动断形式的处理。

表4-7 点动控制 I/O 地址分配

输 入 设 备			输 出 设 备		
名称	符号	地址	名称	符号	地址
点动按钮	SF	I0.0	接触器	QA	Q0.0

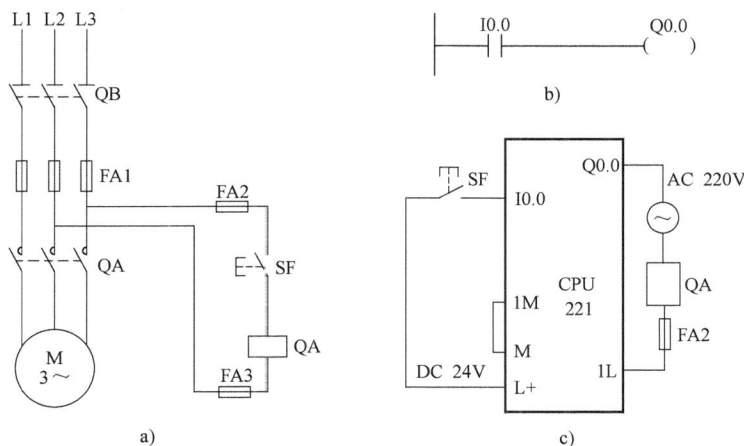

图 4-32 三相异步电动机点动控制图

5）运行、调试程序。下载成功后，单击"运行"按钮，"RUN" LED 亮，用户程序开始运行。按下 SF 按钮，Q0.0 有输出，电动机起动，松开 SF 按钮，Q0.0 没输出，电动机停止运行。

4.6.2 电动机单向连续运行的 PLC 控制电路

单向连续运行是指按下按钮时电动机起动运行，松开按钮后电动机仍然继续通电运行的工作方式。传统继电器控制线路的三相异步电动机控制电路如图 4-33 所示。

1）找出输入/输出设备，并对其进行 PLC 的 I/O 地址分配。单向连续运行 I/O 地址分配见表 4-8。

表4-8 单向连续运行 I/O 地址分配

输 入 设 备			输 出 设 备		
名称	符号	地址	名称	符号	地址
起动按钮	SF2	I0.1	接触器	QA	Q0.0
停止按钮	SF1	I0.0			
热继电器	BB	I0.2			

2）绘制出 PLC 的输入/输出接线图。三相异步电动机单向连续运行的 PLC 接线图如图 4-34 所示。需要指出的是，在使用继电器电路转换法进行转换过程中，要尽量将作为 PLC 输入的原常闭触头改为常开触头（某些只能用常闭触头输入的除外）。使 PLC 的输入接口在大多数时间内处于断开状态，这样做既可以节电，又可以延长 PLC 输入接口的使用寿命，同时在转换为梯形图时也能保持与继电器控制原理图的习惯一致，不会给编

程带来麻烦。

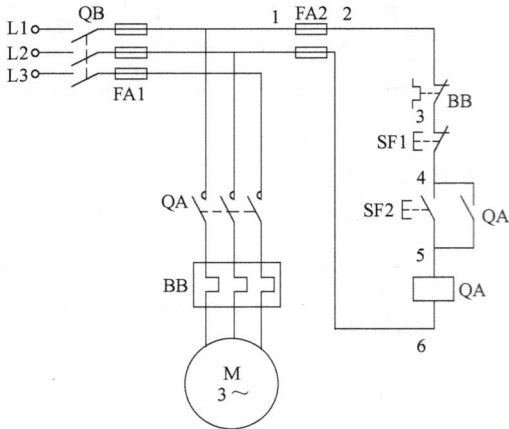

图 4-33　三相异步电动机单向连续运行图

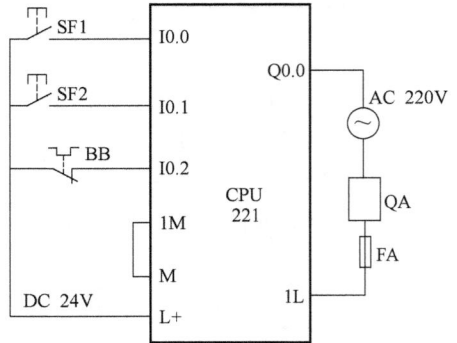

图 4-34　三相异步电动机单向
连续运行的 PLC 接线图

3）程序设计。三相异步电动机单向连续运行的 PLC 程序图如图 4-35 所示。按下起动按钮 SF2，I0.1 的常开触头接通。如果这时未按停止按钮 SF1，I0.0 的常闭触头接通，热继电器 BB 不动作时，I0.2 常闭触头闭合，Q0.0 的线圈"通电"，它的常开触头同时接通。松开起动按钮 SF2，I0.1 的已闭合的触头断开，"能流"经

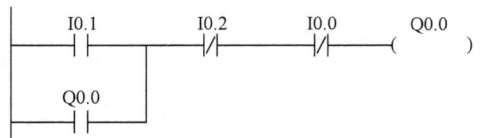

图 4-35　三相异步电动机
单向连续运行的 PLC 程序图

Q0.0 的已闭合的触头、I0.0 的常闭触头和 I0.2 的常闭触头流过 Q0.0 的线圈，Q0.0 仍为 ON，这就是所谓的"自锁"功能。

4.6.3　采用一个按钮控制两台电动机依次顺序起动 PLC 控制电路

其控制要求是：按下按钮 SF1，第一台电动机 MA1 起动；松开按钮 SF1，第二台电动机 MA2 起动。这样可使两条电动机分开起动，从而防止两台电动机同时起动造成对电网的不良影响。按停止按钮 SF2 时，两台电动机都停止运行。一个按钮控制两台电动机依次顺序起动的控制电路如图 4-36 所示。

1）分配 I/O 接口。一个按钮控制两台电动机依次顺序起动的 I/O 地址分配见表 4-9。

表 4-9　电动机依次顺序起动的 I/O 地址分配

输　入　设　备			输　出　设　备		
名称	符号	地址	名称	符号	地址
起动按钮	SF2	I0.1	接触器	QA1	Q0.0
停止按钮	SF1	I0.0	接触器	QA2	Q0.1
热继电器	BB1	I0.2			
热继电器	BB2	I0.3			

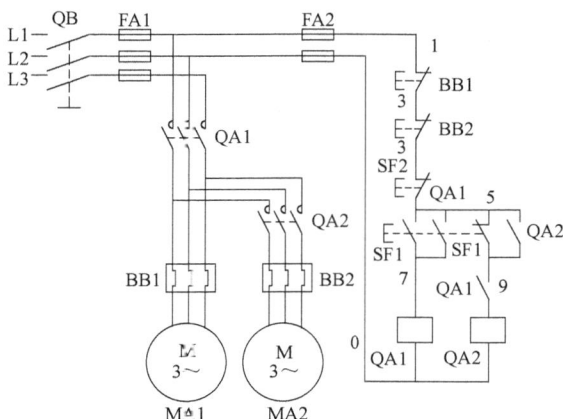

图 4-36 一个按钮控制两台电动机依次顺序起动的控制电路图

2）绘制 PLC 控制接线图。一个按钮控制两台电动机依次顺序起动的 PLC 控制接线图如图4-37所示。

3）程序设计。一个按钮控制两台电动机依次顺序起动的 PLC 程序图如图 4-38 所示。在这里需要用到正负跳变指令，正跳变触头检测到一次正跳变（触头的输入信号由 0 变为 1 即上升沿脉冲）时，或负跳变触头检测到一次负跳变（触头的输入信号由 1 变为 0 即下降沿脉冲）时，触头接通一个扫描周期。它们没有操作数，触头符号中间的"P"和"N"分别表示正跳变和负跳变。

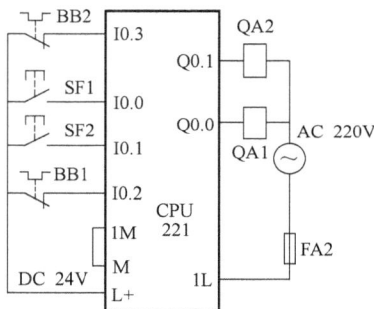

图 4-37 一个按钮控制两台电动机
依次顺序起动的 PLC 控制接线图

同时使用到上述的内部标志位存储器 M，其作用相当于继电器控制中的中间继电器。内部标志位存储器在 PLC 中没有输入/输出端与之对应，其线圈的通断状态只能在程序内部用指令驱动，其触头不能直接驱动外部负载。其范围为 M0.0 ~ M31.7。

4.6.4 三相异步电动机的正反转运行的 PLC 控制电路

采用接触器-继电器控制的电动机正反转控制电路如图4-39所示，设计 PLC 控制三相异步电动机正反转控制系统，功能要求如下：

1）当接通三相电源时，电动机 MA 不运转。

2）当按下正转起动按钮 SF1 后，电动机 MA 连续正转。

3）当按下反转起动按钮 SF2 后，电动机 MA 连续反转。

4）当按下停止按钮 SF3 后，电动机 MA 停止运转。

5）电动机具有长期过载保护。

1. I/O 接口分配

通过对继电器控制的三相异步电动机正反转电路分析，可以归纳出电路中出现的输入/输出设备。4 个输入设备：正转起动按钮 SF1、反转起动按钮 SF2、停止按钮 SF3 和热继电器 BB；

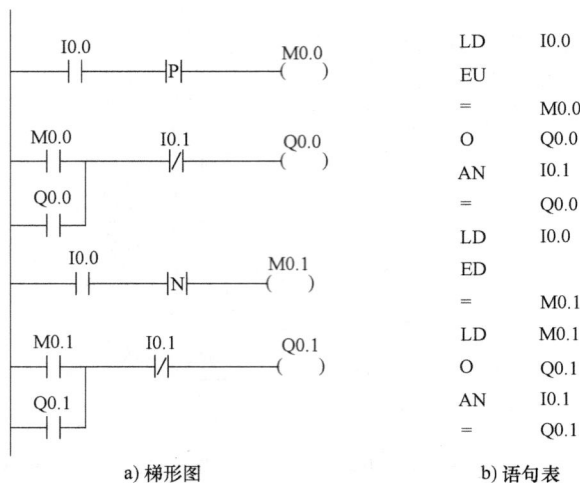

a) 梯形图   b) 语句表

图 4-38   一个按钮控制两台电动机依次顺序起动的 PLC 程序图

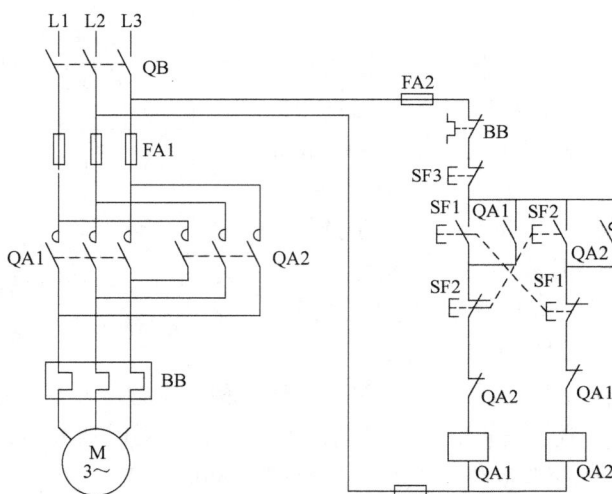

图 4-39   接触器-继电器控制的电动机正反转控制电路图

两个输出设备：正转接触器 QA1、反转接触器 QA2。电动机正反转 I/O 地址分配见表 4-10。

表 4-10   电动机正反转 I/O 地址分配

输 入 设 备			输 出 设 备		
名称	符号	地址	名称	符号	地址
正转按钮	SF1	I0. 0	接触器	QA1	Q0. 0
反转按钮	SF2	I0. 1	接触器	QA2	Q0. 1
停止按钮	SF3	I0. 2			
热继电器	BB	I0. 3			

2. PLC 控制电路接线图

三相异步电动机正反转 PLC 控制电路接线图如图 4-40 所示。

3. 程序设计

三相异步电动机正反转 PLC 控制电路程序图如图 4-41 所示。在机械设备的各种运动之间，往往存在着某种相互制约或者由一种运动制约另一种运动的控制关系，一般均采用连锁控制来实现，也称之为"互锁"。在本电路中，电动机的正转和反转是相反的两种状态，不能同时出现，正转电路和反转电路之间就要有"互锁"环节。

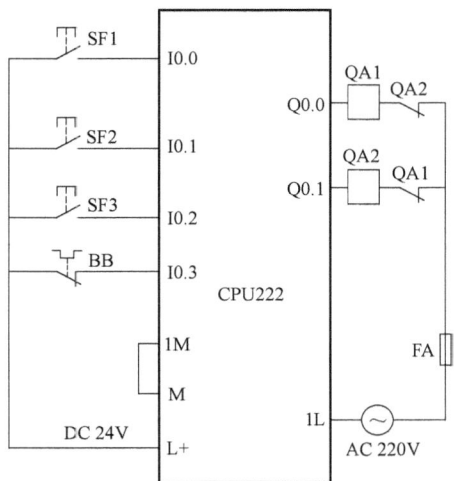

图 4-40 三相异步电动机正反转 PLC 控制电路接线图

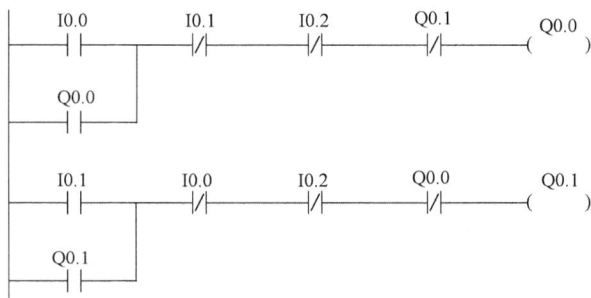

图 4-41 三相异步电动机正反转 PLC 控制电路程序图

4.7 三相异步电动机的降压起动 PLC 控制电路

设计 PLC 控制的三相异步电动机星形-三角形降压起动系统，控制要求：

1）按下起动按钮，电动机做星形连接起动；5s 后电动机转为三角形运行方式运行。

2）按下停止按钮，电动机立即停止运行。

1. 定时器

定时器是 PLC 的重要元件，S7-200 PLC 共有三种定时器：接通延时定时器（TON）、断开延时定时器（TOF）、带有记忆接通延时定时器（TONR），见表 4-11。本节学习接通延时定时器（TON）和带有记忆接通延时定时器（TONR）。

表 4-11 定时器号与分辨率

LAD	STL	定时精度	最大值	定时器编号
		1ms	32767	T32、T96
（IN TON / PT xxx ms）	TON T××,PT	10ms	32776	T33 ~ T36、T97 ~ T100
		100ms	32767	T37 ~ T63、T101 ~ T255

（续）

LAD	STL	定时精度	最大值	定时器编号
IN TOF PT ×××ms （xxxx）	TOF T××,PT	1ms	32767	T32、T96
		10ms	32776	T33~T36、T97~T100
		100ms	32767	T37~T63、T101~T255
IN TONR PT ×××ms （xxxx）	TONR T××,PT	1ms	32767	T0、T64
		10ms	32776	T1~T4、T65~T68
		100ms	32767	T5~T31、T69~T95
操作数的类型及范围	T××:定时器编号,常数:T0~T255 IN:使能输入端,位型:I、Q、M、SM、T、C、V、S、L、使能位 PT:设定值输入端,整数;VW、IW、QW、MW、SW、SMW、LW、AIW、T、C、AC、常数、∗VD、LD、∗AC			

（1）接通延时定时器（TON）　当定时器的启动信号 IN 的状态为 0 时，定时器的当前值 SV = 0，定时器 Tn 的状态也是 0（常开触头断开，常闭触头闭合），定时器没有工作。当启动信号的状态为 1 时，定时器开始计时，计时时间到后，定时器 Tn 的状态是 1（常开触头闭合，常闭触头断开）。TON 定时器梯形图和时序图如图 4-42 所示。

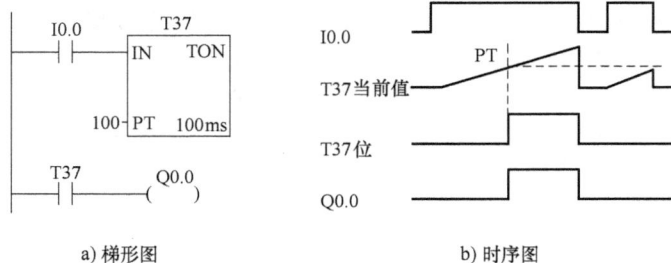

a) 梯形图　　　　　　　　b) 时序图

图 4-42　TON 定时器梯形图和时序图

（2）带有记忆接通延时定时器（TONR）　带有记忆接通延时定时器用于对许多间隔的累计定时。首次使能输入接通时，定时器位为 OFF，当前值从 0 开始计数时间。使能输入断开，定时器位和当前值保持最后状态。使能输入再次接通时，当前值从上次的保持值继续计数，当累计当前值达到预设值时，定时器位 ON，当前值连续计数到 32767。TONR 定时器梯形图和时序图如图 4-43 所示。

2. 分析要求，确定输入/输出设备，进行 I/O 接口分配

通过对接触器-继电器控制的三相异步电动机星形-三角形降压起动运行电路的分析（图 2-8），可以归纳出：3 个输入设备：起动按钮 SF2、停止按钮 SF1 和热继电器 BB；3 个输出设备：接触器 QA、QA1 和 QA2。电动机星形-三角形降压起动 I/O 地址分配见表 4-12。

3. PLC 控制接线图

三相异步电动机星形-三角形降压起动运行的 PLC 控制电路接线图如图 4-44 所示。

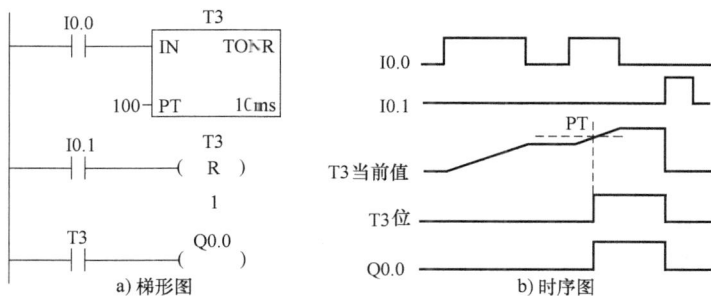

图 4-43　TONR 定时器梯形图和时序图

表 4-12　电动机星形-三角形降压起动 I/O 地址分配

输 入 设 备			输 出 设 备		
名称	符号	地址	名称	符号	地址
起动按钮	SF2	I0.0	接触器	QA	Q0.0
停止按钮	SF1	I0.1	接触器	QA1	Q0.1
热继电器	BB	I0.2	接触器	QA2	Q0.2

4. 程序设计

接触器-继电器控制电路图中的时间继电器 KF 用 PLC 中的接通延时定时器 T37 来代替，电动机星形-三角形降压起动运行电路的 PLC 控制梯形图如图 4-45 所示。

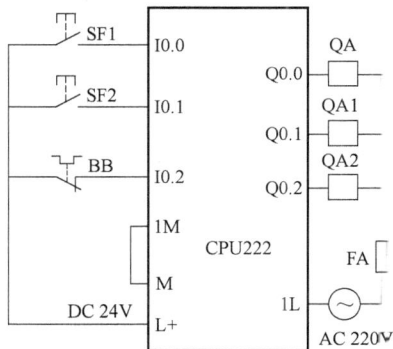

图 4-44　三相异步电动机星形-三角形
降压起动运行电路的 PLC 控制接线图

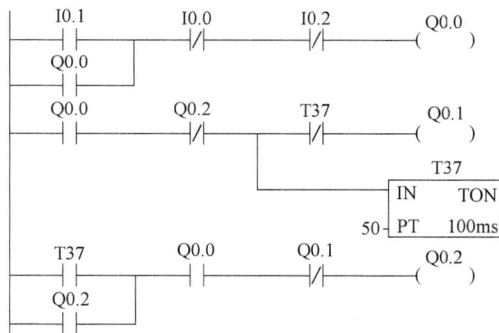

图 4-45　电动机星形-三角形降压
起动运行电路的 PLC 控制梯形图

4.8　交通信号灯的 PLC 控制电路

设计 PLC 控制的十字路口交通信号系统，控制要求：

1）按起动按钮，南北方向红灯亮并维持 25s。

2）在南北方向红灯亮的同时，东西方向绿灯亮，东西方向车辆可以通行。

3）到 20s 时，东西方向绿灯以占空比为 50% 的 1Hz 频率闪烁 3 次（即 3s 后）熄灭，在东西绿灯熄灭后东西黄灯亮，东西方向车辆停止通行。

4）黄灯亮 2s 后熄灭，东西方向红灯亮，同时南北方向红灯灭，南北绿灯亮。南北方向车辆可以通行。

5）南北方向绿灯亮了 20s 后，以占空比为 50% 的 1Hz 频率闪烁 3 次（即 3s 后）熄灭，在南北绿灯熄灭后黄灯亮，南北方向车辆停止通行。

6）黄灯亮 2s 后熄灭，南北方向红灯亮，东西方向绿灯亮，循环执行此过程。

7）按停止按钮，循环停止。

4.8.1 计数器指令

S7-200 系列 PLC 的计数器按工作方式可分为加计数器、减计数器和加/减计数器。计数器的结构与定时器基本相同。每个计数器有一个 16 位的当前值寄存器用于存储计数器累计的脉冲数（1~32767），另有一个状态位表示计数器的状态。若当前值寄存器累计的脉冲数大于等于设定值时，计数器的状态位被置 1，该计数器的触头转换。

同定时器一样，计数器的当前值、设定值均为 16 位有符号整数（INT），允许的最大值为 32767。除了常数外，还可以用 VW、IW 等作为它们的设定值，见表 4-13。

表 4-13 计数器参数

LAD	STL	操作数的类型及范围
×××× —CU CTU —R ××××—PV	CTU C××,PV	C××:计数器编号,常数;C0~C255 CU:加计数器输入端,位型;I、Q、M、SM、T、C、V、S、L、使能位
×××× —CD CTD —LD ××××—PV	CTD C××,PV	CD:减计数器输入端,位型;I、Q、M、SM、T、C、V、S、L、使能位 R:加计数器复位输入端,位型:I、Q、M、SM、T、C、V、S、L、使能位 LD:减计数器复位输入端,位型:I、Q、M、SM、T、C、V、S、L、使能位
×××× —CU CTUD —CD —R ××××—PV	CTUD T××,PV	PV:设定值输入端,整数;VW、IW、QW、MW、SW、SMW、LW、AIW、T、C、AC、常数、*VD、*LD、*AC

1. CTU

CTU（加计数器）C5 的梯形图和时序图如图 4-46 所示。CU 端用于连接计数脉冲信号，R 端于连接复位信号，PV 端用于标定计数器的设定值。

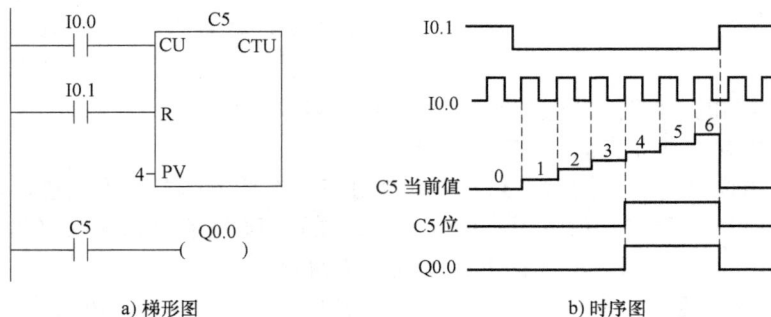

a）梯形图   b）时序图

图 4-46 加计数器梯形图和时序图

2. CTD

CTD（减计数器）C5 的梯形图和时序图如图 4-47 所示。CD 端用于连接计数脉冲信号，LD 端于连接复位信号，PV 端用于标定计数器的设定值。

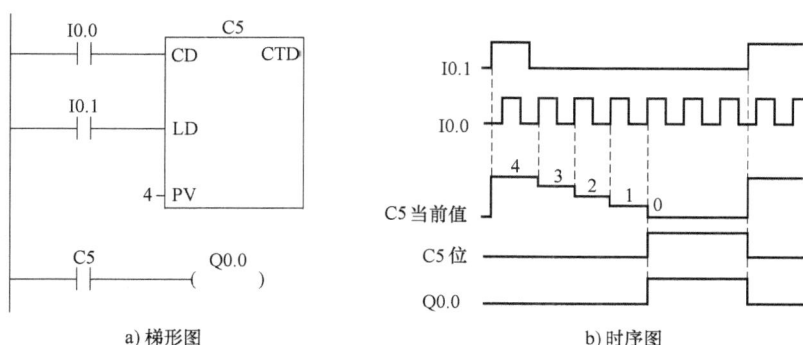

图 4-47　减计数器梯形图和时序图

3. CTUD

CTUD（加减计数器）C5 的梯形图和时序图如图 4-48 所示。CD 端为减计数脉冲输入端，其他符号的意义同加计数器（CTU）。加/减计数器的计数范围为 $-32768 \sim 32767$，当前值为最大值 32767 时，下一个 CU 端输入脉冲使当前值变为最小值 -32768；当前值为最小值 -32767 时，下一个 CD 端输入脉冲使当前值变为最大值 32767。

注意：不同类型的计数器不能共用同一编号。

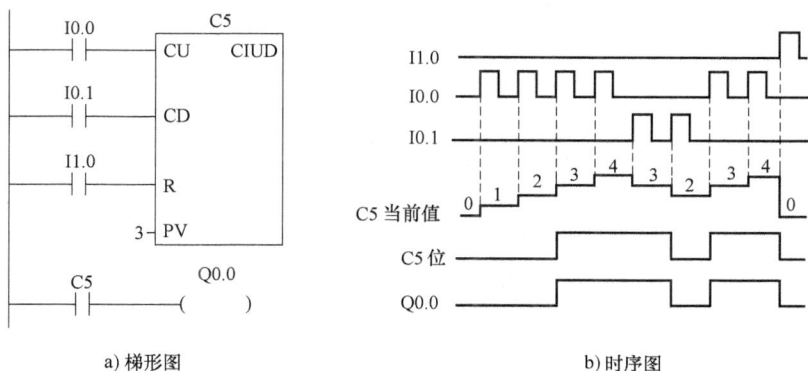

图 4-48　加减计数器梯形图和时序图

4. 计数器应用举例

例1：设计计数次数为 30 万次的电路。

30 万次计数 PLC 控制梯形图如图 4-49a 所示。

例2：设计 365 天定时器电路。

365 天定时器梯形图如图 4-49b 所示。

4.8.2　十字路口交通信号系统

1. 分析要求，确定输入/输出设备，进行 I/O 接口分配

十字路口交通信号灯示意图如图 4-50 所示。通过分析，可以归纳出：

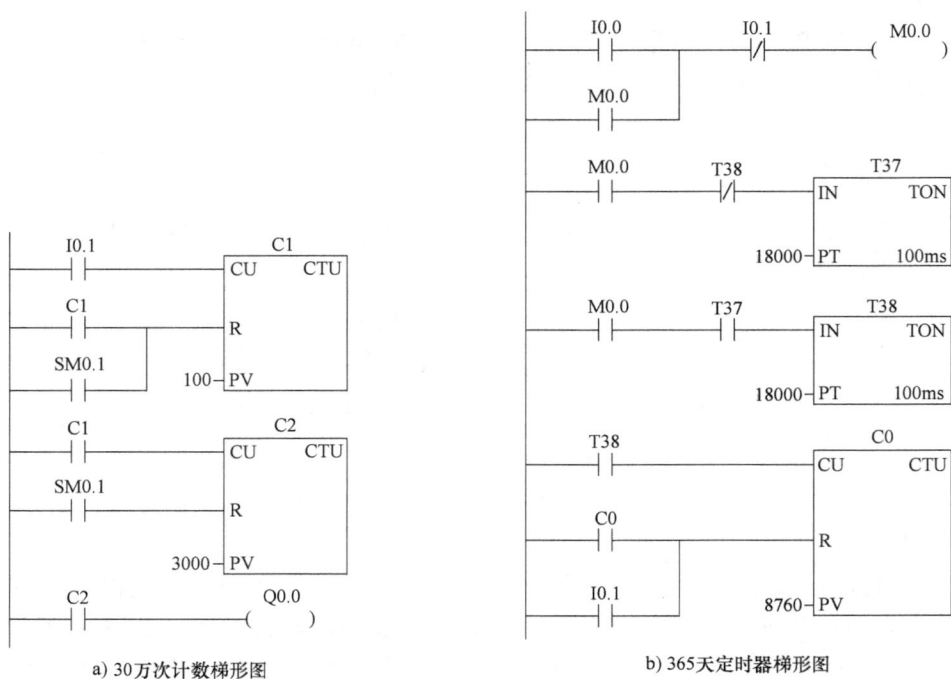

a) 30万次计数梯形图   b) 365天定时器梯形图

图 4-49   计数器应用举例程序

图 4-50   十字路口交通信号灯示意图

1）输入设备：起动按钮 SF1、停止按钮 SF2。

2）输出设备：南北红灯 EA1、南北黄灯 EA2、南北绿灯 EA3、东西红灯 EA4、东西黄灯 EA5、东西绿灯 EA6。

十字路口交通信号灯控制系统 I/O 地址分配见表 4-14。

表 4-14 交通信号灯控制系统 I/O 地址分配表

输 入 设 备			输 出 设 备		
名称	符号	地址	名称	符号	地址
起动按钮	SF1	I0.0	南北红灯	QA1	Q0.0
停止按钮	SF2	I0.1	南北黄灯	QA2	Q0.1
			南北绿灯	QA3	Q0.2
			东西红灯	QA4	Q0.3
			东西黄灯	QA5	Q0.4
			东西绿灯	QA6	Q0.5

2. 绘制 PLC 控制接线图

十字路口交通信号灯系统的 PLC 控制电路接线图如图 4-51 所示。

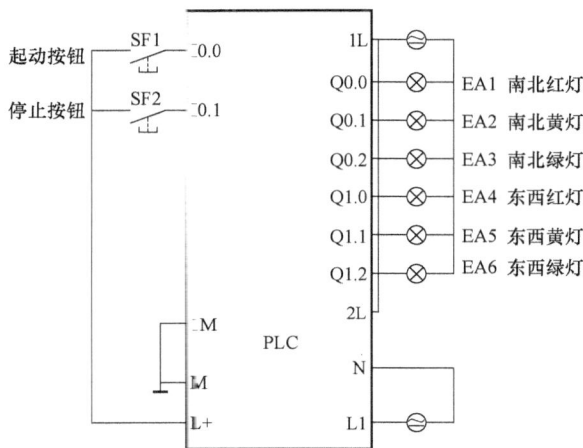

图 4-51 十字路口交通信号灯系统的 PLC 控制电路接线图

3. 程序设计

十字路口交通信号灯系统的 PLC 控制电路梯形图如图 4-52 所示。

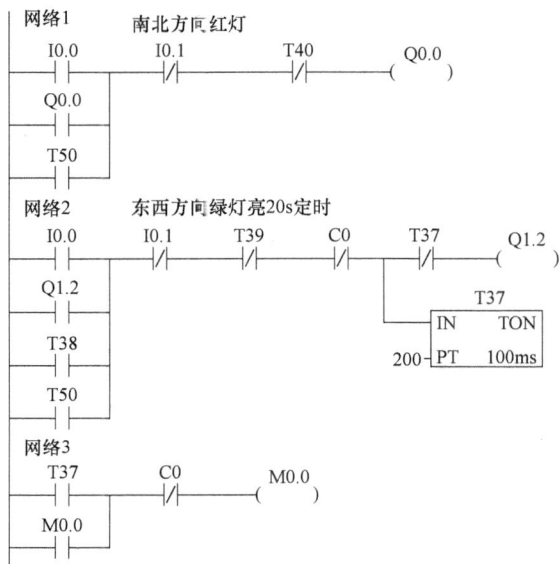

图 4-52 十字路口交通信号灯系统的 PLC 控制梯形图

网络4　　　　东西方向绿灯灭0.5s定时

```
    M0.0      T39                        T38
    ─┤├────────┤/├──────────────────┤IN      TON├
                                   5─┤PT    100ms├
```

网络5　　　　东西方向绿灯亮0.5s定时

```
    T38                               T39
    ─┤├──────────────────────────┤IN      TON├
                                5─┤PT    100ms├
```

网络6　　　　东西方向绿灯闪烁计数(3次)

```
    T39                               C0
    ─┤├──────────────────────────┤CU      CTU├
    C0
    ─┤├──────────────────────────┤R
                                3─┤PV
```

网络7　　　　东西方向黄灯亮2s定时

```
    C0          T40              Q1.1
    ─┤├─────┬────┤/├──────────────( )
    Q1.1    │                     T40
    ─┤├─────┘                ┤IN      TON├
                          20─┤PT    100ms├
```

网络8

　　　　　　　　东西方向红灯

```
    T40      I0.1     T50          Q1.0
    ─┤├───────┤/├──────┤/├──────────( )
    Q1.0
    ─┤├──┘
```

网络9　　　　南北方向绿灯亮20s定时

```
    T40      I0.1    T49    C1    T47      Q0.2
    ─┤├───────┤/├─────┤├─────┤/├────┤/├──────( )
    Q0.2                                  T47
    ─┤├──┐                           ┤IN      TON├
    T48  │                       200─┤PT    100ms├
    ─┤├──┘
```

网络10

```
    T47      C1            M0.1
    ─┤├───────┤/├───────────( )
    M0.1
    ─┤├──┘
```

网络11　　　　南北方向绿灯灭0.5s定时

```
    M0.1     T49                   T48
    ─┤├───────┤/├──────────────┤IN      TON├
                             5─┤PT    100ms├
```

网络12　　　　南北方向绿灯亮0.5s定时

```
    T48                           T49
    ─┤├────────────────────────┤IN      TON├
                             5─┤PT    100ms├
```

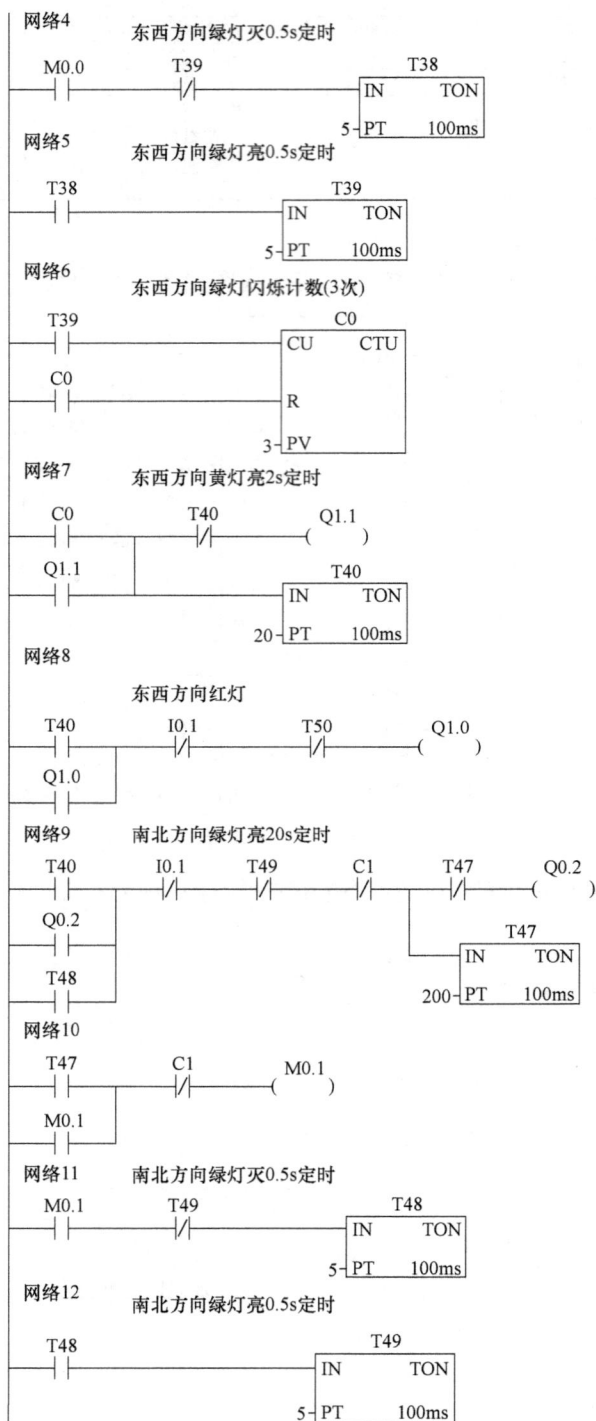

图4-52　十字路口交通信号灯系统的PLC控制梯形图（续）

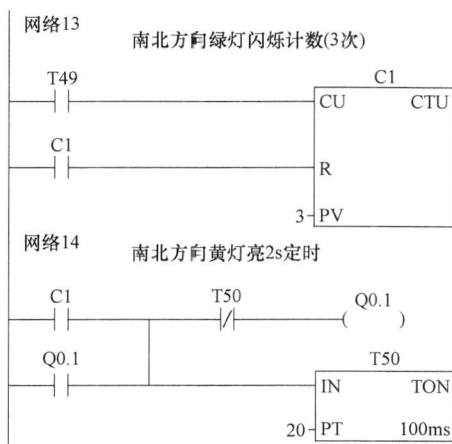

图4-52 十字路口交通信号灯系统的 PLC 控制梯形图（续）

【小结】

1）PLC 是一种工业计算机，它主要由中央处理器 CPU、存储器、输入/输出模块、电源等组成。

2）PLC 用户程序的执行是用扫措工作方式完成的。扫描整个工作过程包括内部处理、通信服务、输入处理、程序执行、输出处理五个阶段，整个过程扫描一次所需的时间称为扫描周期。

3）PLC 常用的编程语言有梯形图语言、助记符（语句表）语言、功能图语言、顺序功能图语言、高级编程语言等。

4）S7-200 系列 PLC 的硬件系统主要由主机单元、I/O 扩展单元、特殊功能单元、相关设备、工业软件等组成。

5）主机单元主要由输入输出接线端子、状态指示灯、通信接口和扩展接口等组成。

6）STEP7-Mirco/WIN 是 S7-200 系列 PLC 程序的开发软件。利用这个软件可以实现程序的编辑、调试以及 PLC 运行过程的监控等工作。

7）S7-200 系列 PLC 有 TON、TOF、TONR 三种定时器指令，其定时分辨率有 1ms、10ms、100ms 三种。

8）计数器的结构与定时器基本相同。每个计数器有一个 16 位的当前值寄存器用于存储计数器累计的脉冲数（1～32767），另有一个状态位表示计数器的状态。若当前值寄存器累计的脉冲数大于等于设定值时，计数器的状态位被置 1，该计数器的触头转换。

9）编写梯形图程序时，应按自上而下、从左到右的顺序依次进行。

10）PLC 控制系统设计的一般步骤：首先分析被控对象的控制要求，确定输入输出设备，选择 PLC，分配 I/O 点数；然后画出功能表图；再根据功能表图设计梯形图和硬件接线图；最后调试程序。

11）以应用为例说明了各种指令的具体应用和 PLC 程序的设计原则、编程方法。

【习题】

一、填空题

1. 可编程序控制器是一种以_____为核心的电子系统。

2. PLC 系统主要由_____、_____、_____及_____几大部分构成。

3. 主机内的各个部分均通过_____、_____、_____连接。

4. PLC 扫描工作方式分_____、_____、_____三个阶段。

5. 目前 PLC 常用的编程语言有：_____、_____、_____、_____、_____。

6. S7-200 系列 PLC 的存储器分两大部分，是_____与_____。

7. S7-200 系列 PLC 的定时器包括_____、_____、_____三种类型。

8. 定时器的两个变量是_____和_____。

9. PLC 的输入模块一般使用_____来隔离内部电路和外部电路。

10. S7-200 系列 PLC 的指令系统有基本逻辑关系语句指令_____、_____、_____三种形式。

11. S7-200 系列 PLC 定时器有_____、_____、_____三种类型。

12. 顺序控制继电器指令包括_____、_____、_____三个指令。

13. PLC 运行时总是 ON 的特殊存储器位是_____。

二、判断题

1. S7-200 系列 PLC 属于小型 PLC，只用于代替继电器的简单控制场合，不能用于复杂的控制系统。　　　　　　　　　　　　　　　　　　　　　　　　（　　）

2. S7-200 系列 PLC 和 S7-300 系列 PLC 均有三种定时精度：1ms、10ms、100ms。
　　　　　　　　　　　　　　　　　　　　　　　　　　　　　　　（　　）

3. 在中断事件发生时，中断程序将被主程序调用。　　　　　　　　（　　）

4. 对于 S7-300 系列 PLC，SM 表示特殊功能继电器。　　　　　　　（　　）

5. STEP 7 软件能对除 S7-200 系列以外的 S7 系列的其他 PLC 进行编程。（　　）

6. 在 S7-300 系列 PLC 的 CPU 右边最多可以安装 8 个模块。　　　　（　　）

三、分析设计题

1. 有一盏彩灯 EA，用一个开关控制它的亮灭，请用不同的指令来编写程序。

2. 一水池，通过起动按钮 SF1 起动一台水泵控制向水池抽水，如果水池满，通过停止按钮 SF2 停止水泵抽水。

3. 用红、黄、绿三个信号灯显示三台电动机的运行情况，控制任务：

1）每台电动机分别由起动与停止按钮控制。

2）当无电动机运行时红灯亮。

3）当一台电动机运行时黄灯亮。

4）当两台电动机（包括两台）以上运行时绿灯亮。

4. 设有 8 盏指示灯，控制要求是：当 I0.0 接通时，全部灯亮；当 I0.1 接通时，奇数灯亮；当 I0.2 接通时，偶数灯亮；当 I0.3 接通时，全部灯灭。试编写程序。

5. 采用一只按钮，每隔 3s 顺序起动三台电动机，试编写程序。

6. 设计一个 PLC 控制系统，要求：按下起动按钮后，进水电动机进水 5s，之后浸泡 5s。清洗电动机先正转 5s 后，停 2s，然后再反转 5s 后，停 2s，如此重复 5 次，清洗程序自动转到脱水过程，脱水时间持续 5s。进水清洗脱水过程重复 3 次后再启动甩干程序，甩干时间 10s，整个程序结束。在程序运行过程中按下停止按钮程序停止。请设计出梯形图程序，并运行。

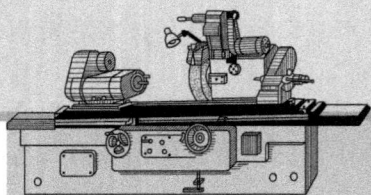

第5章

液压传动基础

液压传动是以液体作为工作介质，利用液体的压力进行能量的传递和控制的一门技术。液压传动具有许多优点，被广泛地应用于机械制造、工程机械、建筑、汽车工业、石油化工、航天航空、军事、冶金、农机、海洋开发等领域。尤其是在当今，随着微电子、计算机技术的发展，机、电、液技术的紧密结合，液压传动的发展又进入了一个崭新的阶段。

本章从实例入手，介绍液压传动的工作原理、系统的组成、图形符号及优缺点；重点介绍液体的基本物理性质和力学性能以及液体静压力传递原理；分析液体的流动过程和特性。

5.1　液压传动的工作原理和组成

5.1.1　液压传动的工作原理

现以液压千斤顶为例，来说明液压传动的工作原理。图5-1a所示为液压千斤顶的工作原理图，它由杠杆1、泵体2、活塞3、单向阀4和7组成的手动液压泵和活塞8、缸体9等组成的举升液压缸构成。如图5-1b所示，当提起杠杆1时，活塞3上升，泵体2下腔的工

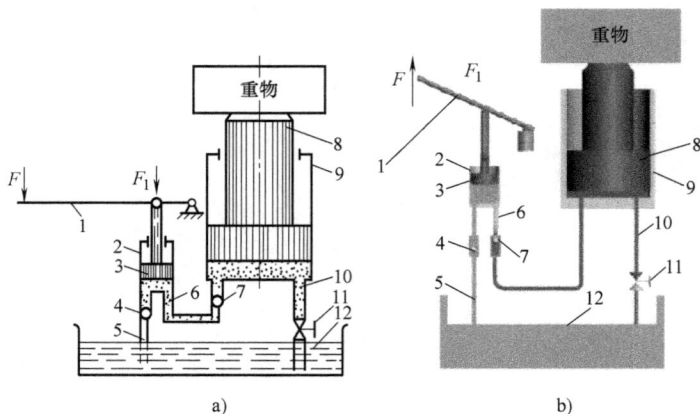

图5-1　液压千斤顶的工作原理

1—杠杆　2—泵体　3、8—活塞　4、7—单向阀　5—吸油管
6、10—管路　9—缸体　11—截止阀　12—油箱

作容积增大，形成局部真空，由于此时单向阀 7 关闭，于是油箱 12 中的油液在大气压力的作用下，推开单向阀 4 进入泵体 2 的下腔；当压下杠杆 1 时，活塞 3 下降，泵体 2 下腔的容积缩小，油液的压力升高，由于此时单向阀 4 关闭，泵体 2 下腔的油液打开单向阀 7，进入缸体 9 的下腔；此时截止阀 11 关闭，使活塞 8 向上运动，把重物顶起。若反复提压杠杆 1，就可以使重物不断上升，达到起重的目的。当打开截止阀 11 时，活塞 8 在外力和自重的作用下实现回程，缸体 9 下腔的油液通过管路 10 直接流回油箱。

由此可见，液压传动是一种以液体为传动介质，利用液体的压力能来实现运动和力的传递的一种传动方式。它具有以下特点：

1）以液体为传动介质来传递运动和动力。

2）由于液体只有一定的体积而没有固定的形状，所以液压传动必须在密闭的容器内进行。

5.1.2 液压传动系统的组成

图 5-2a 所示为简化了的机床工作台液压传动系统图，电动机带动液压泵 3 从油箱 1 中吸油，并将油液送往系统，经节流阀 6 至换向阀 7。当换向阀两端的电磁铁均不通电时，阀芯处于中间位置，如图 5-2b 所示，管路 P、A、B、T 均不相通，液压缸两腔油液均被封闭，工作台不能运动。若换向阀 7 左端电磁铁通电，将阀芯推向右位处于图 5-2c 所示位置，此时管路 P、A 相通，B、T 相通，压力油经管路 P、换向阀、管路 A 流入液压缸 8 的左腔；由于液压缸的缸体固定，活塞 9 在压力油的推动下，通过活塞杆带动工作台向右运动，同时，液压缸 8 右腔的油液经管路 B、换向阀、管路 T 流回油箱 1。当换向阀 7 右端电磁铁通电时，阀芯被推至左位处于图 5-2d 所示位置，压力油经管路 P、换向阀、管路 B 流入液压缸 8 的右腔，推动工作台向左移动，此时，液压缸 8 左腔的油液经管路 A、换向阀、管路 T 流回油箱。可通过控制换向阀 7 两端电磁铁的通断电情况，使换向阀 7 的阀芯左、右移动，从而控制工作台的往复运动。

工作台的运动速度可根据需要进行调整，由节流阀 6 和溢流阀 5 的配合来实现。节流阀就像自来水龙头一样，可以开大，也可以关小。当开大时，经节流阀 6 进入系统的油液就增多，工作台的运动速度就加快，同时经溢流阀 5 流回油箱的油液就相应减少；当关小时，工作台的运动速度就减慢，同时经溢流阀 5 流回油箱的油液就相应增加，从而控制工作台的速度。工作台运动时，还要克服一定的阻力，如切削阻力和摩擦阻力等，这些阻力由液压泵输出油液的压力来克服，因此，要求液压泵输出的油液压力应能进行调节，这个功能是由溢流阀 5 来完成的。

由以上例子可以看出，液压传动系统由以下几个部分组成，

（1）动力元件　液压泵，是能量的输入装置，它将原动机输入的机械能转换成液体的压力能，向系统提供压力油。

（2）执行元件　液压缸或液压马达，是能量的输出装置，它把液体的压力能转换为机械能，克服负载，带动机械完成所需的动作。

（3）控制元件　各种控制阀，如压力阀、流量阀、方向阀等，用来控制液压系统所需的压力、流量、方向和工作性能，以保证执行元件实现各种不同的工作要求。

（4）辅助元件　指各种管接头、油管、油箱、过滤器、蓄能器、压力表等，起连接、

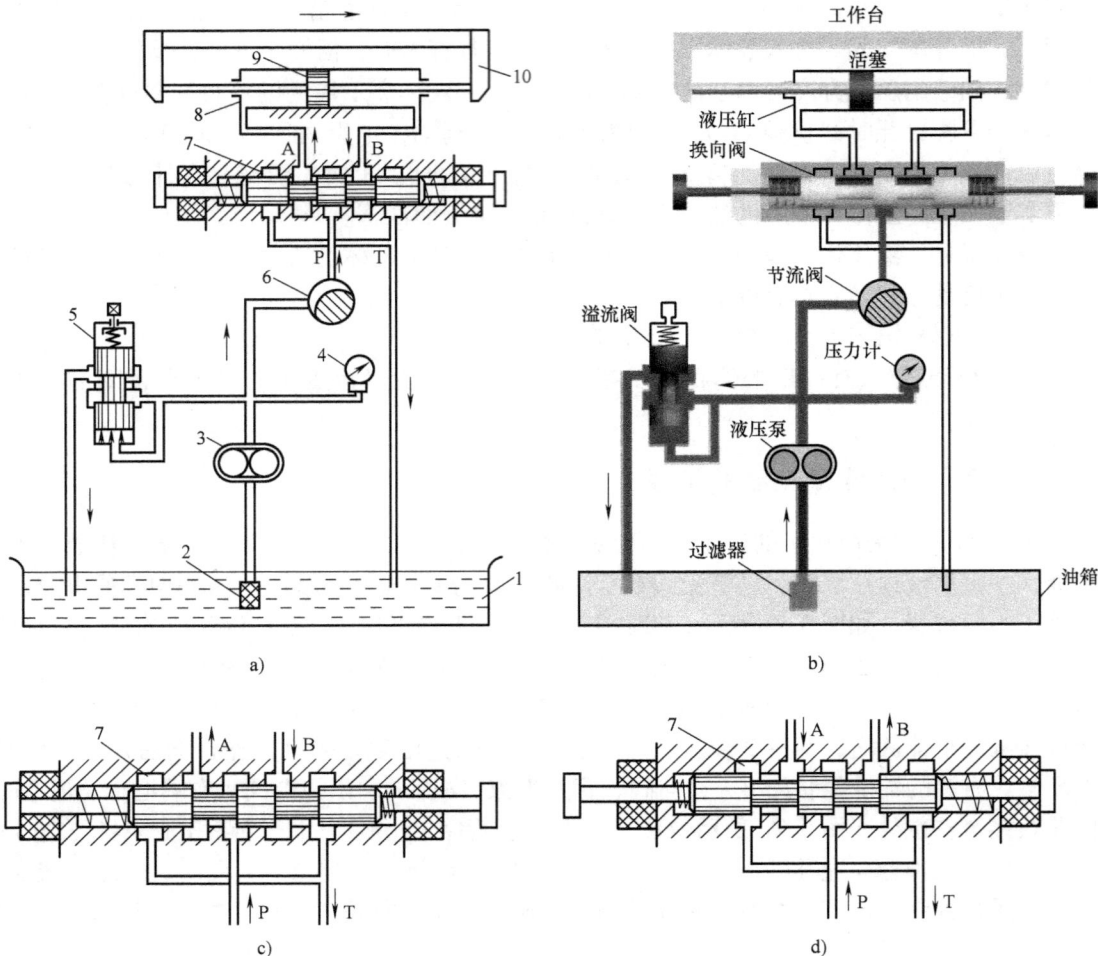

图 5-2　简单机床的液压传动系统图

1—油箱　2—过滤器　3—液压泵　4—压力计　5—溢流阀　6—节流阀

7—换向阀　8—液压缸　9—活塞　10—工作台

输油、贮油、过滤、贮存压力能、测量等作用，它们对保证液压系统可靠和稳定地工作，具有非常重要的作用。

（5）工作介质　液压油，是传递能量的介质，它直接影响液压系统的性能和可靠性。

5.1.3　液压传动系统的图形符号

图 5-2 所示的液压传动系统图，是一种半结构式的工作原理图，称为结构原理图。这种原理图直观性强、容易理解，但绘制起来比较麻烦。为了简化原理图的绘制，系统中各元件可用符号表示，这些符号只表示元件的职能和控制方式及外部连接口，不表示元件的具体结构和参数及连接口的实际位置和元件的安装位置。我国 2009 年制定的 GB/T 786.1—2009《流体传动系统及元件图形符号和回路图　第 1 部分：用于常规用途和数据处理的图形符号》，就属于职能符号。图 5-2 所示的液压系统用职能符号表示时，如图 5-3 所示，这样绘

制起来方便，可使系统图简单明了。按照规定，液压元件符号均以元件的非工作状态表示，有些液压元件无法采用职能符号表示时，仍允许采用结构原理图表示。

5.1.4 液压传动的优缺点

1. 液压传动的优点

液压传动与机械传动、电气传动相比，具有以下优点：

1）单位功率的质量小，即在输出同等功率的条件下，体积小、质量小、惯性小、结构紧凑、动态特性好。

2）液压传动能方便地实现无级调速，并且调速范围大。

3）液压传动装置工作平稳、反应快、冲击小，能快速起动、制动和频繁换向。

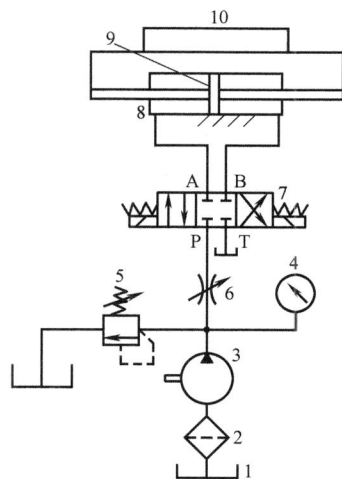

图 5-3 简单机床的液压传动
系统图（用图形符号绘制）

4）液压传动装置的控制、调节比较简单，操纵比较方便、省力，易于实现自动化。

5）液压传动易获得很大的力和转矩，可以使传动结构简单。

6）液压系统易于实现过载保护，同时，因采用油液作为传动介质，相对运动表面间能自行润滑，故元件的使用寿命长。

7）由于液压元件已实现了标准化、系列化和通用化，所以液压系统的设计、制造和使用都比较方便。

2. 液压传动的缺点

1）液压传动不可避免存在泄漏，同时，液体又不是绝对不可压缩的，因此不宜在传动比要求严格的场合采用。

2）液压传动在工作过程中存在能量损失，如摩擦损失、泄漏损失等，故不宜于远距离传动。

3）液压传动对油温的变化比较敏感，因此，不宜在低温和高温条件下工作。

4）为了减少泄漏，液压元件的制造精度要求较高，因此，液压元件的制造成本较高，而且对油液的污染比较敏感。

5）液压系统故障的诊断比较困难，因此对维修人员提出了更高的要求，既需要系统地掌握液压传动的理论知识，又要具有一定的实践经验。

5.2 液压油

5.2.1 液压油的性质

1. 液体的黏度

当液体在外力作用下流动时，液体为部各流层之间产生内摩擦力的性质，称为液体的黏性。黏性越大，内摩擦力就越大，液体的流动性就越差。黏性的大小可用黏度来衡量。

（1）动力黏度　图5-4所示为液体黏性示意图，实验表明（牛顿内摩擦定律），液体流动时相邻液层间的内摩擦力与液层间的相对速度 Δv 成正比，而与液层间的距离 h 成反比，即

$$\tau = \mu \frac{\Delta v}{h} \qquad (5\text{-}1)$$

式中　τ——单位面积上的内摩擦力（切应力，Pa）；

μ——比例系数，称为动力黏度（Pa·s）；

Δv——液层间的相对速度（m/s）；

h——液层间的距离（m）。

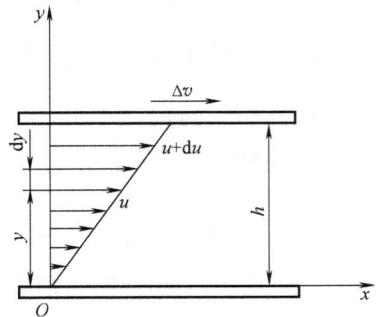

图 5-4　液体黏性示意图

（2）运动黏度　动力黏度 μ 和液体密度 ρ 的比值就称为运动黏度，即

$$\nu = \frac{\mu}{\rho} \qquad (5\text{-}2)$$

运动黏度 ν 的单位是 m^2/s（平方米每秒）。它没有明确的物理意义，但习惯上常用它来标志液体的黏度，例如各种矿物油的牌号就是该种油液在 40℃ 时运动黏度的平均值。

（3）相对黏度　相对黏度又称条件黏度，它是采用特定的黏度计在规定的条件下测出的液体黏度。我国、德国、前苏联等国家采用恩氏黏度°E，美国用赛氏黏度 SSU，英国则用雷氏黏度 RS。

恩氏黏度是用恩氏黏度计测定的黏度，它是 200mL 温度为 t 的被测液体流经恩氏黏度计的时间与 200mL 温度为 20℃ 的蒸馏水在同一黏度计中流经时间之比。一般以 40℃ 及 100℃ 作为测定液体黏度的标准温度，由此而得到的恩氏黏度分别用 E_{40}、E_{100} 标记。

液体黏度的测定可用旋转黏度计或运动黏度测定器直接测定，也可以先测出液体的相对黏度，然后根据经验公式换算出运动黏度。恩氏黏度与运动黏度（m^2/s）的换算关系式为

$$\nu = \left(7.31°E - \frac{6.31}{°E} \right) \times 10^{-6} \, (m^2/s) \qquad (5\text{-}3)$$

液体的黏度随液体压力和温度的变化而变化。对液压油而言，压力增大，黏度增大，但其变化量很小，在一般的中、低压系统中可以忽略不计。但液压油的黏度受温度变化的影响十分敏感，温度升高，黏度降低。液压油的黏度随温度变化的关系称为液压油的黏温特性。液压油黏度的变化直接影响液压系统的性能和泄漏量。因此，希望黏度随温度的变化越小越好，即黏温特性要好。黏温特性可用黏度指数 V·I 表示，它的值越高，表示黏温特性越好。对于普通的液压传动系统，一般要求 V·I≥90。

2. 液体的可压缩性

液体受压力作用发生体积变化的性质称为液体的可压缩性。在一般情况下，由于压力变

化引起液体体积的变化很小，对液压系统性能的影响不大，可认为液体是不可压缩的。在压力变化较大或有动态特性要求的高压系统中，应考虑液体压缩性对系统的影响。当液体中混入空气时，其压缩性将显著增加，并严重影响液压系统的性能，故应将液压系统中油液内的空气含量减小到最低限量。

3. 其他性质

作为液压油还需要有其他一些性质，如热安定性、氧化安定性、抗泡沫性、抗乳化性、防锈性、润滑性以及相容性等，这些性质都对液压油的选择和使用有重要的影响，其含义较为明显，不再多做解释，可参阅有关资料。

5.2.2　液压油的分类

在 GB/T 498—2014 中，将润滑剂和有关产品规定为 L 类产品，在 GB/T 7631.1—2008 中，又将 L 类产品按应用场合分为 18 个组，其中 H 组用于液压系统（见表 5-1）。GB/T 3141—1994 将工业液体润滑剂按 40℃时的运动黏度的中心值分为 20 个黏度等级（见表 5-2）。

表 5-1　H 组液压液的分类

组别符号	应用范围	特殊应用	更具体应用	组成和特性	产品符号 ISO-L	典 型 应 用	备　注
H	液压系统	流体静压系统		无抑制剂的精制矿油	HH		
				精制矿油，并改善其防锈和抗氧性	HL		
				HL 油，并改善其抗磨性	HM	有高负荷部件的一般液压系统	
				HL 油，并改善其黏温性	HR		
				HM 油，并改善其黏温性	HV	建筑和船舶设备	
				无特定难燃性的合成液	HS		特殊性能
			用于要求使用环境可接受液压液的场合	甘油三酸酯	HETG	一般液压系统（可移动式）	每个品种的基础液的最小含量应不少于70%（质量分数）
				聚乙二醇	HEPG		
				合成酯	HEES		
				聚 α 烯烃和相关烃类产品	HEPR		
			液压导轨系统	HM 油，并具有抗黏-滑性	HG	液压和滑动轴承导轨润滑系统合用的机床在低速下使振动或间断滑动(黏-滑)减为最小	这种液体具有多种用途，但并非在所有液压应用中皆有效

（续）

组别符号	应用范围	特殊应用	更具体应用	组成和特性	产品符号 ISO-L	典型应用	备 注
H	液压系统	流体静压系统	用于使用难燃液压液的场合	水包油型乳化液	HFAE		通常含水量大于80%（质量分数）
				化学水溶液	HFAS		通常含水量大于80%（质量分数）
				油包水乳化液	HFB		
				含聚合物水溶液①	HFC		通常含水量大于35%（质量分数）
				磷酸酯无水合成液①	HFDR		
				其他成分的无水合成液①	HFDU		
		流体动力系统	自动传动系统		HA		与这些应用有关的分类尚未进行详细地研究，以后可以增加
			偶合器和变矩器		HN		

① 这类液体也可以满足 HE 品种规定的生物降解性和毒性要求。

表 5-2 工业液体润滑剂的黏度等级

黏 度 等 级	40℃时的运动黏度的中心值 /(mm²/s)	黏 度 等 级	40℃时的运动黏度的中心值 /(mm²/s)
2	2.2	100	100
3	3.2	150	150
5	4.6	220	220
7	6.8	320	320
10	10	460	460
15	15	680	680
22	22	1000	1000
32	32	1500	1500
46	46	2200	2200
68	68	3200	3200

5.2.3 对液压油的要求和选用

1. 对液压油的要求

在液压传动中，液压油既是传动介质，又兼作润滑油，因此它比一般润滑油的要求更高。对液压油的要求为：

1）要有适宜的黏度和良好的黏温特性。

2）具有良好的润滑性，以减小液压元件中相对运动表面的磨损。

3）具有良好的热安定性和氧化安定性。

4）具有较好的相容性，即对密封件、软管、涂料等无溶解等有害的影响。

5）质量要纯净，不含或含有极少量的杂质、水分和水溶性酸碱等。

6）要具有良好的抗泡沫性、抗乳化性、腐蚀性和防锈性。液压油乳化会降低其润滑性，而使酸值增加，使用寿命缩短。液压油中产生泡沫会引起气穴现象。

7）液压油用于高温场合时，为了防火安全，闪点要求要高，在温度低的环境下工作时，凝点要求要低。

8）对人体无害，成本低。

2. 液压油的选用

液压油的选用，实质上就是选择液压油的品种和牌号。

（1）液压油品种的选择　石油基液压油的品种较多，由于制造容易，来源多，价格较低，故在液压设备中，几乎 90% 以上是使用石油基液压油。但难燃液压油既有抗燃特性，又符合节省能源与控制污染的要求，故受到各国的普遍重视，所以应根据设备中液压系统的特点、工作环境和液压油的特性来选择液压油的品种。液压油品种的选用见表 5-3。

表 5-3　液压油品种的选用

液压设备液压系统举例	对液压油的要求	可选择的液压油品种
低压或简单机具的液压系统	抗氧化安定性和抗泡沫性一般，无抗燃要求	HH（无本产品时可选 HL）
中、低压精密机械等液压系统	要求有较好的抗氧化安定性，无抗燃要求	HL（无本产品时可选用 HM）
中、低压和高压液压系统	要求抗氧化安定性、抗泡沫性、防锈性、抗磨性好	HM（无本产品时可选用 HV、HS）
环境变化较大和工作条件恶劣的（指野外工程和远洋船舶等）低、中、高压系统	除上述要求外，要求凝点低、黏度指数高、黏温性好	HV、HS
环境温度变化较大和工作条件恶劣的（野外工程和远洋船舶等）低压系统	要求凝点低、黏度指数高	HR（对于有银部件的液压系统，北方选用 L-HR 油　南方用 HM 油或 HL 油）
液压和导轨润滑合用的系统	在 HM 油基础上改善黏-滑性（防爬行性好）	HG
煤矿液压支架、静压系统和其他不要求回收废液和不要求有良好润滑的情况，但要求有良好的难燃性。使用温度为 5～50℃	要求抗燃性好，并具有一定的防锈性、润滑性和良好的冷却性，价格便宜	L-HFAE
冶金、煤矿等行业的中压和高压、高温和易燃的液压系统。使用温度为 5～50℃	抗燃性、润滑性和防锈性好	L-HFB
需要难燃液的低压液压系统和金属加工等机械。使用温度为 5～50℃	不要求低温性、黏温性和润滑性，但抗燃性要好，价格便宜	L-HFAS
冶金和煤矿等行业的低压和中压液压系统。使用温度为 -20～50℃	要求低温性、黏温性、对橡胶的适用性、抗燃性好	HFC
冶金、火力发电、燃气轮机等高温高压下操作的液压系统。使用温度为 -20～100℃	要求抗燃性、抗氧化安定性和润滑性好	HFDR

（2）液压油牌号的选择　在液压油的品种已定的情况下选择牌号时，首先考虑的应是

液压油的黏度。如果黏度太低，就使泄漏增加，从而降低效率和润滑性，增加磨损；如果液压油的黏度太高，运动部分的阻力要增加，磨损增大，液压泵的吸油阻力增大，易产生吸空并造成噪声。因此，要合理选择液压油的黏度。选择液压油时要注意以下几点：

1）工作环境。当液压系统工作环境温度较高时，应采用较高黏度的液压油；反之，采用较低黏度的液压油。

2）工作压力。当液压系统工作压力较高时，应采用较高黏度的液压油，以防泄漏；反之，采用较低黏度的液压油。

3）运动速度。当液压系统工作部件运动速度高时，为了减少功率损失，应采用黏度较低的液压油；反之，采用较高黏度的液压油。

4）液压泵的类型。在液压系统中，不同的液压泵对润滑的要求不同，选择液压油时应考虑液压泵的类型及其工作环境。各类液压泵推荐用的液压油见表5-4。

表5-4　各类液压泵推荐用的液压油

液压泵类型		黏度 $\nu/(\times 10^{-6} m^2 \cdot s^{-1})(40℃)$		适应液压油的种类和黏度牌号
		液压系统温度 5~40℃	液压系统温度 40~80℃	
叶片泵	7MPa 以下	30~50	40~75	L-HM32、L-HM46、L-HM68
	7MPa 以上	50~70	55~90	L-HM46、L-HM68、L-HM100
齿轮泵		30~70	95~165	中、低压时用：L-HL32、L-HL46、L-HL68、L-HL100、L-HL150
径向柱塞泵		30~50	65~240	中、高压时用：L-HM32、L-HM46、L-HM68、L-HM100、L-HM150
轴向柱塞泵		30~70	70~150	

（3）合理使用液压油的要点

1）换油前液压系统要清洗，液压系统首次使用液压油前，必须彻底清洗干净，在更换同一品种液压油时，也要用新换的液压油冲洗1次或2次。

2）液压油不能随意混用。

3）液压系统要有良好的密封，防止泄漏和外界各种尘土、杂质等混入。

4）根据换油指标及时更换液压油。加入新油时，必须按要求过滤。

5.3　静止液体的性质

5.3.1　液体的静压力

液体的静压力就是液体单位面积上所受到的法向作用力，在物理学中称为压强，在工程实际中习惯上称为压力。

压力的表示方法有两种，一种是以绝对真空（零压力）为基准测量的压力，称为绝对压力；另一种是以大气压力为基准测量的压力，称为相对压力。由于大多数测压仪表所测量的压力都是相对压力，故相对压力也称为表压力。当液体中某点的绝对压力低于大气压时，习惯上称该点具有真空，而绝对压力不足于大气压力的数值，称为真空度。绝对压力、相对压力、真空度的关系如图5-5所示。

压力的单位是 Pa（N/m^2），由于此单位太小，在工程上常用 kPa、MPa。它们之间的关系是：$1MPa = 10^3kPa = 10^6Pa$。

5.3.2 液体静力学基本方程式

如图 5-6a 所示，液体在重力作用下处于静止状态，液体所受的力有：液体的重力、液面上的压力 p_0、容器壁面对液体的压力。若要计算离液面深度为 h 处某点 A 的压力时，可以在液体内取出一个底面通过该点、底面积为 ΔA 的垂直小液柱，如图 5-6b 所示。由于小液柱处于平衡状态，它的自重为 $\rho gh\Delta A$，于是有

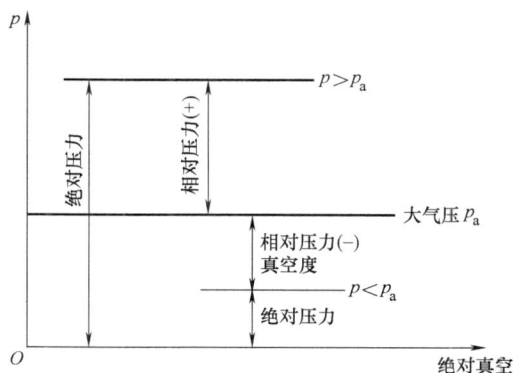

图 5-5 绝对压力、相对压力和真空度的关系

$$p\Delta A = p_0\Delta A + \rho gh\Delta A$$

等式两边同除以 ΔA，则得

$$p = p_0 + \rho gh \tag{5-4}$$

式（5-4）即为静压力基本方程式，由此可见：

1）静止液体内任一点的压力由液体自重所引起的压力 ρgh 和液面上的压力 p_0 两部分组成。

2）连通容器内同一液体中，离液面深度相同处各点的压力均相等。由压力相等的点组成的面称为等压面，在重力作用下静止液体的等压面是一个水平面。

5.3.3 压力的传递

由静力学基本方程式可知，静止液体中任意一点的压力都包含了液面上的压力 p_0，这说明在密闭容器中，由外力作用所产生的压力可以等值地传递到液体内所有各点。这就是帕斯卡原理，或称静压力传递原理。

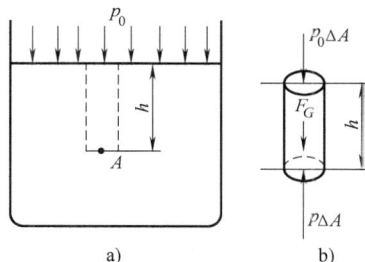

图 5-6 重力作用下静止的液体

在液压传动系统中，通常由外力产生的压力要比液体自重产生的压力大得多。因此，常把液体自重产生的压力忽略不计，则液体内部各点的压力处处相等。

下面以图 5-7 为例来说明液压系统压力的形成。图 5-7 中大、小活塞的面积分别为 A_1、A_2，在小活塞上加一外力 F，在大活塞上有重力 W，则小液压缸中液体的压力为 $p_1 = F/A_1$；大液压缸中液体的压力为 $p_2 = W/A_2$。根据帕斯卡原理，则有 $p_1 = p_2$，$W = A_2F/A_1$。两活塞的面积比 A_2/A_1 越大，大活塞输出的力 W 越大。

由 $p_2 = W/A_2$ 可知，若重力 $W = 0$，则 $p_2 = 0$。根据帕斯卡原理，这时 p_1 必须为零，这说明力 F 施加不上去，负载为零时系统建立不起压力。因此，液压

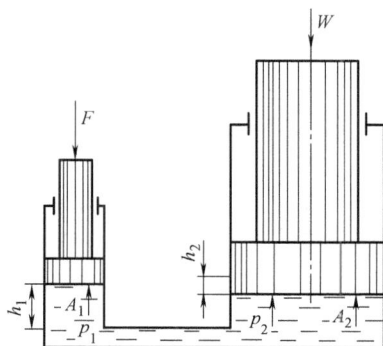

图 5-7 液压传动原理

系统中的压力取决于负载。

5.3.4 静止液体对容器壁面上的作用力

静止液体和固体壁面相接触时，固体壁面上各点在某一方向上所受液体静压作用力的总和便是液体在该方向上作用于固体壁面上的力。其大小等于液体的静压力和承压表面在该方向的投影面积的乘积。

5.4 流动液体的性质

5.4.1 体积流量和平均流速

液体在管道中流动时，通常将垂直于液体流动方向的截面积称为通流截面，或称过流断面。

单位时间内通过某过流断面的液体的体积，称为体积流量（简称流量）。常用代号为 q_V，单位为 m^3/s，实际中常用的单位为 L/min 或 mL/s。

在实际中，由于液体在管道中流动时的速度分布规律为抛物面计算较为困难。为了便于计算，假设过流断面上的流速 v 是均匀分布的，流过断面的流量等于液体实际流过该断面的流量。流速 v 称为过流断面上的平均流速，以后所指的流速，除特别指出外，均按平均流速来处理。于是有 $q_V = vA$，故平均流速为

$$v = \frac{q_V}{A} \tag{5-5}$$

在液压缸中，液体的流速与活塞的运动速度相同，由此可见，当液压缸的有效面积一定时，活塞的运动速度取决于输入液压缸的流量。

5.4.2 液体流动中的压力损失

液体具有黏性，在流动时就有阻力。为了克服阻力，就必须要消耗能量，这样就有能量损失。在液压传动中，能量损失主要表现为压力损失。液压系统中的压力损失分为沿程压力损失和局部压力损失两类。

1. 沿程压力损失

液压油沿等径直管流动时所产生的压力损失，称为沿程压力损失。液体在直管中流动时，由于液体内部、液体与管壁间的摩擦力以及湍流流动时，质点间的互相碰撞，从而引起压力损失。管路长度越长、液流流速越大，沿程压力损失越大。

2. 局部压力损失

液压油流经局部障碍（如弯管、接头、管截面突然扩大或收缩）时的压力损失，称为局部压力损失。液体经过局部障碍处，由于液流的方向和速度突然变化，在局部形成旋涡引起液压油质点间以及质点与固体壁面间互相碰撞和剧烈摩擦而产生压力损失，因为液体的流动现象是十分复杂的，所以局部压力损失一般由试验求得。

3. 管路中的总压力损失

液压系统的管路通常由若干段管道组成，其中每一段又串联诸如弯头、控制阀、管接头

等形成的局部阻力的装置，因此管路系统总的压力损失等于直管中的沿程压力损失及所有局部压力损失的总和。

在液压传动中，管路一般都不长，而控制阀、弯头、管接头等的局部阻力则较大，沿程压力损失比局部压力损失小得多。因比，大多数情况下总的压力损失只包括局部压力损失和长管的沿程损失，只对这两项进行讨论计算。

压力损失过大，将使功率损耗增加，油液发热，泄漏增加，效率降低，液压系统性能变坏。因此，在液压技术中，研究压力损失的目的是为了正确估算压力损失的大小和找出减少压力损失的途径。减小流速、缩短管路长度、减少管路截面的突然变化、提高管路内壁的加工质量等，都可以减少压力损失，其中以液流速度的影响最大。

5.4.3　液压冲击和空穴现象

1. 液压冲击

在液压系统中，由于某种原因而引起油液的压力在瞬间急剧上升，这种现象称为液压冲击。

液压系统中产生液压冲击的原因很多，如液流速度突变（如关闭阀门）或突然改变液流方向（换向）等因素都将会引起系统中油液压力的猛然升高而产生液压冲击。液压冲击会引起振动和噪声，导致密封装置、管路等液压元件的损坏，有时还会使某些元件，如压力继电器、顺序阀产生误动作，影响系统的正常工作。因此，必须采取有效措施来减轻或防止液压冲击。

避免产生液压冲击的基本措施是尽量避免液流速度发生急剧变化，延缓速度变化的时间，其具体办法是：

1）缓慢开关阀门。

2）限制管路中液流的速度。

3）系统中设置蓄能器和安全阀。

4）在液压元件中设置缓冲装置。

2. 空穴现象

在液压系统中，由于流速突然变大，供油不足等因素，压力会迅速下降至低于空气分离压时，溶于油液中的空气游离出来形成气泡，这些气泡夹杂在油液中形成气穴，这种现象称为空穴现象。

当液压系统出现气穴现象时，大量的气泡破坏了液流的连续性，造成流量和压力脉动，当气泡随液流进入高压区时又急剧破灭，引起局部液压冲击，使系统产生强烈的振动和噪声。当附着在金属表面上的气泡破灭时，它所产生的局部高温和高压作用，以及油液中逸出的气体的氧化作用，会使金属表面剥蚀或出现海绵状的小洞穴。这种因空穴造成的腐蚀作用称为气蚀，会导致元件寿命的缩短。

气穴多发生在阀口和液压泵的进口处，由于阀口的通道狭窄，流速增大，压力大幅下降，以致产生气穴。当泵的安装高度过大或油面不足，吸油管直径太小，吸油阻力大，过滤器堵塞，造成进口处真空度过大，也会产生空穴。为减少空穴和气蚀的危害，一般采取下列措施：

1）减少液流在间隙处的压力降，一般希望间隙前后的压力比为 $p_1/p_2 < 3.5$。

2）降低吸油高度，适当加大吸油管内径，限制吸油管的流速，及时清洗过滤器。对高压泵可采用辅助泵供油。

3）管路要有良好密封，防止空气进入。

【小结】

1）液压传动是以液体的压力能来传递运动和动力的一种传动方式。

2）液压传动系统由动力元件、执行元件、控制元件、辅助元件和工作介质五部分组成。

3）液压元件的图形符号和系统原理图按 GB/T 786.1—2009 绘制，系统中元件符号均按元件的非工作状态表示。

4）黏性的大小用黏度来衡量，习惯上常用运动黏度来标志液体的黏度。

5）在液压传动中，液体的可压缩性一般情况下不考虑，必须采取措施防止空气进入系统。

6）通常根据系统工作环境、工作压力、运动速度、液压泵的类型确定液压油的品种和黏度。

7）液压系统的压力取决于外负载。

8）液体传动传递动力时遵循帕斯卡原理；执行元件的运动速度取决于输入流量。

9）液体平均流速与过流断面的面积成反比。

10）液压系统中的压力损失分为沿程压力损失和局部压力损失。减少压力损失的主要措施是减小流速、缩短管路长度、减少管路截面的突然变化、提高管路内壁的加工质量等。

11）在液压系统中，应采取措施防止空穴现象、液压冲击的产生。

【习题】

一、填空题

1. 液压传动是以_____为传动介质，利用液体的_____来实现运动和动力传递的一种传动方式。

2. 液压传动必须在_____进行，依靠液体的_____来传递动力，依靠_____来传递运动。

3. 液压传动系统由_____、_____、_____、_____和_____五部分组成。

4. 在液压传动中，液压泵是_____元件，它将输入的_____能转换成_____能，向系统提供_____。

5. 在液压传动中，液压缸是_____元件，它将输入的_____能转换成_____能。

6. 各种控制阀用以控制液压系统所需要的_____、_____、_____和_____，以保证执行元件实现各种不同的工作要求。

7. 液压元件和职能符号只表示元件的_____、_____和_____，不表示元件的_____以及连接口的实际位置和元件的_____。

8. 液压元件的职能符号在系统中均以元件的_____表示。

9. 液体流动时，_____的性质，称为液体的黏性，其大小用_____表示，常用的黏度为_____、_____和_____。

10. 各种矿物油的牌号就是该种油液在40℃时的_____的平均值。

11. 液压油的黏度随温度变化的关系称为液压油的_____，可以用_____来表示，对于普通的液压系统，一般要求_____。

12. 液体受压力作用发生体积变化的性质称为液体的_____，一般可以认为液体是_____，在_____和_____时，应考虑液体的可压缩性，液体中混入空气时，其压缩性将_____。

13. 当液压系统的工作压力高，环境温度高或运动速度较慢时，为了减少泄漏，宜选用黏度较_____的液压油，当工作压力低，环境温度低或运动速度较大时，为了减少功率损失，宜选用黏度较_____的液压油。

14. 液体压力处于静止状态下，其单位面积上所受的法向力，称为_____。其常用单位为_____。

15. 液压系统的工作压力取决于_____。

16. 当液压缸的有效面积一定时，活塞的运动速度由_____决定。

二、判断题

1. 液压传动不易获得很大的力和转矩。　　　　　　　　　　　　　　（　　）

2. 液压传动装置工作平稳，能方便地实现无级调速，但不能快速起动、制动和频繁换向。　　　　　　　　　　　　　　　　　　　　　　　　　　　　　（　　）

3. 液压传动与机械、电气传动相配合时，易实现较复杂的自动工作循环。（　　）

4. 液压传动系统适宜在传动比要求严格的场合采用。　　　　　　　　（　　）

5. 液压系统故障诊断方便、容易。　　　　　　　　　　　　　　　　（　　）

6. 液压传动适宜远距离传动。　　　　　　　　　　　　　　　　　　（　　）

7. 液压系统的工作压力数值一般是指绝对压力值。　　　　　　　　　（　　）

8. 液压油能随意混用。　　　　　　　　　　　　　　　　　　　　　（　　）

9. 作用于活塞上的推力越大，活塞运动的速度就越快。　　　　　　　（　　）

10. 在液压系统中，液体自重产生的压力一般可以忽略不计。　　　　（　　）

三、问答题

1. 静压力的传递原理是什么？

2. 液压传动的特点是什么？

四、计算题

1. 用恩氏黏度计测得某液压油（$\rho = 850 \text{kg/m}^3$）200mL 40℃时流过的时间 $t_1 = 153\text{s}$；20℃时200mL的蒸馏水流过的时间为 $t_2 = 51\text{s}$。求该液压油在40℃时的恩氏黏度°E、运动黏度ν和动力黏度μ。

2. 如图5-8所示，具有一定真空度的容器用一根管子倒置于一液面与大气相通的水槽中，液体在管中上升的高度 $h = 1\text{m}$。设液体的密度为 $\rho = 10^3 \text{kg/m}^3$，试求容器内的真空度。

3. 如图5-9所示，有一直径为 d，质量为 m 的活塞浸在液体中，并在力 F 的作用下处于静止状态。若液体的密度为 ρ，活塞浸入深度为 h，试确定液体在测压管内的上升高度。

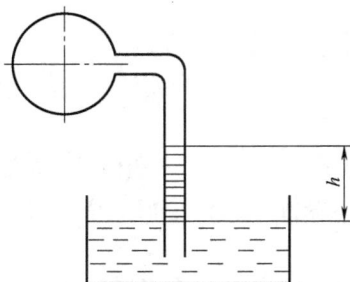

图5-8 题2图

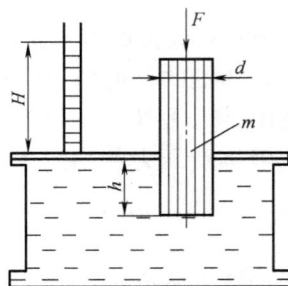

图5-9 题3图

4. 如图5-10所示，容器 A 中的液体密度 $\rho_A = 900\text{kg/m}^3$，B 中的液体密度 $\rho_B = 1200\text{kg/m}^3$，$Z_A = 200\text{mm}$，$Z_B = 180\text{mm}$，$h = 600\text{mm}$，U 形管中的测压介质为汞（密度为 $13.6 \times 10^3\text{kg/m}^3$）。试求容器 A、B 之间的压力差。

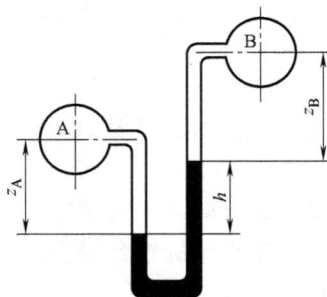

图5-10 题4图

第6章

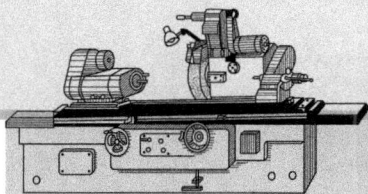

液压元件及辅助装置

液压元件及辅助装置是组成液压系统的基础，是分析、设计和学习液压系统的关键。本章内容多，涉及面广，在学习时应把图形符号、工作原理、结构三者联系起来，以便更好地理解其工作原理和功能。

本章主要介绍：①典型（齿轮式、叶片式和柱塞式）液压泵以及液压马达的工作原理、结构特点、性能和应用范围；②液压缸（活塞缸、柱塞缸）的组成、工作原理、结构特点和应用；③辅助元件（包括管件、密封装置、过滤器、蓄能器、油箱、压力表和压力表开关等）的分类、组成、工作原理、结构特点和应用；④液压阀（方向阀、压力阀和流量阀）的分类、组成、工作原理、结构特点和应用；⑤新型液压元件（电磁比例阀、插装阀、叠加阀、数字阀）的分类、组成、工作原理、结构特点和应用。

6.1 液压泵

6.1.1 液压泵概述

1. 液压泵的工作原理

液压泵是将电动机（或其他原动机）输出的机械能转换为液体压力能的能量转换装置。在液压系统中，液压泵作为动力源，句液压系统提供压力油。

图 6-1 所示为单柱塞液压泵的工作原理图。柱塞 2 安装在泵体 3 内，柱塞 2 在弹簧 4 的作用下与偏心轮 1 接触。当偏心轮转动时，柱塞做左右往复运动。当柱塞向右运动时，柱塞 2 和泵体 3 所形成的密封容积 V 增大，形成局部真空，在大气压力作用下，油箱中的油液通过单向阀 6 进入泵体内腔，即液压泵吸油。当柱塞向左运动时，密封容积 V 减小，由于单向阀 6 封住了吸油口，于是泵体内腔的油液打开单向阀 5 流向系统，即液压泵压油。偏心轮不停地转动，液压泵便不断地吸油和压油。从泵的工作过程可以看出：

1）液压泵是依靠密封容积的变化来实现吸油和压油的，利用这种原理做成的泵统称为容积式液压泵。

2）对于常压油箱，在吸油过程中，油箱必须与大气接通，这是液压泵吸油的外部必要条件。

3）在吸油时，单向阀 5、6 保证使泵体内腔与油箱接通，同时切断向系统供油的管道；在压油时，单向阀 5、6 保证使泵体内腔与油液流向系统的管道相通而切断与油箱相通的管

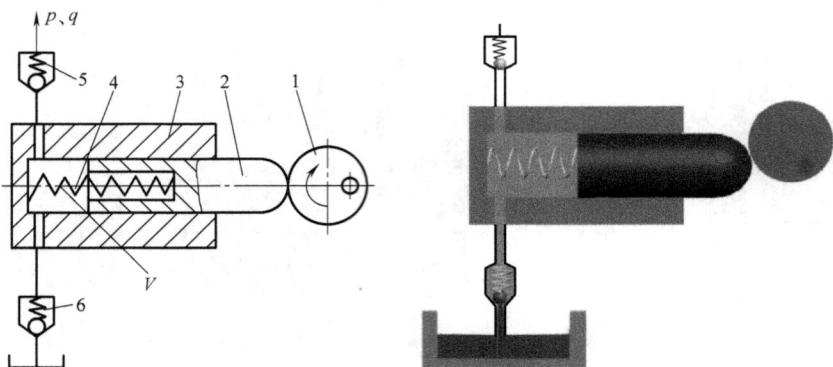

图 6-1　单柱塞液压泵的工作原理图

1—偏心轮　2—柱塞　3—泵体　4—弹簧　5、6—单向阀

道。单向阀 5、6 称为配油装置。

2. 液压泵的分类

液压泵的类型很多。液压泵按其输出排量能否调节分为定量泵和变量泵两类；按结构形式的不同，可分为齿轮泵、叶片泵和柱塞泵等类型。液压泵的图形符号如图 6-2 所示。

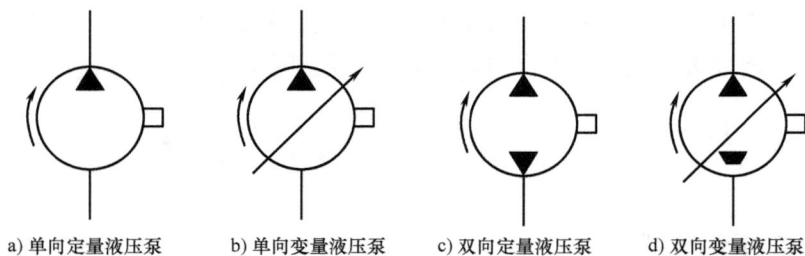

a) 单向定量液压泵　　b) 单向变量液压泵　　c) 双向定量液压泵　　d) 双向变量液压泵

图 6-2　液压泵的图形符号

3. 液压泵的性能参数

（1）压力

1）工作压力 p。液压泵的工作压力是指它输出油液的压力，其大小由负载决定。

2）公称（额定）压力。液压泵的公称（额定）压力是指液压泵在使用中允许到达的最大工作压力，超过此值就是过载。液压泵的公称（额定）压力应符合国家标准（GB/T 2346—2003）的规定。

（2）排量 V。液压泵的排量是指泵轴每转一转，由其密封容积的几何尺寸变化计算而得的排出液体的体积。公称排量应符合国家标准（GB/T 2347—1980）的规定。

（3）流量 q_V

1）理论流量。液压泵的理论流量是指泵在单位时间内由其密封容积的几何尺寸变化计算而得的排出液体的体积。理论流量等于排量与其转速的乘积。

2）实际流量。液压泵的实际流量是指泵工作时实际输出的流量，等于理论流量减去泄漏损失的流量。

3）公称（额定）流量。液压泵的公称（额定）流量是指泵在公称（额定）转速和公称（额定）压力下的输出流量。

（4）液压泵的功率

1）泵的输入功率 P_m。驱动泵轴的机械功率称为泵的输入功率 P_m，即

$$P_m = 2\pi nT \tag{6-1}$$

式中　T——泵轴上的实际输入转矩；

　　　n——泵轴的转速。

2）泵的输出功率 P。泵输出的液压功率称为泵的输出功率 P，即

$$P = pq \tag{6-2}$$

式中　p——液压泵的输出压力（Pa）；

　　　q——液压泵的输出流量（m^3/s）。

6.1.2　齿轮泵

齿轮泵广泛地应用在各种液压机械上。一般齿轮泵分为外啮合和内啮合两种。外啮合齿轮泵具有结构简单、自吸性能好，对油液污染不敏感，工作可靠，体积小，自重小，转速高，寿命长，便于维修以及成本低等特点。它的缺点是，流量和压力脉动较大，噪声较大。

1. 齿轮泵的工作原理

齿轮泵的工作原理图如图6-3所示。齿轮泵由泵体、端盖和一对相互啮合的齿轮形成密封的工作容积。相互啮合的齿轮将密封的工作容积分隔成左右两个密封的工作腔，即 a 腔和 b 腔，分别与吸油口和压油口相通。当主动轴带动齿轮按图示方向旋转时，在 a 腔中，啮合的两轮齿逐渐脱开，工作容积逐渐增大，形成局部真空。在大气压力的作用下，油箱中的油液经吸油口进入吸油腔（a 腔）；然后，齿间的油液随齿轮转动沿带尾箭头所示的流向被带到 b 腔。在 b 腔中，两齿轮的轮齿逐渐啮合，使工作容积逐渐减小，被挤压的油液经压油口输出，故 b 腔为压油腔。齿轮不停地转动，吸油腔不断地从油箱中吸油，压油腔不断地排油，这就是齿轮泵的工作原理。

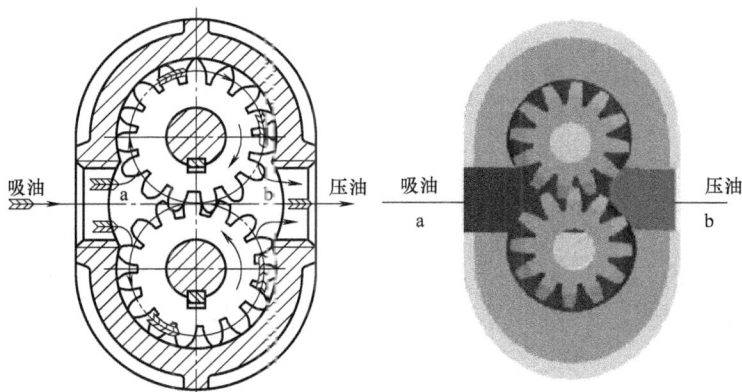

图6-3　齿轮泵的工作原理图

2. 低压齿轮泵的典型结构

CB-B 型齿轮泵是低压齿轮泵，主要用作机床的动力源以及各种补油、润滑和冷却系统。其结构如图6-4所示。一对齿轮7、9装在泵体2中，由主动轴6带动回转。左端盖1、

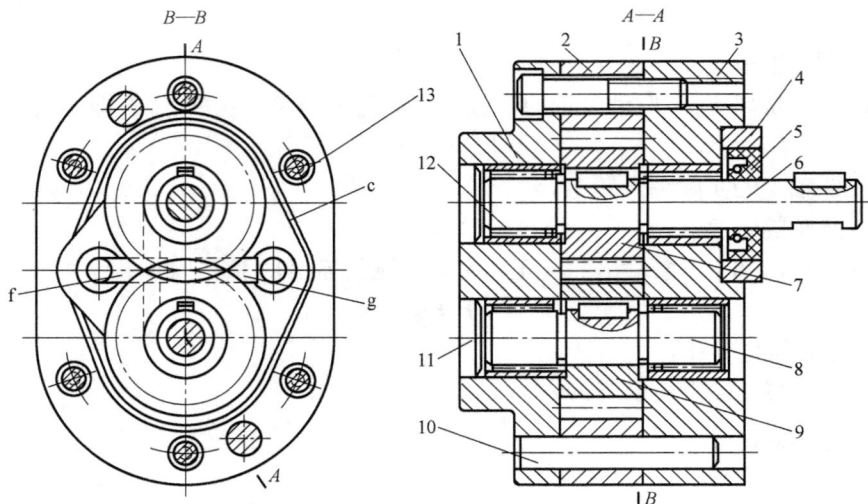

图 6-4　CB-B 型低压齿轮泵的结构

1—左端盖　2—泵体　3—右端盖　4—套　5—密封圈　6—主动轴　7—主动齿轮

8—从动轴　9—从动齿轮　10—定位销　11—压盖　12—滚针轴承　13—螺钉

右端盖 3 装在泵体的两侧，用 6 个螺钉 13 连接，并用定位销 10 定位。带有保持架的滚针轴承 12 分别装在左、右端盖中，支承主动轴 6 和从动轴 8。在左、右端盖上各铣有两个消除困油现象的矩形卸荷槽 f 和 g，泵体两端面上还铣有压力卸荷槽 c，由侧面泄漏的油液经卸荷槽流回吸油腔，以减小螺钉的拉力。为了减小径向不平衡力，常采用缩小压油口的方法。

6.1.3　叶片泵

叶片泵在机床液压系统中应用最广。其主要优点是：结构紧凑，外形尺寸小，运转平稳，流量均匀以及噪声小。其缺点是：结构复杂，吸油特性差，对油液的污染较敏感。

1. 双作用叶片泵

图 6-5 所示为双作用叶片泵的工作原理图。双作用叶片泵主要由转子 1、定子 2、叶片

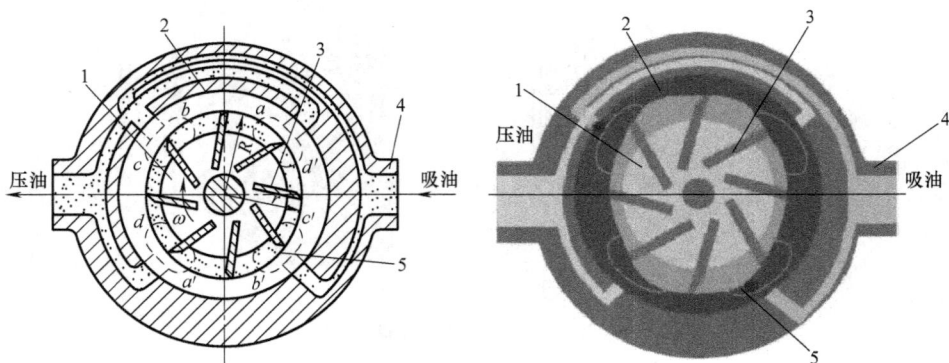

图 6-5　双作用叶片泵的工作原理图

1—转子　2—定子　3—叶片　4—泵体　5—配油盘

3、泵体 4 及配油盘 5 等组成。转子和定子同心安放，定子内表面由两段长半径为 R 的圆弧、两段短半径为 r 的圆弧以及四段过渡曲线所组成。转子上开有均布槽，矩形叶片安装在转子槽内，并可在槽内滑动。当转子旋转时，叶片在自身离心力和根部压力油的作用下，紧贴定子内表面。这样，在定子、转子、配油盘和叶片之间就形成了若干个密封的工作容积。当相邻两叶片之间的工作容积由短半径处向长半径处转动时，工作容积逐渐增大，形成局部真空而吸油；当相邻两叶片之间的工作容积由长半径处向短半径处转动时，工作容积逐渐减小而压油。转子转一周，两相邻叶片之间的工作容积完成两次吸油和压油，所以称为双作用叶片泵。由于这种泵有两个对称的吸油腔和压油腔，作用在转子上的径向液压力互相平衡，因此，也称为双作用卸荷式叶片泵。双作用叶片泵一般做成定量泵。

图 6-6 所示为 YB$_1$ 型叶片泵的结构图，由前泵体 7、后泵体 6、左配油盘 1、右配油盘 5、定子 4、转子 12 等组成。为了便于装配和使用，两个配油盘与定子、转子和叶片组装成一个部件。两个长螺钉 13 为组件的紧固螺钉，其头部作为定位销插入后泵体的定位孔内，以保证配油盘上吸、压油窗口的位置能与定子内表面的过渡曲线相对应。转子上开有 12 条狭槽，叶片 11 安装在槽内，并可在槽内自由滑动。转子通过内花键与主动轴相配合，主动轴由两个滚珠轴承 2 和 8 支承。骨架式密封圈 9 安装在盖板 10 上，用来防止油液泄漏和空气渗入。

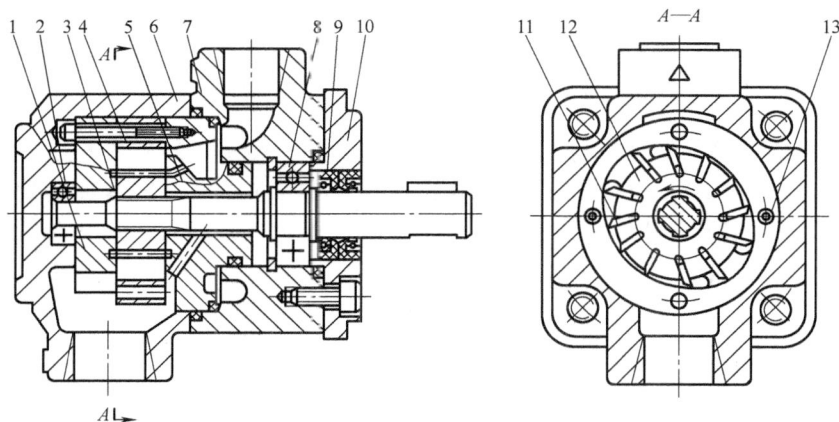

图 6-5　YB$_1$ 型叶片泵的结构图
1—左配油盘　2、8—滚珠轴承　3—主动轴　4—定子　5—右配油盘　6—后泵体
7—前泵体　9—骨架式密封圈　10—盖板　11—叶片　12—转子　13—长螺钉

YB$_1$ 系列叶片泵除单泵外，还有双联叶片泵，它由两个单级叶片泵组成，其主要工作部件装在一个泵体内，由同一根传动轴带动旋转。泵体有一个共同的吸油口，两个各自独立的出油口。

2. 单作用叶片泵

图 6-7 所示为单作用叶片泵的工作原理图。单作用叶片泵主要由转子 3、定子 4、叶片 5、配油盘 1、传动轴 2 及泵体等组成。转子和定子偏心安放，偏心距为 e，定子具有圆柱形的内表面。转子上开有均布槽，矩形叶片安放在转子槽内，并可在槽内滑动，当转子旋转时，叶片在自身离心力的作用下，紧贴定子内表面起密封作用。这样，在转子、定子、叶片

和配油盘之间就形成了若干个密封的工作容积。当转子按图示方向旋转时，右边的叶片逐渐伸出，相邻两叶片间的工作容积逐渐增大，形成局部真空，从配油盘上的吸油窗口吸油；左边的叶片被定子的内表面逐渐压进槽内，两相邻叶片间的工作容积逐渐减小，将工作油液从配油盘上的压油窗口压出；在吸油窗口和压油窗口之间有一段封油区，把吸油腔和压油腔隔开，转子转一周两叶片间的工作容积完成一次吸油和压油，所以称为单作用式叶片泵。转子受到来自压油腔的径向不平衡力，使轴承所受载荷较大，因此也称为单作用非卸荷式叶片泵。若在结构上把转子和定子的偏心距做成可调节的，就成为变量泵，单作用叶片泵往往做成变量泵。

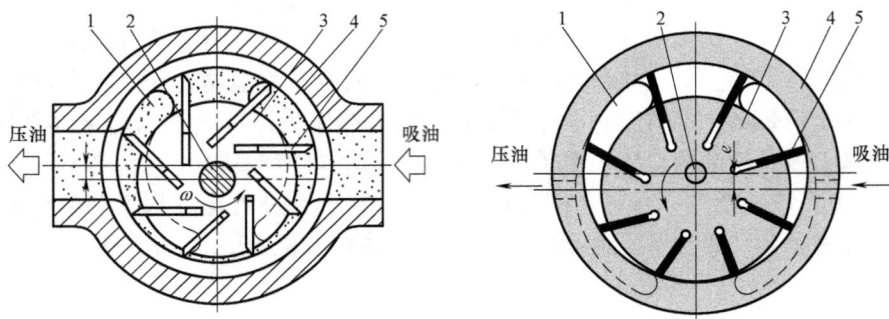

图 6-7　单作用叶片泵的工作原理图
1—配油盘　2—传动轴　3—转子　4—定子　5—叶片

图 6-8 所示为 YBX 型限压式变量叶片泵工作原理图。转子 1 的中心 O_1 是固定的，定子 2 可以左右移动，在右端限压弹簧 3 的作用下，定子被推向左端，靠紧在活塞 6 的右端面上，使定子中心 O_2 和转子中心 O_1 之间有一原始偏心距 e_1，泵出口的压力油经泵体内通道作用于活塞 6 的左端面上，当泵的工作压力 p 小于限定压力（即活塞对定子的作用力小于限压弹簧 3 的预紧力）时，定子不能移动，最大偏心量保持不变，泵的输出流量为最大。当泵的工作压力大于限定压力时，限压弹簧被压缩，定子右移，偏心量减小，泵输出流量也减小。工作压力越高，偏心量越小，泵的输出流量也越小。当工作压力达到某一极限值（截止压力）时，定子移到最右端位置，偏心量减至最小，使泵所产生的流量全部用于补偿泄漏，泵的输出流量为零。此时，若外负载再继续加大，泵的输出压力也不再升高，所以这种泵被称为限压式变量叶片泵。图 6-8 中螺钉 7 用来调节泵的最大流量，螺钉 4 用来调节限定压力。

限压式变量叶片泵的流量与压力特性曲线如图 6-9 所示。图中，AB 段表示工作压力 p 小于限定压力 p_B 时，流量最大而且基本保持不变。B 点为拐点，表示泵输出最大流量时可达到的最高工作压力。

6.1.4　柱塞泵

柱塞泵是利用柱塞在缸体的柱塞孔中做往复运动时产生的密封工作容积变化来实现泵吸油和压油的。它的主要优点是：结构紧凑、压力高、效率高及流量调节方便等；但其结构复杂、价格高、对油液的污染敏感。它常用于高压、大流量及流量需要调节的液压机、工程机械、大功率机床等液压系统中。柱塞泵按柱塞排列方向的不同分为径向柱塞泵和轴向柱塞泵

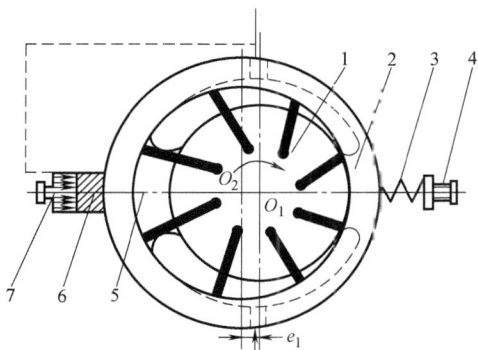

图 6-8　YBX 型限压式变量叶片泵的工作原理图
1—转子　2—定子　3—限压弹簧　4、
7—螺钉　5—配油盘　6—活塞

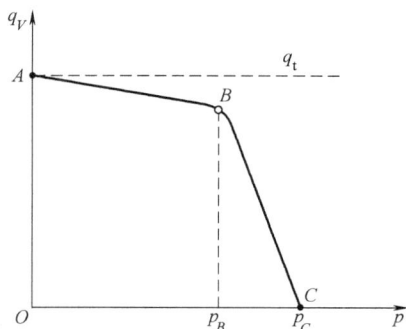

图 6-9　限压式变量叶片
泵的流量与压力特性曲线

两类。

1. 径向柱塞泵的工作原理

图 6-10 所示为径向柱塞泵的工作原理图。径向柱塞泵由转子 1、定子 2、柱塞 3、配油铜套 4 和配油轴 5 主要零件组成。柱塞沿径向均匀地安装在转子上。配油铜套和转子紧密配合，并套装在配油轴上。配油轴固定不动，转子连同柱塞由电动机带动一起旋转。柱塞在离心力的作用下紧压在定子的内壁面上。由于定子和转子间有一偏心距 e，所以当转子按图示方向旋转时，柱塞在上半周内向外伸出，其底部的密封容积逐渐增大，产生局部真空，于是通过固定在配油轴上的窗口 a 吸油。当柱塞处于下半周时，柱塞底部的密封容积逐渐减小，通过配油轴上的窗口 b 把油液排出。转子转一周，每个柱塞各吸、压油一次。若改变定子和转子的偏心距 e，则泵的输出流量也改变，因此径向柱塞可用作变量泵。

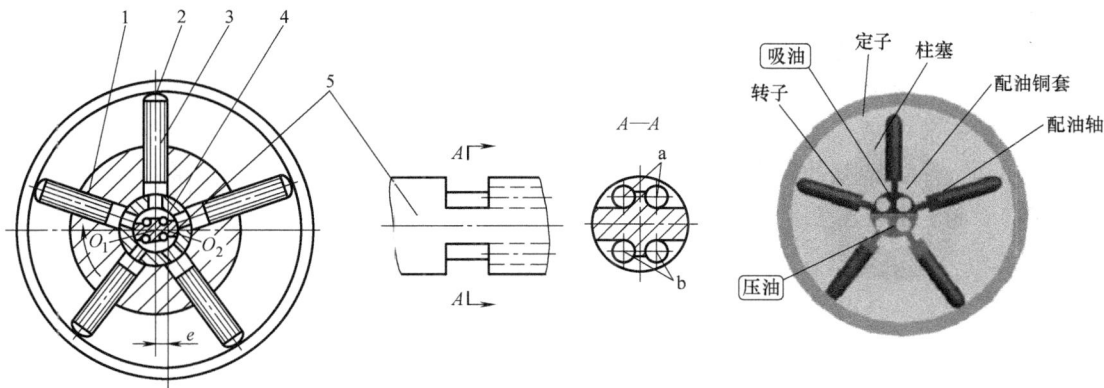

图 6-10　径向柱塞泵的工作原理图
1—转子　2—定子　3—柱塞　4—配油铜套　5—配油轴

2. 轴向柱塞泵的工作原理

轴向柱塞泵的柱塞平行于缸体轴线，并均布在缸体的圆周上。轴向柱塞泵的工作原理如图 6-11 所示，它主要由柱塞 5、缸体 7、配油盘 10 和斜盘 1 等零件组成。斜盘法线和缸体

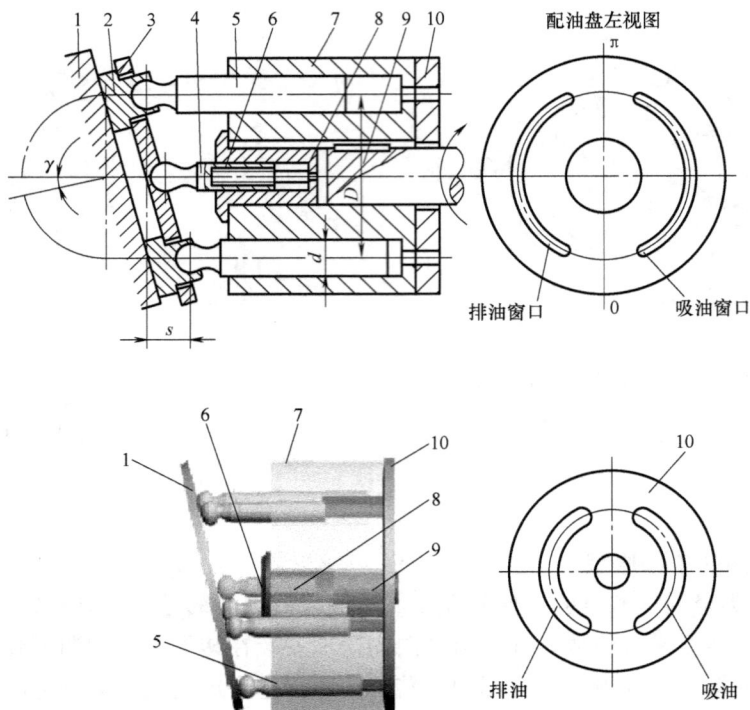

图 6-11　轴向柱塞泵的工作原理图

1—斜盘　2—滑履　3—压板　4—内套筒　5—柱塞　6—弹簧　7—缸体　8—外套筒　9—传动轴　10—配油盘

轴线间的交角为 γ。内套筒 4 在弹簧 6 的作用下通过压板 3 而使柱塞头部的滑履 2 和斜盘靠牢；同时，外套筒 8 则使缸体 7 和配油盘 10 紧密接触，起密封作用。当缸体转动时，由于斜盘和压板的作用，迫使柱塞在缸体内做往复运动，通过配油盘的配油窗口进行吸油和压油。当缸孔自最低位置按图示方向转动时，柱塞转角在 $0 \to \pi$ 范围内，柱塞向左运动，柱塞端部和缸体形成的密封容积增大，通过配油盘的吸油窗口进行吸油；柱塞转角在 $\pi \to 0$ 范围内，柱塞被斜盘逐步压入缸体，柱塞端部容积减小，泵通过配油盘排油窗口排油。若改变斜盘倾角 γ 的大小，则泵的输出流量改变；若改变斜盘倾角 γ 的方向，则进油口和排油口互换，即为双向轴向柱塞变量泵。

6.2　液压马达

6.2.1　液压马达概述

1. 液压马达的工作原理和分类

液压马达是将液体的压力能转换为机械能的能量转换装置。从原理上讲，液压马达和液压泵是可逆的，即液压泵可以作为液压马达使用。在结构上两者也基本相同，但由于功用不同，它们的实际结构有所差别，故一般液压泵不作为液压马达使用。液压马达按结构形式也可分为齿轮式、叶片式和柱塞式三种类型，按其排量 V 能否调节而分成定量马达和变量马达两类。液压马达的图形符号如图 6-12 所示。

2. 液压马达的性能参数

（1）压力

1）工作压力 p_M。液压马达的工作压力是指它的输入压力。

2）公称（额定）压力。液压马达的公称（额定）压力是指液压马达在使用中允许达到的最大工作压力，超过此值就是过载。液压马达的公称压力应符合国家标准（GB/T 2346—1980）的规定。

图 6-12　液压马达的图形符号

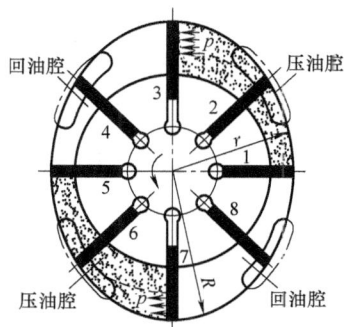

a）单向定量马达　　b）单向变量马达　　c）双向变量马达

（2）排量。液压马达的排量是指马达轴每转一转，由其密封容积的几何尺寸变化计算而得的吞入液体的体积。公称排量应符合国家标准（GB/T 2347—1980）的规定。

（3）流量 q

1）理论流量。液压马达的理论流量是指马达在单位时间内为达到指定转速，由其密封容积的几何尺寸变化计算而得的吞入液体的体积。

2）实际流量 q。液压马达的实际流量是指马达工作时实际输入的流量，等于理论流量加上因泄漏损失的流量。

3）公称（额定）流量。液压马达的公称（额定）流量是指马达在公称转速和公称压力下的输入流量。

（4）功率和效率

1）液压马达的输入功率 P_M，即

$$P_M = p_M q_M \tag{6-3}$$

式中　p_M——马达的输入压力；

$\quad\quad q_M$——马达的输入流量。

2）液压马达的输出功率 P_{Mm}，即

$$P_{Mm} = 2\pi n T \tag{6-4}$$

式中　T——马达的实际输出转矩；

$\quad\quad n$——马达的实际转速。

6.2.2　叶片式液压马达

图 6-13 所示为叶片式液压马达的工作原理图。当压力油进入压油腔后，在叶片 1、3 上一侧作用有压力油，另一侧为低压回油。由于叶片 3 伸出的面积大于叶片 1 伸出的面积，所以液体作用于叶片 3 上的作用力大于作用于叶片 1 上的作用力，从而由于作用力不等而使叶片带动转子做逆时针方向旋转。与此同时，液体作用于叶片 7 上的作用力也大于作用于叶片 5 上的作用力，也使叶片带动转子做逆时针方向旋转。故液压马达做逆时针方向旋转。

为了使液压马达能正、反转，叶片式液压马达的叶片径向放置。为了使叶片根部始终通有压力油，在回、压油

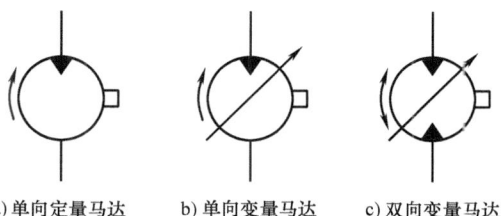

图 6-13　叶片式液压马达的工作原理图

腔通入叶片根部的通路上设置有单向阀。为了确保叶片式液压马达在通入压力油时能正常起动，在叶片根部设置有预紧弹簧。

6.2.3 轴向柱塞式液压马达

图 6-14 所示为轴向柱塞液压马达的工作原理图。斜盘 1 和配油盘 4 固定不动，缸体 3 可绕缸体的水平轴线旋转。当压力油经配油盘进入柱塞底部时，柱塞在压力油的作用下向外顶出，紧紧压在斜盘上，这时斜盘对柱塞的反作用力为 F，将 F 分解为轴向分力 F_x 和切向分力 F_y，分力 F_y 对缸体轴线产生力矩，带动缸体旋转。缸体再通过主轴（图中未标明）向外输出转矩和转速，成为液压马达。

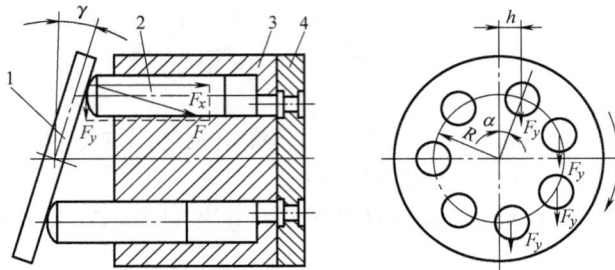

图 6-14 轴向柱塞液压马达的工作原理图
1—斜盘 2—柱塞 3—缸体 4—配油盘

6.2.4 摆动马达

摆动马达有单叶片和双叶片两种形式。图 6-15 所示为单叶片摆动马达的工作原理图。叶片 1 和封油隔板 3 将内部空间分成两腔，叶片 1 装在输出轴 2 上。当摆动马达的一个油口接压力油，而另一油口接油箱时，叶片在油压作用下产生转矩，带动输出轴 2 摆动一定的角度。这种摆动马达一般用于驱动回转工作部件，如机床回转夹具、送料装置等。

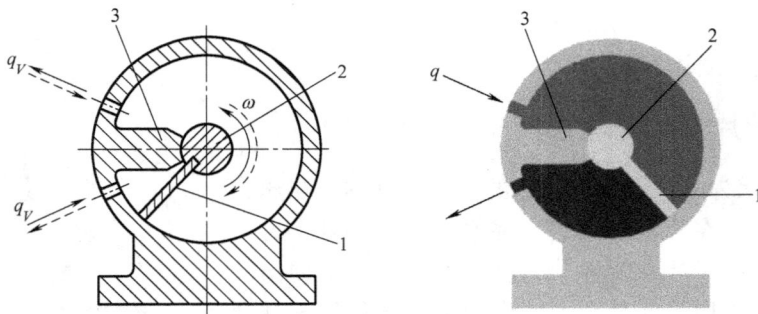

图 6-15 单叶片摆动马达的工作原理图
1—叶片 2—输出轴 3—封油隔板

6.3 液压缸

液压缸与液压马达一样，也是一种执行元件。它是将液压能转换成能进行直线往复运动的机械能的一种能量转换装置，通常输出的为推力（或拉力）与直线运动速度。而液压马达是将液压能转换成连续回转的机械能，输出的通常为转矩与转速。摆动马达介于两者之间，用来实现往复摆动，输出转矩和角速度。

根据结构特点，液压缸可分为活塞式液压缸和柱塞式液压缸两种类型。

6.3.1　活塞式液压缸

活塞式液压缸又可分为双活塞杆液压缸和单活塞杆液压缸两种结构，其安装方式有活塞杆固定（实心双杆液压缸）和缸体固定（空心双杆液压缸）两种。

1. 双活塞杆液压缸

图 6-16a 所示为一台平面磨床的实心双杆液压缸的结构图。缸体固定在床身上不动，活塞杆和工作台靠支架 9 和螺母 10 连接在一起。当压力油通过油道 a（或 b）分别进入液压缸两腔时，就推动活塞带动工作台做往复运动。图 6-16b 所示为实心双杆液压缸的工作原理图。

由于活塞两端有效面积相等，如果供油压力和流量不变，那么活塞往返运动时两个方向的作用力 F 和速度 v 均相等，即

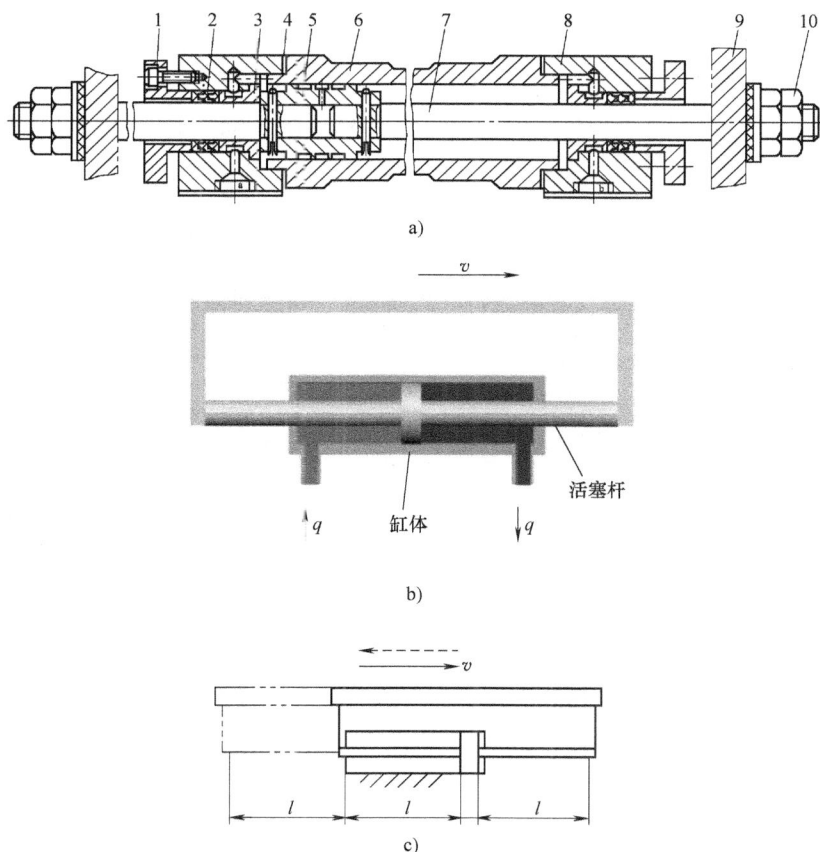

图 6-16　实心双杆液压缸
1—压盖　2—密封圈　3—导向套　4—纸垫　5—活塞　6—缸体
7—活塞杆　8—端盖　9—支架　10—螺母

$$v = \frac{q}{A} = \frac{4q}{\pi(D^2 - d^2)} \tag{6-5}$$

$$F = pA = \frac{p\pi(D^2 - d^2)}{4} \tag{6-6}$$

式中 v——活塞运动速度；

      q——供油流量；

      F——活塞（或缸体）上的作用力；

      p——供油压力；

      A——活塞有效面积；

      D——活塞直径；

      d——活塞杆直径。

实心双杆液压缸驱动工作台的运动范围大，约等于液压缸有效行程的3倍，因而其占地面积较大，如图6-16c所示。它一般只适用于小型机床。

图6-17a所示为一台外圆磨床的空心双杆液压缸的结构图。活塞杆固定在床身上，缸体和工作台连接在一起。当压力油通过活塞杆2的中心孔和径向孔b（或a）分别进入液压缸两腔时，就推动缸体带动工作台做往复运动。缸体11所受到的作用力和运动速度的计算与实心双杆液压缸类同。

空心双杆液压缸驱动工作台的运动范围约等于液压缸有效行程的2倍，因而占地面积较小，如图6-17b所示。它常用于大、中型机床和其他设备上。

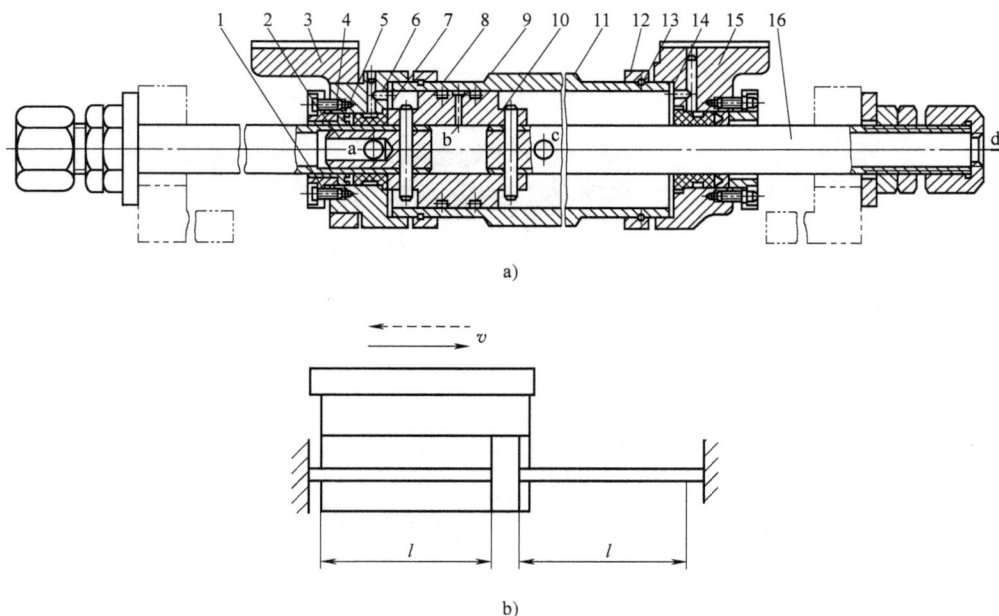

图6-17　空心双杆液压缸

1—压盖　2、16—活塞杆　3—托架　4、15—端盖　5—V形密封圈　6—排气孔　7—导向套　8—锥销
9—O形密封圈　10—活塞　11—缸体　12—压板　13—半环　14—密封圈

2. 单活塞杆液压缸

图 6-18 所示为单活塞杆液压缸的结构图。它由缸底 1、活塞 2、O 形密封圈 3、Y 形密封圈 4、缸体 5、活塞杆 6、导向套 7 等组成。两端进、出油口都可以进、排油，实现双向的往复运动，其工作原理与双活塞杆液压缸相同。

图 6-19 所示为单活塞杆液压缸的工作原理图。

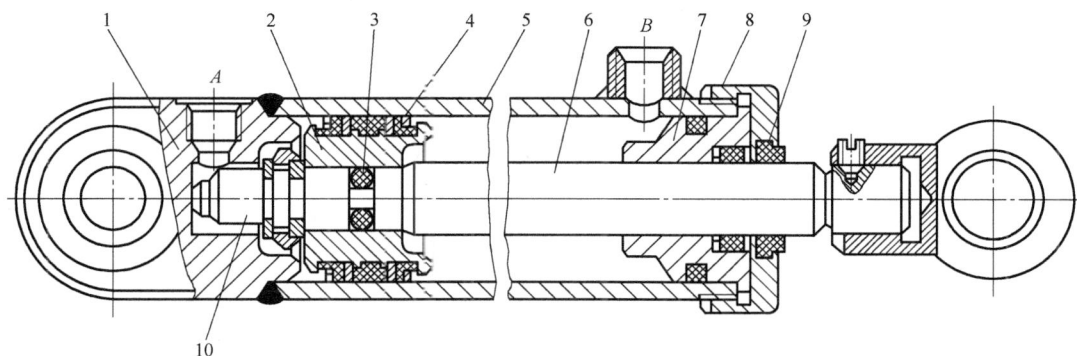

图 6-18　单活塞杆液压缸的结构图
1—缸底　2—活塞　3—O 形密封圈　4—Y 形密封圈　5—缸体　6—活塞杆
7—导向套　8—缸盖　9—防尘圈　10—缓冲柱塞

单活塞杆液压缸可以是缸体固定、活塞运动，也可以是活塞杆固定、缸体运动。无论采用哪种形式，液压缸运动所占空间长度都是行程的 2 倍，如图 6-19b 所示。

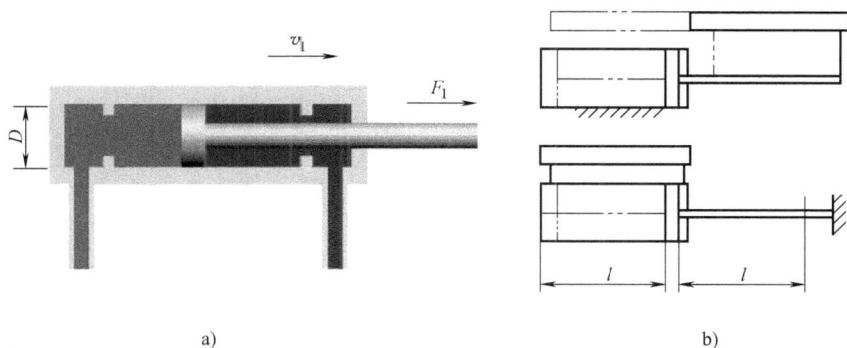

a)　　　　　　　　　　　　　　　b)

图 6-19　单活塞杆液压缸的工作原理图

单活塞杆液压缸活塞两端的有效面积不等，若向两腔输入相同的流量，活塞在两个方向的运动速度也不相等；同样，若向两腔输入的油压相同时，活塞在两个方向所产生的推力也不相等。单活塞杆液压缸的计算简图如图 6-20 所示。

当供给液压缸的流量 q 一定时，活塞两个方向的运动速度为

$$v_1 = \frac{q_1}{A_1} = \frac{4q}{\pi D^2} \tag{6-7}$$

$$v_2 = \frac{q_2}{A_2} = \frac{4q}{\pi(D^2 - d^2)} \tag{6-8}$$

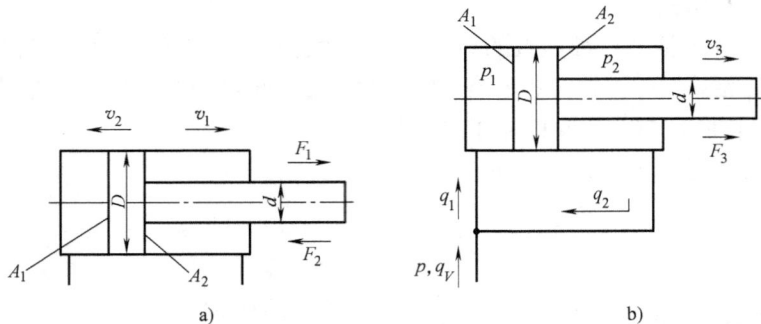

图 6-20 单活塞杆液压缸的计算简图

当供油压力 p 一定，回油压力为零时，活塞两个方向的作用力为

$$F_1 = pA_1 = p \frac{\pi}{4} D^2 \qquad (6\text{-}9)$$

$$F_2 = pA_2 = p \frac{\pi}{4}(D^2 - d^2) \qquad (6\text{-}10)$$

当压力油同时供给单活塞杆液压缸的两腔时，由于无杆腔的总作用力较大，活塞以一定的速度向右运动。此时，有杆腔排出的油液与系统供给的油液汇合后进入液压缸的无杆腔。这种连接方式称为差动连接。差动连接时作用力和速度为

$$F_3 = pA_3 = p \frac{\pi}{4} d^2 \qquad (6\text{-}11)$$

$$v_3 = \frac{q}{A_3} = \frac{4q}{\pi d^2} \qquad (6\text{-}12)$$

式中　A_3——活塞两端有效面积之差，即活塞杆的截面积。

由以上可见，活塞的运动速度 v_3 大于非差动连接时的速度 v_1，因此，在实际生产中，单活塞杆液压缸常用在需要实现"快速接近→慢速进给→快速退回"工作循环的组合机床液压传动系统中，并且要求"快速接近"与"快速退回"的速度相等，这可以通过选择 D 与 d 的尺寸来实现，D 与 d 的关系为 $d = 0.7D$。

6.3.2　柱塞式液压缸

图 6-21a 所示为柱塞式液压缸的结构示意图，其柱塞和缸体内壁不接触，因此缸体内孔只需粗加工甚至不加工，工艺性好，更适宜于做长行程液压缸。图 6-21b 所示为柱塞式液压缸的工作原理示意图，它是单作用液压缸，即靠液压力只能实现一个方向的运动，回程要靠自重（当液压缸垂直放置时）或弹簧等其他外力来实现。为了得到双向运动，柱塞式液压缸常成对使用，如图 6-21c 所示。

6.3.3　组合式液压缸

1. 增压器

增压器将输入的低压油转变为高压油，供液压系统中的高压支路使用，其工作原理如图 6-22 所示。它由直径不同的两个液压缸串联而成，大缸为原动缸，小缸为输出缸，其增压

a)   b)

c)

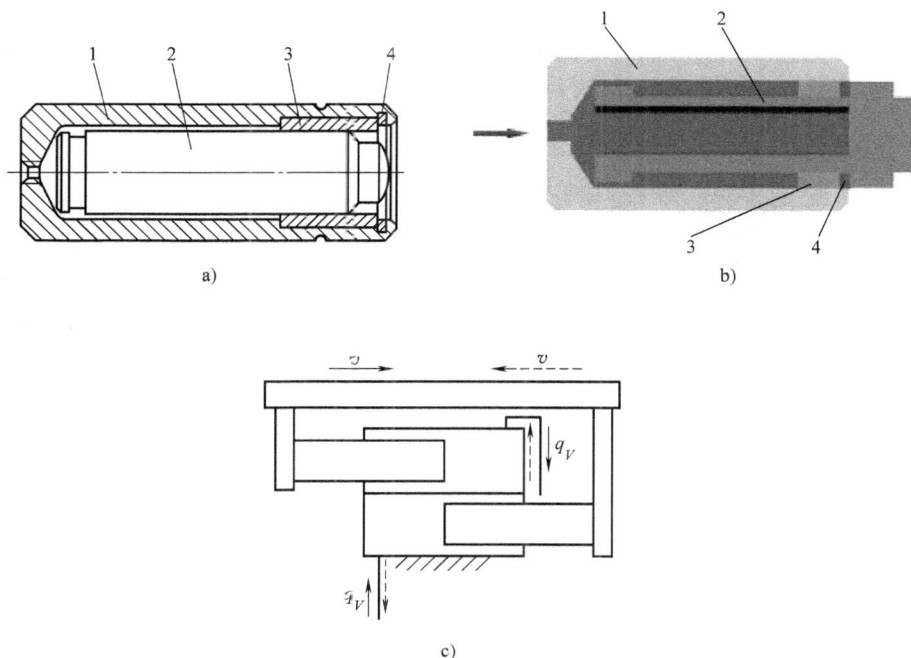

图 6-21 柱塞式液压缸
1—缸体 2—柱塞 3—导向套 4—弹簧

后的压力为

a)   b)

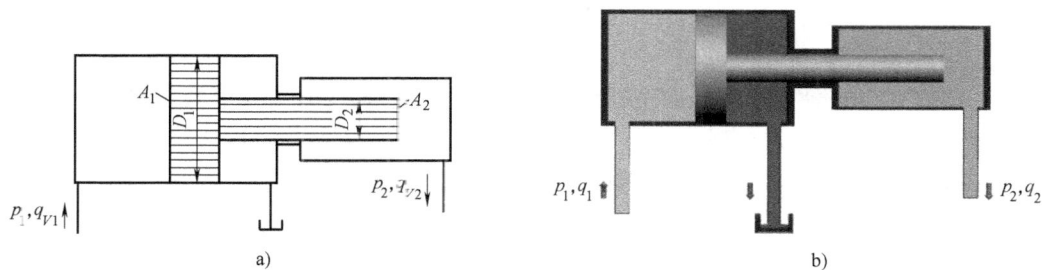

图 6-22 增压器的工作原理

$$p_2 = \frac{D_1^2}{D_2^2}p_1$$

式中　p_2——增压后的压力；

　　　D_1——活塞大端直径；

　　　D_2——活塞小端直径；

　　　p_1——增压前的压力。

2. 伸缩缸

伸缩缸具有两级或多级活塞，如图 6-23 所示。它主要由活塞 1、套筒 2、O 形密封圈 3、缸体 4 和缸盖 5 等组成。伸缩缸的工作原理如图 6-24 所示，前一级缸的活塞就是后一级缸的缸体，活塞伸出的顺序是从大到小，相应的推力也是由大变小，而伸出速度则由慢变快。空载缩回的顺序一般是从小活塞到大活塞，收缩后液压缸总长度较短，占用空间较小，结构紧凑。伸缩缸常用于工程机械和其他行走机械。

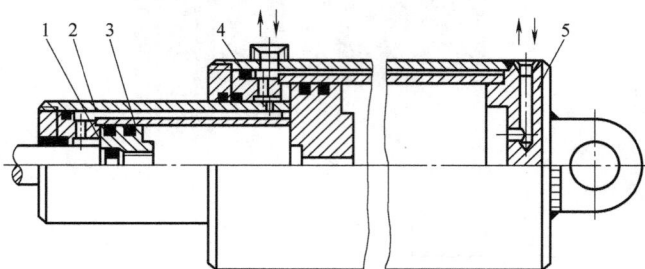

图 6-23　伸缩缸的结构示意图　　　　　图 6-24　伸缩缸的工作原理图

1—活塞　2—套筒　3—O 形密封圈　4—缸体　5—缸盖

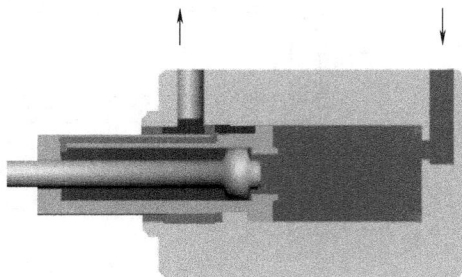

6.4　液压控制阀

液压控制阀（简称液压阀）用来控制油液的压力、流量和流动方向，从而控制液压执行元件的起动、停止、运动方向、速度、作用力等，以满足液压设备对各工况的要求。

6.4.1　液压阀的分类

1. 液压阀的分类及要求

（1）**按用途分类**　液压阀根据工作原理和用途可分为方向控制阀、压力控制阀、流量控制阀。

（2）**按控制方式分类**　液压阀按控制方式可分为普通阀（开关定值式控制阀）、电液比例控制阀、电液伺服阀和数字阀。

（3）**按连接方式分类**　液压阀按连接方式可分为管式连接阀、板式连接阀、法兰式连接阀、叠加式连接阀和插装式连接阀。

2. 对液压阀的要求

液压传动系统对液压控制阀的基本要求是：

1）动作灵敏，工作可靠，工作时冲击和振动小。

2）油液通过时压力损失小。

3）密封性能好，内泄漏少，无外泄漏。

4）结构紧凑，安装、调试、维护方便，通用性好。

6.4.2　方向控制阀

方向控制阀利用阀芯和阀体间相对位置的改变，实现油路与油路间的接通、断开或改变油液流动方向，以满足系统对油流方向的要求。它包括单向阀和换向阀。

1. 单向阀

单向阀的作用是仅允许液流沿一个方向通过，而反向液流则截止，要求其正向液流通过时压力损失小，反向截止时密封性能好。

图 6-25a 所示为管式连接的单向阀，图 6-25b 所示为板式连接的单向阀，图 6-25c 所示为单向阀的图形符号。单向阀由阀体 1、阀芯 2 和弹簧 3 等组成。当压力油从进油口 P_1 进入单向阀时，油压克服弹簧力的作用推动阀芯，使油路接通，油液经阀口、阀芯上的径向孔 a 和轴向孔 b，从出油口 P_2 流出，如图 6-25d 所示；当压力油从 P_2 口流入时，油压以及弹簧力将阀芯压紧在阀体 1 上，使阀口关闭，油液不能通过。在这里，弹簧力很小，仅起复位作用，一般单向阀的开启压力为 0.03 ~ 0.05MPa。当更换较硬弹簧时，单向阀的开启压力达到 0.3 ~ 0.6MPa，可作背压阀用。

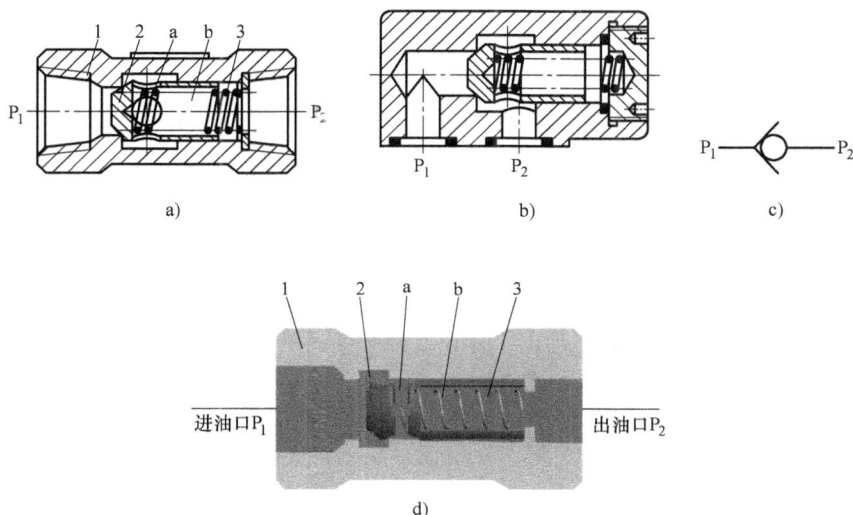

a)   b)   c)

d)

图 6-25 单向阀
1—阀体 2—阀芯 3—弹簧

图 6-26a 所示为一种液控单向阀的结构，它比普通单向阀多一个控制油口 K。当控制油口不通压力油而通油箱时，液控单向阀的作用与普通单向阀一样。当控制油口通压力油时，如图 6-25c 所示，a 腔通泄油口（图中未画出），就有一液压力作用在控制活塞上，推动控制活塞克服阀芯的弹簧力和液压力顶开单向阀阀芯，使阀口开启，这时，正反向的液流可自由通过。图 6-26b 所示为液控单向阀的图形符号。

2. 换向阀

换向阀利用改变阀芯与阀体的相对位置改变，控制油路接通、切断或变换油液的方向，从而实现对执行元件运动方向的控制。

（1）换向阀的分类 根据换向阀阀芯的运动方式和结构形式分，换向阀有滑阀式、转阀式和锥阀式等，其中以滑阀式应用最多。按阀芯在阀体内的工作位置数分，有二位、三位和多位。按换向阀所控制的油口通路数分，有二通、三通、四通、五通和多通。按换向阀的操纵方式分，有手动、机动、电动、液动和电液动阀等类型。

（2）换向原理及图形符号 图 6-27a 所示为滑阀式换向阀的工作原理图，其中 P 口为进油口，T 口为回油口，A 和 B 口遮执行元件的两腔。当阀芯处于图 6-27c 所示位置时，四

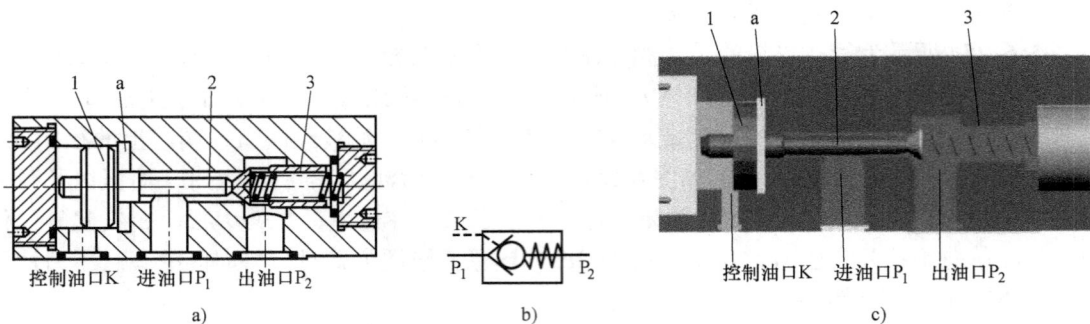

图 6-26　液控单向阀
1—控制活塞　2—顶杆　3—阀芯

个油口互不相通，液压缸两腔不通压力油，活塞处于停止状态。若换向阀的阀芯右移一定距离，压力油经 P、A 油口进入液压缸左腔，活塞右移，右腔油液经 B、T 油口回油箱。反之，若阀芯左移，则 P 和 B 相通，A 和 T 相通，活塞便左移。

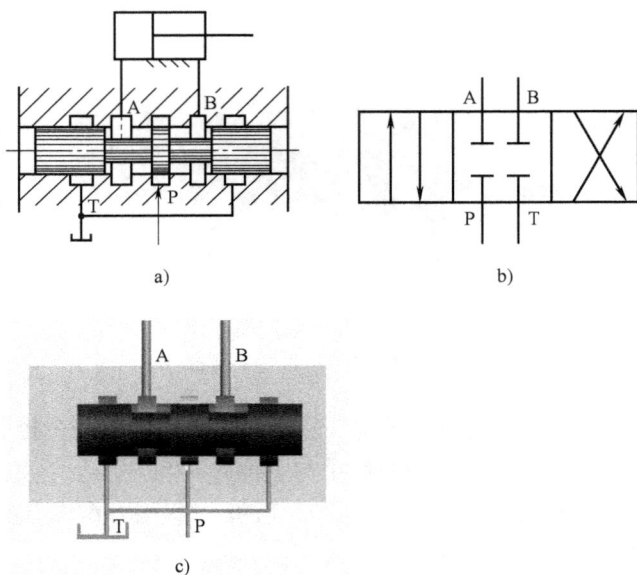

图 6-27　换向阀

图 6-27a 所示的滑阀式换向阀可用图 6-27b 所示的图形符号表示。换向阀图形符号的含义如下：

1）用方格表示阀的工作位置，三格即三个工作位置。

2）在一个方格内，箭头或堵塞符号"⊥"与方格的交点数为油口通路数。箭头表示两油口相通，并不表示实际流向；"⊥"表示该油口被阀芯封闭。

3）P 表示进油口，T 表示通油箱的回油口，A 和 B 表示连接其他两个工作油路的油口。

4）控制方式和复位弹簧的符号画在方格的两侧，靠近控制的方格表示控制力作用下的工作位置。

图 6-28 列出了几种常用换向阀的位和通路符号。图 6-29 所示为换向阀的操纵符号图。

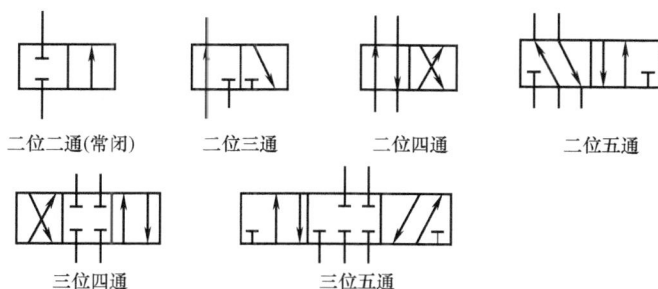

二位二通(常闭)　二位三通　二位四通　二位五通

三位四通　三位五通

图 6-28　换向阀的位和通路符号

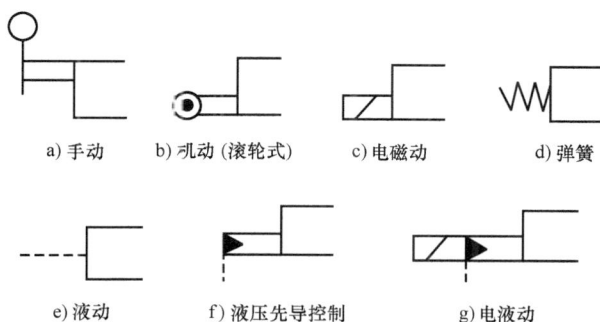

a) 手动　　b) 机动 (滚轮式)　　c) 电磁动　　d) 弹簧

e) 液动　　f) 液压先导控制　　g) 电液动

图 6-29　换向阀的操纵符号图

（3）常用的换向阀

1）手动换向阀。手动换向阀是由操作者直接控制的换向阀。图 6-30a 所示为三位四通手动换向阀。松开手柄时，在弹簧的作用下，阀芯处于中位（图示位置），油口 P、A、B、T 全部封闭；向右推动手柄，阀芯移至左位，油口 P、A 相通，B、T 经阀芯内的轴向孔相通；向左推动手柄（图 6-30e），阀芯移至右位，P 口与 B 口相通、A 口与 T 口相通，从而实现换向；图 6-30c 所示为其图形符号。

图 6-30b 所示为钢球定位式三位四通换向阀定位部分的结构原理图。其定位缺口数由阀的工作位置数决定。由于定位机构的作用，当松开手柄后，阀仍保持在所需的工作位置上。图 6-30d 所示为该换向阀的图形符号。

2）机动换向阀。机动换向阀又称行程阀，它由行程挡块（或凸轮）推动阀芯实现换向。图 6-31a 所示为二位二通机动换向阀。在常态位，P 口与 A 口不相通；当固定在机床运动部件上的行程挡块压下机动换向阀的滚轮 1 时，阀芯动作，P 口与 A 口相通。图 6-31b 所示为其图形符号。

3）电磁换向阀。电磁换向阀也称电磁阀，通电后电磁铁产生的电磁力推动阀芯动作。按使用电源不同，电磁铁可分为交流电磁铁和直流电磁铁两种。

图 6-32 所示为三位四通电磁换向阀的结构图和图形符号。当电磁铁未通电时，阀芯 2 在左右两端对中弹簧 4 的作用下位于中位，油口 P、A、B、T 均不相通；左边电磁铁通电

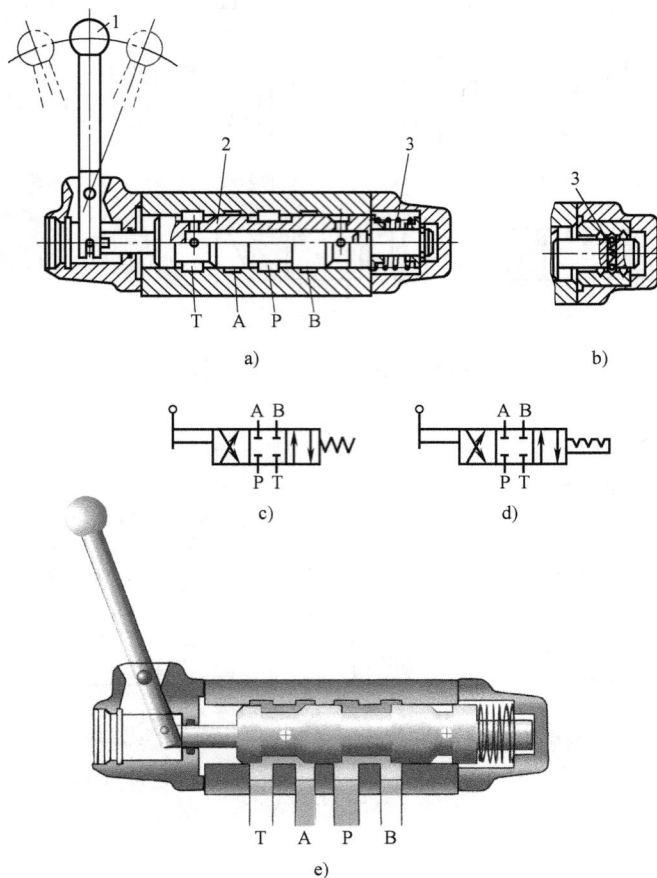

图 6-30　三位四通手动换向阀
1—手柄　2—阀芯　3—弹簧

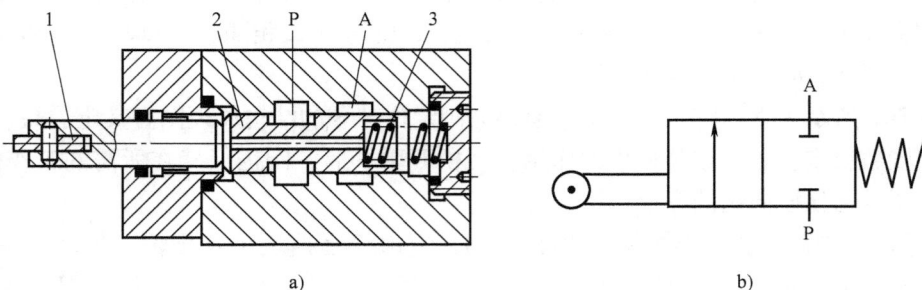

图 6-31　二位二通机动换向阀
1—滚轮　2—阀芯　3—弹簧

时，阀芯被推至右端，则 P、A 口相通，B、T 口相通；同理当右边电磁铁通电时，P、B 口相通，A、T 口相通。因此，通过控制左右电磁铁的通电和断电，就可以控制液流的方向，实现执行元件的换向。

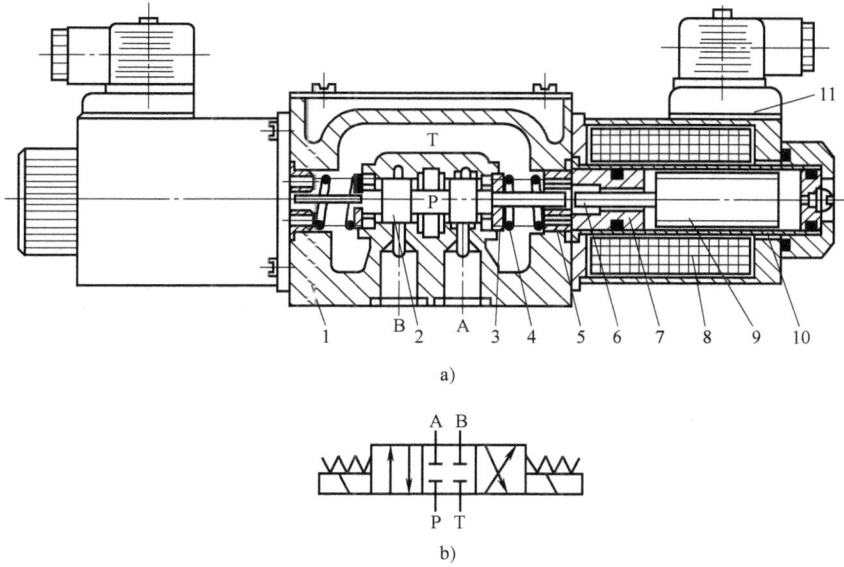

図 6-32 三位四通电磁阀

1—阀体 2—阀芯 3—定位套 4—对中弹簧 5—挡圈 6—推杆
7—环 8—线圈 9—铁心 10—导套 11—插头组件

4）液动换向阀。液动换向阀是利用控制油路的压力油来推动阀芯动作的换向阀。由于控制压力可以调节，所以流量较大的换向阀常采用液控换向。

图 6-33 所示为三位四通液动换向阀的结构图及图形符号。当左右两端控制油口 K_1、K_2 都没有压力油进入时，阀芯在弹簧力的作用下处于图示位置，此时 P、A、B、T 口互不相通。当控制回路的压力油从控制油口 K_1 进入时，阀芯在油压的作用下右移，此时 P、B 接通，A、T接通。当控制油压从控制油口 K_2 进入时，阀芯左移，P、A 接通，B、T 接通。液动换向阀的优点是结构简单，动作可靠、平稳，由于采用液压驱动力，故可用于流量大的液压系统中。

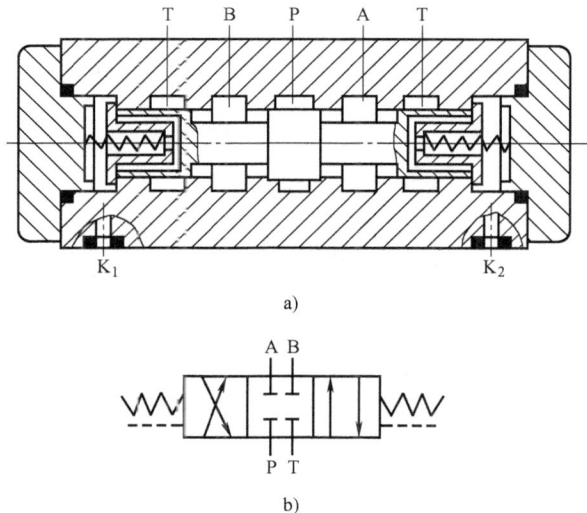

図 6-33 三位四通液动换向阀

5) 电液换向阀。电液换向阀由电磁换向阀和液动换向阀组合而成。其中，液动换向阀实现主油路的换向，称为主阀；电磁换向阀改变液动换向阀的控制油路的方向，称为先导阀。电液换向阀综合了电磁阀和液动阀的优点，具有控制方便、流量大的特点。

图 6-34 所示为电液换向阀的结构图和图形符号。电液换向阀的工作原理如图 6-34b 所示，当先导阀的电磁铁 1YA 和 2YA 都断电时，电磁阀处于中位，控制油口 P 关闭，主阀芯

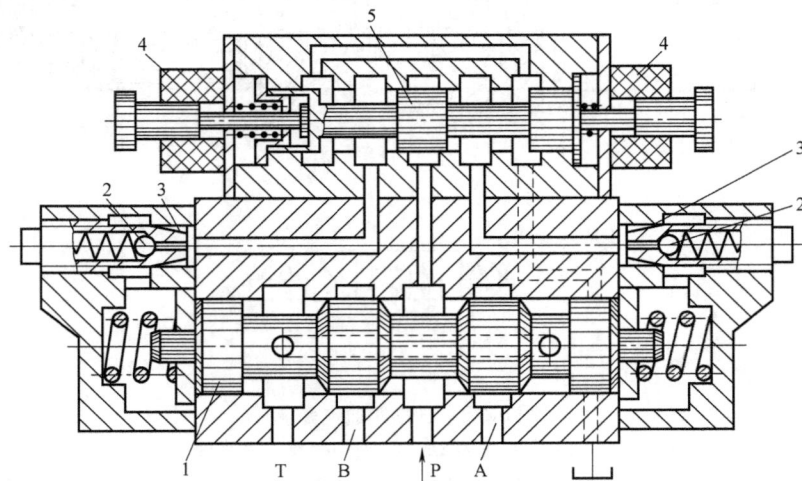

a) 结构图

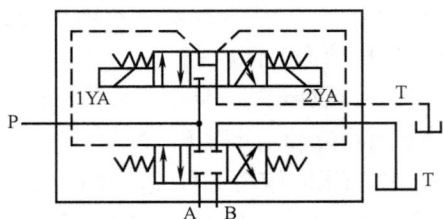

b) 图形符号

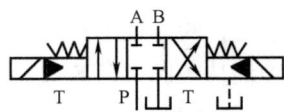

c) 简化的图形符号

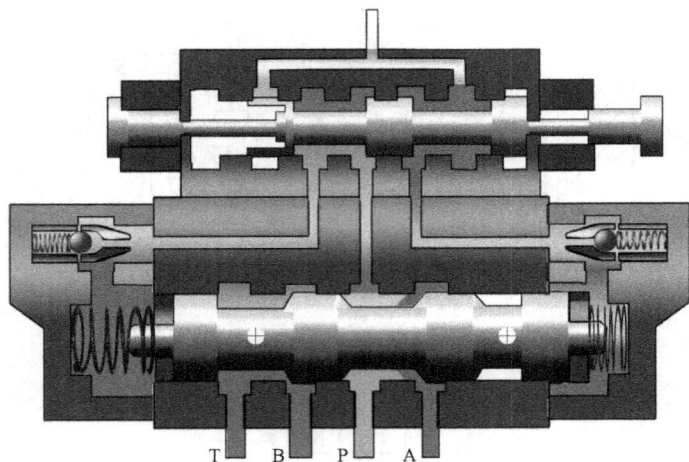

d) 结构示意图

图 6-34　电液换向阀

1—主阀芯　2—单向阀　3—节流阀　4—电磁铁　5—电磁阀阀芯

两侧均不通压力油，在弹簧的作用下处于中位，各油口均关闭。当1YA通电时（图6-34d），电磁阀处于左位，控制压力油经P口、单向阀至主阀的左端油腔，而右端油腔的油液经节流阀、先导阀回油箱。于是主阀处于左位，实现P、A相通，B、T相通；同理，当2YA通电、1YA断电时，则P、B相通，A、T相通。从总体上看，由电磁铁1YA和2YA控制液动阀工作。

（4）三位换向阀的中位机能 三位换向阀常态位置时各油口的连通方式称为中位机能。表6-4列出了常见三位四通换向阀的中位机能。

表6-4 常见三位四通换向阀的中位机能

机能代号	结构原理图	中位图形符号	机能特点和作用
O			各油口全部封闭，系统不卸荷。液压缸两腔封闭，液压缸锁紧，从静止到起动平稳；制动时液压冲击较大；换向位置精度高
H			各油口全部连通，系统卸荷，液压缸两腔通油箱，液压缸成浮动状态。从静止到起动有冲击；制动较平稳；但换向位置变动大
P			压力油与液压缸两腔连通，可形成差动回路，回油口封闭。从静止到起动较平稳；制动时液压缸两腔均通压力油，故制动平稳；换向位置变动比H型的小，应用广泛
Y			液压泵不卸荷，液压缸两腔通回油，液压缸呈浮动状态。由于液压缸两腔接油箱，从静止到起动有冲击，制动性能介于O型与H型之间
M			液压泵卸荷，液压缸两腔封闭。从静止到起动较平稳；制动性能与O型相同；可用于液压泵卸荷、液压缸锁紧的液压回路中

6.4.3 压力控制阀

在液压系统中，控制液体压力的阀统称为压力控制阀。其共同特点是利用作用于阀芯上的液体作用力和弹簧力相平衡的原理进行工作。常用的压力控制阀有溢流阀、减压阀、顺序阀和压力继电器等。

1. 溢流阀

溢流阀按其工作原理分为直动式溢流阀和先导式溢流阀两种。

（1）直动式溢流阀 图6-35所示为滑阀型直动式溢流阀的结构图和图形符号。图中P为进油口，T为回油口，被控压力油由P口进入溢流阀，经阀芯3的径向孔、轴向阻尼孔a进入阀芯的下腔，作用于阀芯上。当进油口压力较低时，向上的液压力不足以克服弹簧力，阀芯处于最下端位置，进、出油口不通，阀处于关闭状态，溢流阀没有溢流；当进油口压力升高，向上的液压力达到弹簧力时，阀芯即将开启，这一状态的压力称为开启压力。当进油口压力继续升高时，阀芯向上移动，阀口打开，油液由 P 口经 T 口排回油箱，溢流阀溢流。阀芯处于某一新的平衡位置，若忽略阀芯的重力、摩擦力和液动力，则阀芯的受力平衡方程为

$$pA_R = F_s \tag{6-13}$$

即

$$p = \frac{F_s}{A_R} = \frac{k(x_0 + \Delta x)}{A_R} \tag{6-14}$$

式中　p——进油腔压力；

　　　A_R——阀芯下腔的承压面积；

　　　F_s——弹簧的作用力；

　　　x_0——调压弹簧的预压缩量；

　　　k——弹簧刚度；

　　　Δx——弹簧的附加压缩量（阀口开度）。

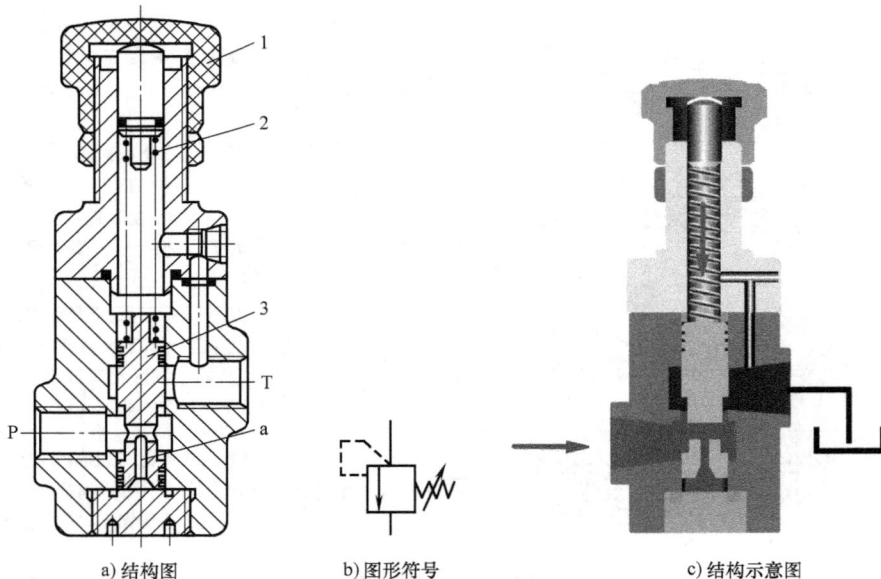

图 6-35　直动式溢流阀（P 型）
1—调节螺母　2—弹簧　3—阀芯　a—阻尼孔

由此可见，当通过溢流阀的流量改变时，阀口开度也改变，但因阀芯的移动量很小，所以作用在阀芯上的弹簧力变化也很小，因此可认为油液溢流时，溢流阀进口处的压力基本保持定值。液压泵的供油压力得到调整并保持基本恒定。调节调压弹簧的预压缩量，可调节阀口的开启压力，从而调节了控制阀的进口压力（即调定压力）。

直动式溢流阀是利用阀芯上端的弹簧力直接与下端面的液压力相平衡来进行压力控制的。因此，当弹簧较硬，特别是流量较大时，阀的开口大，进口压力随流量的变化较大。故这种阀只适用于系统压力较低、流量不大的场合，一般用于压力小于 2.5MPa 的场合。

（2）先导式溢流阀　先导式溢流阀由主阀和先导阀两部分组成。先导阀就是一种直动式溢流阀（多为锥阀式结构）。先导阀内的弹簧用来调定主阀的溢流压力。主阀控制溢流

量，主阀的弹簧不起调压作用，只是为了克服摩擦力使主阀芯及时复位。

先导式溢流阀的结构形式较多，但工作原理是相同的。图 6-36 所示为二级同心先导式溢流阀（Y_2 型或 DB 型）的结构，下部是主阀，上部是先导阀。当先导式溢流阀的进油口接压力油时，压力油除直接作用在主阀芯的下端外，还经过主阀芯内的阻尼孔 7 引到先导阀芯的前端，对先导阀阀芯形成一个液压力。若液压力小于先导阀阀芯另一端的弹簧力时，则先导阀关闭，主阀芯上下两腔压力相等，主阀芯在主阀弹簧的作用下处于最下端位置，主阀阀口关闭。随着进油口压力增大，作用在先导阀阀芯上的液压力随之增大，当该液压力大于弹簧力时，先导阀阀口开启，一小部分油液经主阀芯内的阻尼孔、先导阀流回油箱。这对由于阻尼孔的作用，使主阀芯上部的油液压力小于下部的油液压力，当作用在主阀芯上向上的液压力能够克服主阀弹簧力时，阀芯上移，主阀阀口开启，溢流阀进油口压力油经过主阀阀口溢流回油箱。调节手轮 11 可调节调压弹簧 9 的压紧力，从而调定了液压系统的压力。

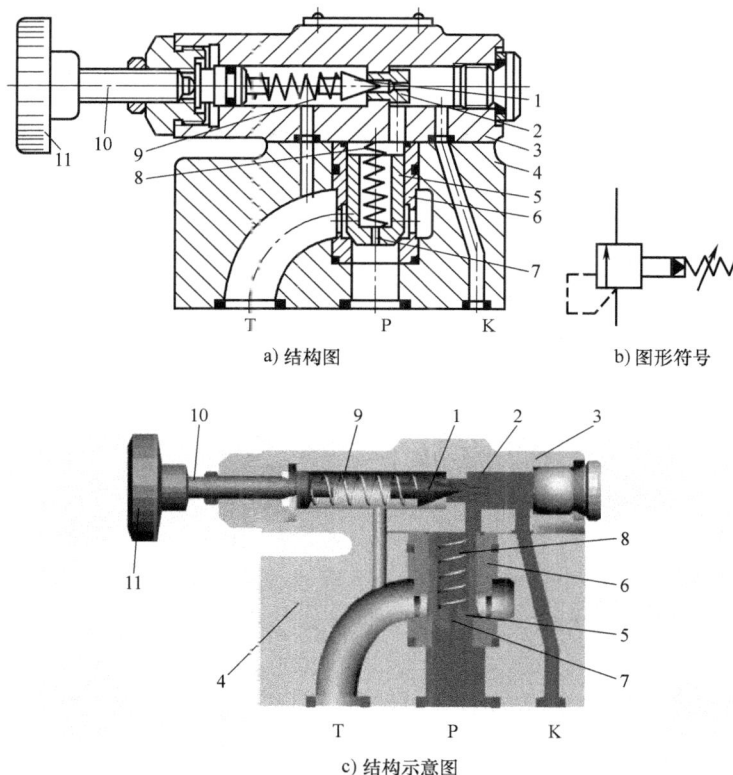

a) 结构图　　　　　　　　　b) 图形符号

c) 结构示意图

图 6-36　二级同心先导式溢流阀

1—锥阀　2—锥阀座　3—阀盖　4—阀体　5—主阀芯　6—阀套　7—阻尼孔
8—主阀弹簧　9—调压弹簧　10—调节螺钉　11—调节手轮

当溢流阀起溢流定压作用时，根据阀芯的受力（不计摩擦阻力），则有

$$p_1 A_R = p_2 A_R + F_s \tag{6-15}$$

即

$$p_1 = p_2 + \frac{F_s}{A_R} = p_2 + \frac{k(x_0 + \Delta x)}{A_R} \tag{6-16}$$

式中　p_1——进油腔压力；

　　　p_2——主阀芯上腔的压力；

　　　A_R——主阀芯有效作用面积；

　　　F_s——主阀弹簧 8 的作用力；

　　　k——主阀弹簧的刚度；

　　　x_0——弹簧的预压缩量；

　　　Δx——弹簧的附加压缩量。

由此可见，由于上腔存在压力，所以主阀弹簧 8 的刚度可以较小，F_s 的变化也较小，p_1 基本上是定值。先导式溢流阀在溢流量变化较大时，阀口可以上下波动，但进油口处的压力 p_1 变化则较小，这就克服了直动式溢流阀的缺点。同时，先导阀的阀孔一般做得较小，调压弹簧 9 的刚度也不大，因此调压比较轻便。

若远程控制口 K 接上调压阀，即可实现远程调压；当 K 口与油箱接通时，可使系统卸荷。

2. 减压阀

减压阀按工作原理可分为定压减压阀、定比减压阀和定差减压阀。其中，定压减压阀应用较广，简称减压阀。它可以保持出口压力为定值。按其结构和工作原理分为直动式和先导式两种。

图 6-37 所示是一种常用的先导式减压阀的结构原理图和图形符号。它也由先导阀和主阀两部分组成，由先导阀调压，主阀减压。压力油从进油口 B 流入，经节流口后从出油口 A 流出。出油口油液通过阻尼孔 4 作用在主阀阀芯 2 上，并通过阻尼孔 6 流入阀芯上腔，当出油口压力小于调定压力时，先导阀关闭。由于阻尼孔中没有油液流动，所以主阀阀芯上、下两端的油压相等。主阀阀芯在主阀弹簧作用下处于最下端位置，阀口全部打开，减压阀不起减压作用。当出油口的压力超过调定压力时，先导阀被打开，出油口的油液经阻尼孔到先导阀，再经泄油口 Y 流回油箱，如图 6-37b 所示。因阻尼小孔的作用，使主阀上腔压力 p_3 小于出油口压力 p_2，主阀阀芯在上、下两端压力差的作用下，克服弹簧力向上移动，主阀阀口开度减小起减压作用，当出油口压力 p_2 下降到调定值时，先导阀阀芯和主阀阀芯同时处于平衡状态，出油口压力稳定在调定压力。调节调压弹簧的预紧力即可调节阀的出口压力。

比较减压阀和溢流阀可知，两者的结构相似，调节原理也相似，其主要差别是：

1）溢流阀控制进口压力恒定，减压阀控制出口压力恒定。

2）常态时溢流阀阀口常闭，减压阀阀口常开。

3）溢流阀的出口直接接回油箱，泄漏油直接引至出油口（内泄）。减压阀出油口通执行元件，因此泄漏油需单独引回油箱（外泄）。

3. 顺序阀

顺序阀是用来控制液压系统中各元件先后动作顺序的液压元件。根据控制方式的不同，顺序阀可分为内控式和外控式两大类。前者用阀的进油口压力控制阀芯的启闭，称为内控顺序阀，简称顺序阀；后者用外来的控制压力油控制阀芯的启闭，称为液控顺序阀。顺序阀也有直动型和先导型两种。

图 6-38a 所示为 X-B 型（直动型）顺序阀，其结构和 P 型溢流阀相似。所不同的是溢

a) 结构图

b) 结构示意图

c) 图形符号

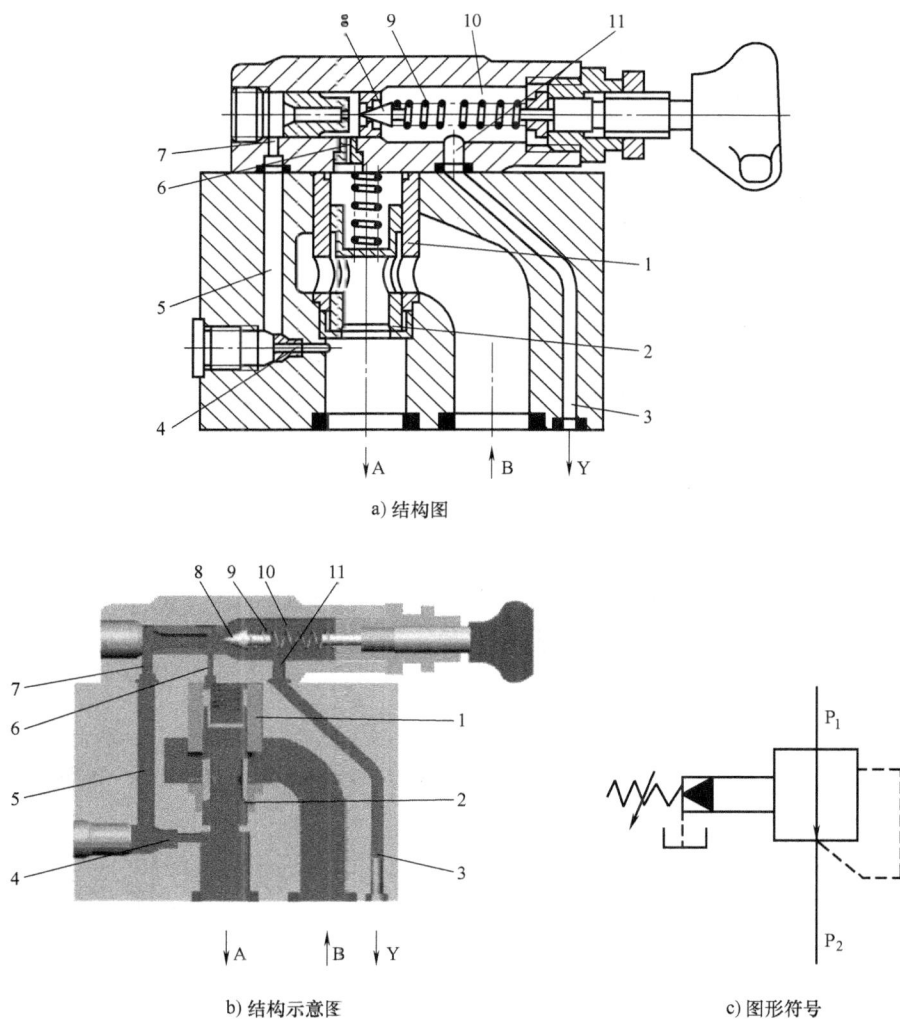

图 6-37 先导式减压阀（DR 型）

1—阀套 2—主阀阀芯 3、11—先导阀回油通道 4、6—阻尼孔 5、7—控制油通道 8—先导阀
阀芯 9—调压弹簧 10—调压弹簧腔 B—进油口 A—出油口 Y—泄油口

流阀出油口直接与油箱相通，而顺序阀的出油口接下一级液压元件，即顺序阀的进、出油口都通压力油，所以它的泄油口 L 要单独引回油箱。当顺序阀的进油压力低于调定压力时，阀口完全关闭。当进油压力达到调定压力时，阀口打开，顺序阀输出压力油使下一级的执行元件动作。调整弹簧的预压缩量即能调节调定压力。

图 6-38b 所示为液控顺序阀的结构。当控制油口 K 处的油液压力达到顺序阀的弹簧调定压力时，阀芯产生移动，油口 P_1 和 P_2 接通，使下一级的元件动作。液控顺序阀的启、闭与阀本身的进油压力无关，而取决于控制油口 K 处控制油液的压力。

顺序阀的图形符号如图 6-39 所示。图 6-39a 所示为直动型顺序阀或一般顺序阀的图形符号；图 6-39b 所示为液控顺序阀的图形符号；图 6-39c 所示为先导型顺序阀的图形符号；图 6-39d 所示为直动型卸荷阀或卸荷阀的图形符号。

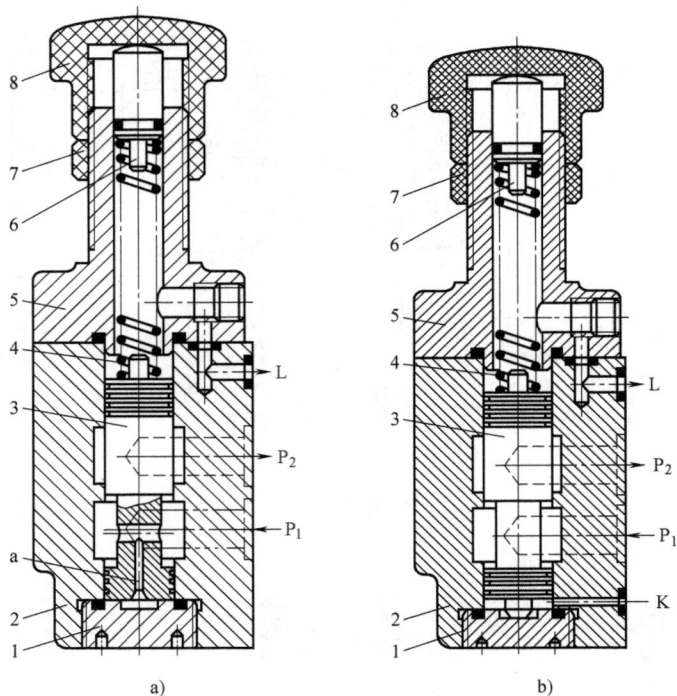

图 6-38　顺序阀结构图

1—端盖　2—阀体　3—阀芯　4—弹簧　5—调节座　6—弹簧座　7—锁紧螺母　8—调节螺母

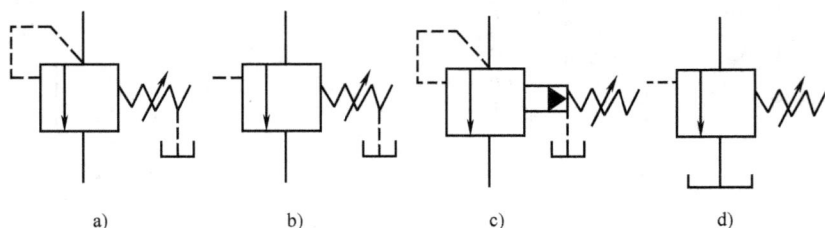

图 6-39　顺序阀的图形符号

4. 压力继电器

压力继电器是将液压系统中的压力信号转换为电信号的转换装置。压力继电器的种类很多。图 6-40 所示为柱塞式压力继电器的结构原理图和图形符号。压力油通过控制油口作用于柱塞 1 上，当油压达到调整值时，柱塞 1 克服调压弹簧的作用力而向上移动，压下微动开关 4 的触头，发出电信号。调节螺钉 3 可调节弹簧的预紧力，即可调节发出电信号时的油压值。当控制口的油压降低到一定值时，微动开关复位，电路断开。

压力继电器动作的压力称为动作压力，压力继电器复位时的压力称为复位压力。显然，动作压力高于复位压力，其差值称为返回区间。

6.4.4　流量控制阀

流量控制阀是靠改变控制口的大小来改变液阻，从而调节通过阀口的流量，达到改变执

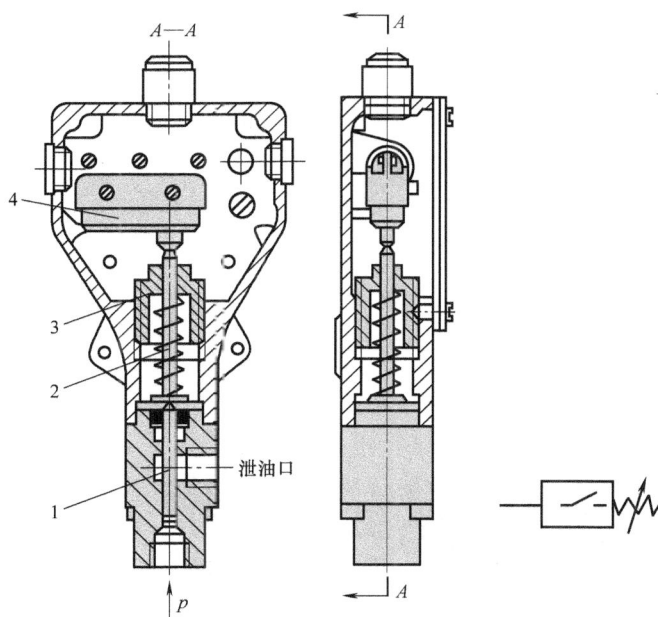

图 6-40 压力继电器结构图
1—柱塞 2—顶杆 3—调节螺钉 4—微动开关

行元件运动速度的目的。流量控制阀有节流阀、二通流量控制阀（调速阀）等多种。其中，
节流阀是最基本的流量控制阀。

1. 节流阀

在系统中，节流阀的节流口无论采用何种形式，通过改变节流口面积 A，都可改变通过
阀口的流量。

当节流阀的通流面积调定后，要求通过阀口的流量能保持稳定不变，以使执行元件获得稳
定的速度。但实际上，当通流面积调定后，节流阀前后的压力差、油液温度、孔口形状等许多
因素都影响着流量的稳定性。节流阀能正常工作的最小流量称为节流阀的最小稳定流量。

图 6-41 所示为一种典型的节流阀结构图和图形符号。油液从进油口 P_1 进入，经阀芯上
的三角槽节流口，从出油口 P_2 流出。调节手柄 3，可通过推杆 2 使阀芯做轴向移动，改变
了节流口的通流面积 A，从而改变了通过阀口的流量。

2. 二通流量控制阀（调速阀）

图 6-42a 所示为二通流量控制阀（调速阀）的工作原理图，它由定差减压阀 1 与节流阀
2 串联而成。定差减压阀能自动保持节流阀前、后的压力差不变，从而使通过节流阀的流量
不受负载变化的影响。调速阀的进泄口压力 p_1 由溢流阀调节，工作时基本保持恒定。压力
油进入调速阀后，先经过定差减压阀的阀口 h 后压力降为 p_2，然后经节流阀流出，其压力
为 p_3，如图 6-42e 所示。节流阀前后的压力油分别作用在定差减压阀阀芯的两端。若忽略摩
擦力和液动力，当减压阀阀芯在弹簧力 F_s 和压力为 p_2 和 p_3 的油液作用下处于某一平衡位
置时，则有

$$p_2A_1 + p_2A_2 = p_3A + F_s \qquad (6-17)$$

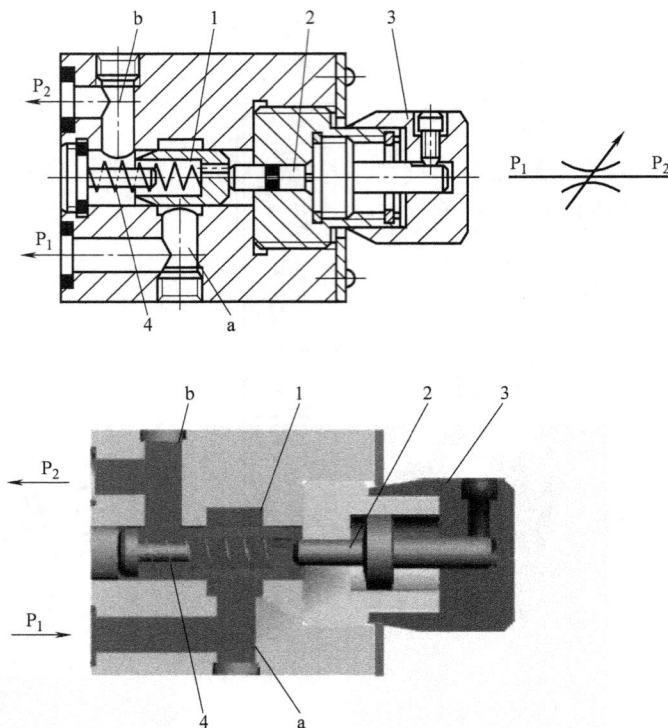

图 6-41 节流阀

1—阀芯 2—推杆 3—手柄 4—弹簧

式中，A_1、A_2 和 A 分别为 b、c、d 腔内压力油作用于阀芯的有效面积，且 $A = A_1 + A_2$。故

$$p_2 - p_3 = \frac{F_s}{A} \tag{6-18}$$

因为弹簧刚度较低，且工作过程中减压阀阀芯位移较小，可认为弹簧力基本保持不变，故节流阀两端压力差不变，可保持通过节流阀的流量稳定。

若调速阀出油口处油压 p_3 由于负载变化而增加，则作用在阀芯左端的力也随之增加，阀芯失去平衡而右移，于是开口 h 增大，液阻减小，减压阀的减压作用减小，使 p_2 也随之增加，直到阀芯在新的位置上得到平衡为止。因此，压力差基本保持不变。同理，当 p_3 减小时，p_2 也随之减小，故压力差仍保持不变。由于定差减压阀的自动调节作用，使节流阀前后的压力差保持不变，从而保持了流量的稳定。图 6-42b、c 所示为调速阀的图形符号。

6.4.5 新型液压元件及应用

1. 插装式锥阀

20 世纪 70 年代初出现了插装式锥阀（又称插装式二位二通阀）。插装式锥阀与普通液压阀相比，具有结构简单、通流能力大、动作灵敏、密封性好、泄漏小、标准化程度高的特点，特别适用于高压、大流量、较复杂的液压系统。

图 6-43a 所示为插装式锥阀的结构原理图，图 6-43b 所示为其图形符号。插装式锥阀由

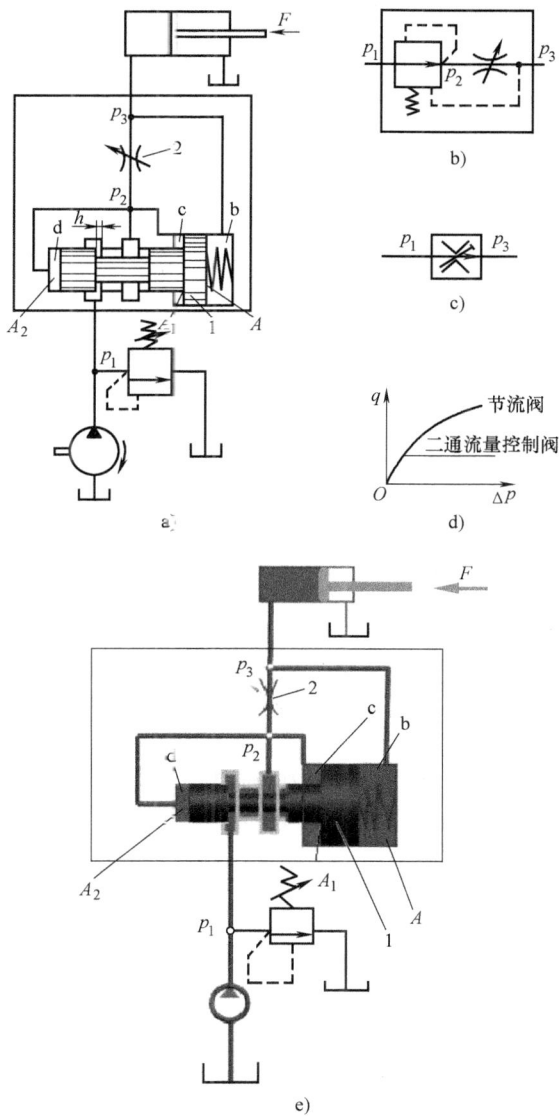

图 6-42　调速阀工作原理图
1—定差减压阀　2—节流阀

锥阀组件和控制盖板 1 组成。锥阀组件包括阀芯 4、阀套 2 和弹簧 3 等。锥阀组件起主油路的通断作用，控制盖板 1 则设置有对锥阀的启闭起控制作用的通道等。锥阀组件上配置不同的控制盖板，就能实现各种不同的工作机能，若干个不同工作机能的锥阀组件装在一个阀体内，实现集成化，就可组成所需的液压回路。

图 6-43 中，A、B 为主油路，C 为控制油路。设各油口的压力和有效作用面积分别为 p_a、p_b、p_c 和 A_a、A_b、A_c，其中 $A_c = A_a + A_b$。若不考虑锥阀的自重、液动力和摩擦阻力的影响，弹簧的作用力为 F_s，则当 $p_a A_a + p_b A_b < p_c A_c + F_s$ 时，锥阀闭合，A、B 油路被切断；当 $p_a A_a + p_b A_b > p_c A_c + F_s$ 时，锥阀打开，A、B 两油口导通。从以上分析可以看出，若 p_a 和

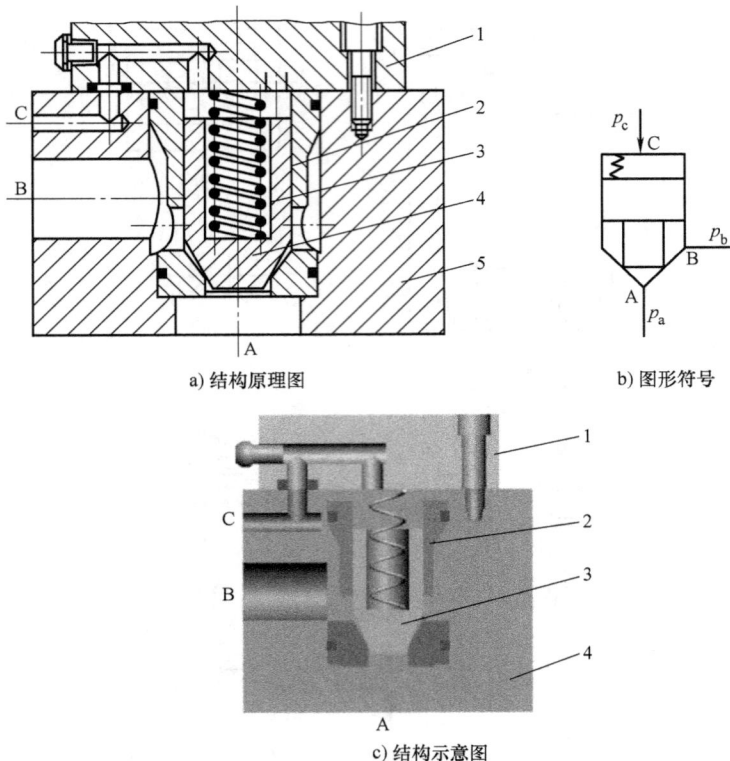

a) 结构原理图   b) 图形符号

c) 结构示意图

图 6-43　插装式锥阀

1—控制盖板　2—阀套　3—弹簧　4—阀芯　5—阀体

p_b 一定时，改变 p_c 即可控制 A、B 油口的通断，当控制口 C 接油箱时，p_c 为零，p_a 和 p_b 均可使锥阀打开，A、B 油口导通。当控制口 C 接压力油，且 $p_c > p_a$，$p_c > p_b$，则阀芯在上、下端压力差和弹簧的作用下关闭油口 A 和 B。这样，锥阀就起到逻辑元件"非"门的作用，所以插装式锥阀又被称为逻辑阀。插装式锥阀通过不同的盖板和各种先导阀组合，便可构成方向控制阀、压力控制阀、流量控制阀。

图 6-44 所示为插装式锥阀作单向阀用。将 C 腔与 A 或 B 连接，即成单向阀。连接方法不同，其导通方式也不同，如图 6-44a 所示。在控制盖板上接一个二位三通液动阀来变换 C 腔的压力，即成为液控单向阀，如图 6-44b 所示。

图 6-45 所示为插装式二位四通阀。用四个插装阀及相应的先导阀可构成一个四通阀。在图示状态下，P 和 B 相通，A 和 T 相通；当电磁阀的电磁铁通电时，P 和 A 相通，B 和 T 相通。

2. 叠加式液压阀

叠加式液压阀简称叠加阀，其阀体本身既是元件又具有油路通道体的作用，阀体的上下两面做成连接面。选择同一种通径系列的叠加阀，叠合在一起用螺栓紧固，即可组成所需的液压传动系统。

叠加阀的分类与一般液压阀相同，按功用的不同分为压力控制阀、流量控制阀和方向控制阀三类，其中方向控制阀仅有单向阀类，主换向阀不属于叠加阀。

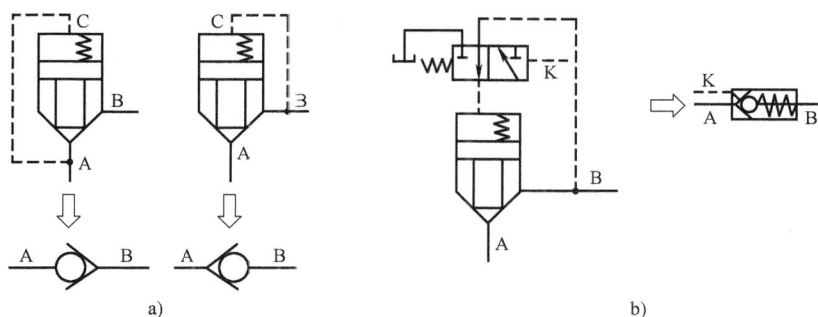

图6-44　插装式锥阀作单向阀用

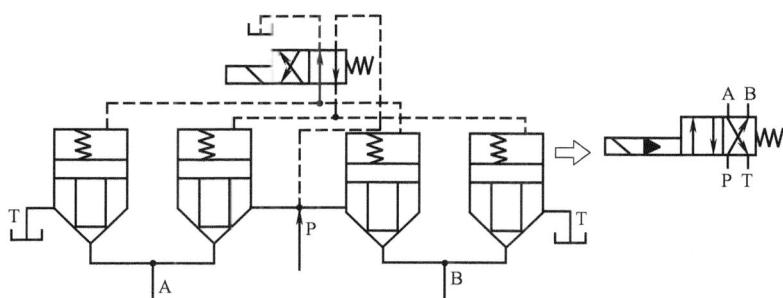

图6-45　插装式二位四通阀

　　叠加阀的工作原理与普通阀完全相同，所不同的是每个叠加阀都有四个油口 P、A、B、T 上下贯通，它不仅起到单个阀的功能，而且是沟通阀与阀之间的通道。某一规格叠加阀的连接安装尺寸与同一规格的电磁换向阀或电液换向阀一致。

3. 比例控制阀

　　前述各种阀的特点是手动调节和开关式控制，开关控制阀的输出参数在阀处于工作状态下是不可调节的，这种阀不能满足自动化连续控制和远程控制的要求，而电液比例阀是一种可以根据输入电信号的大小连续地、按比例地对液压系统的参数实现远距离控制和计算机控制的液压阀。电液比例阀主要将普通压力控制阀的手调机构和电磁铁改换为比例电磁铁控制，阀体不变，它也分为压力、流量和方向控制三大类阀型。

　　图6-46 所示为电液比例压力先导阀，用直流比例电磁铁取代原有的手调装置。与普通压力先导阀的区别是：作用在阀芯上的液压力与比例电磁跌的电磁推力相平衡，而不是弹簧力。弹簧 5 是传力弹簧，只起传递力的作用。比例电磁铁的电磁推力与输入电流成比例，只要连续地按比例调节输入电流，就能连续地按比例控制阀的开启压力。这种阀可作为直动式压力阀使用，也可作为先导阀，与普通溢流阀、减压阀、顺序阀的主阀组合成电液比例溢流阀、电液比例减压阀和电液比例顺序阀。

4. 电液数字阀

　　电液数字阀是用数字信息直接控制阀口的开启和关闭，从而控制液流压力、流量、方向的液压控制阀。

　　接受计算机控制的方法很多，当今技术较成熟的是增量式数字阀，即采用步进电动机驱

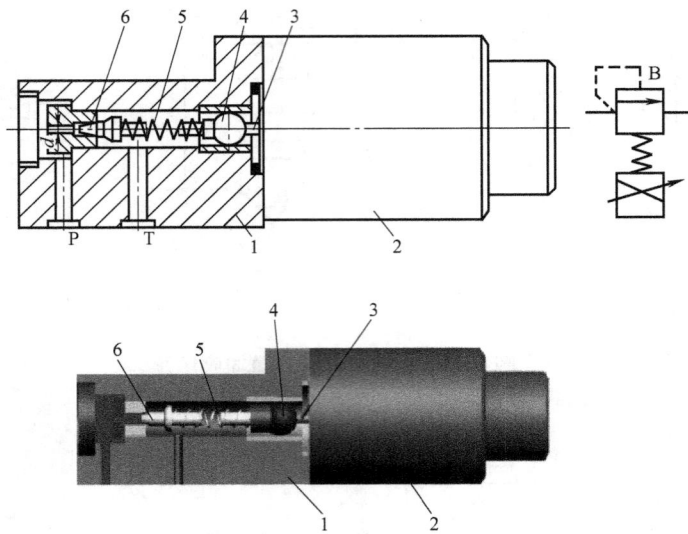

图 6-46 电液比例压力先导阀

1—压力阀 2—直流比例电磁铁 3—推杆 4—钢球 5—弹簧 6—阀芯

动的液压阀。图 6-47 所示为增量式数字流量阀。计算机发出信号后，步进电动机 1 转动，通过滚珠丝杠 2 转化为轴向位移，带动阀芯 3 移动，开启阀口。步进电动机转过一定步数，可控制阀口的一定开度，从而实现流量控制。该阀有两个节流口，其中右节流口为非全周通流，阀口较小，左节流口为全周通流，阀口较大。这种节流口开口大小分两段调节的形式，可改善小流量时的调节性能。

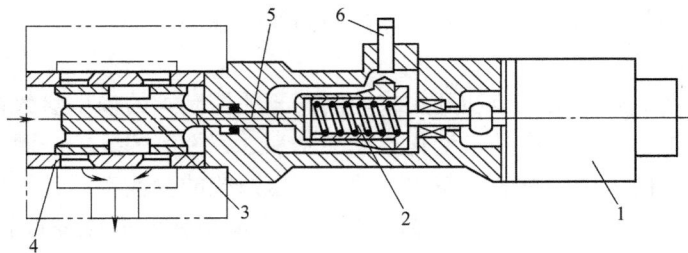

图 6-47 增量式数字流量阀

1—步进电动机 2—滚珠丝杠 3—阀芯 4—阀套 5—连杆 6—传感器

该阀无反馈功能，但装有零位移传感器 6，在每个控制周期终了时，阀芯都可在它控制下回到零位。保证每个工作周期都在相同的位置开始，使阀具有较高的重复精度。

6.5　液压辅助装置

液压辅助装置包括蓄能器、过滤器、油管与管接头、压力表与压力表开关以及油箱等。

6.5.1 蓄能器

蓄能器是储存压力能的装置。它应用于间歇需要大流量的系统中，达到节约能量、减少投资的目的；也可应用于液压系统口，起吸收压力脉动及减小液压冲击的作用。

蓄能器主要有重锤式、弹簧式和充气式三种。其中最常用的是充气式蓄能器。

充气式蓄能器利用压缩气体储存能量。为安全起见，所充气体应采用惰性气体（一般为氮气）。按蓄能器的结构可分为直接接触式和隔离式两类。隔离式又分为活塞式和气囊式两种。

（1）活塞式蓄能器 图6-48所示为活塞式蓄能器，利用活塞2将气体1与液压油3隔离，其优点是结构简单，工作平稳、可靠，安装、维护方便，寿命长；缺点是由于活塞惯性和摩擦阻力的影响，反应不够灵敏，容量较小。

（2）气囊式蓄能器 图6-49所示为气囊式蓄能器，它利用气囊3把油和空气隔离。气囊出口上有充气阀1，充气阀只在为气囊充气时才打开，平时关闭。壳体下部有一个受弹簧力作用的提升阀4，在工作状态肘，压力油液经过提升阀进入，当油液排空时提升阀可以防止气囊被挤出。另外，充气时一定要打开螺塞5，以便把壳体中的气体放掉，充完气后再拧紧螺塞5。这种蓄能器，自重和惯怈小，反应灵敏，容易维护，但气囊和壳体制造较困难，气囊的使用寿命也较短。

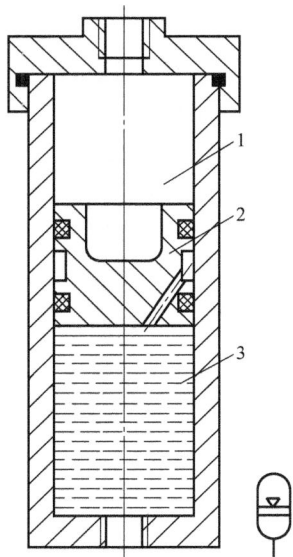

图6-48 活塞式蓄能器
1—气体 2—活塞 3—液压油

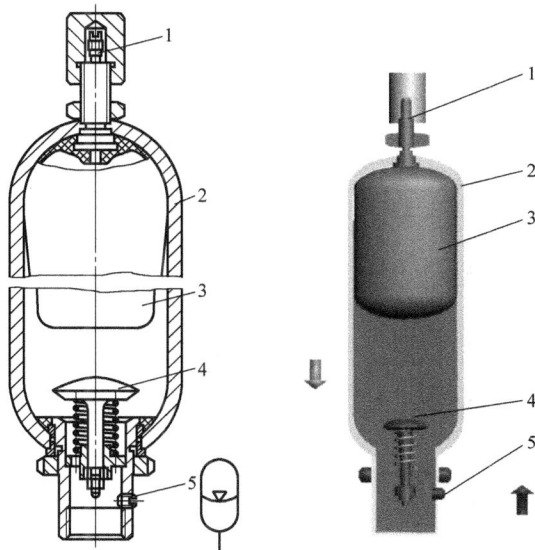

图6-49 气囊式蓄能器
1—充气阀 2—壳体 3—气囊 4—提升阀 5—螺塞

6.5.2 过滤器

1. 过滤器的功用和过滤精度

液压油在使用过程中不断被污染。统计资料表明，液压系统的故障约有80%以上是由于油液污染造成的。为了保证系统正常的工作，必须对系统中污染物的颗粒大小及数量予以控制。过滤器的功用就在于不断净化油液，使污染程度控制在允许的范围内。

过滤器的过滤精度通常用能被滤掉的杂质颗粒的公称尺寸来表示。通常分为：粗、普通、精、特精四个等级，一般要求系统过滤精度小于运动副间隙的一半。此外，压力越高，对过滤精度要求也越高。

2. 过滤器的类型

按滤芯的材质和过滤方式，过滤器可分为网式、线隙式、纸芯式、烧结式等多种类型。

（1）网式过滤器　网式过滤器也称滤油网或滤网，应用最普遍，它是用金属丝（常用黄铜丝）织成方格网敷在有一定刚性的骨架上作为滤油元件。

（2）线隙式过滤器　图 6-50a 所示为 XU-B 型线隙式过滤器，它是用特形的铜线或铝线 3 依次绕在筒形芯架 2 的外部制成的。芯架上开有许多纵向槽和径向槽，油液从铝线的缝隙中进入槽 a，再经槽 b 进入过滤器内部，然后从端盖 1 的中间孔流出。这种过滤器只能用于吸油管。

图 6-50b 所示为带有壳体的线隙式过滤器，由于具有壳体 4，所以可用于中、低压系统的压力管路中。这种过滤器工作时，油液从孔 a 进入过滤器内，经线间的缝隙进入滤芯中部后再由孔 b 流出。

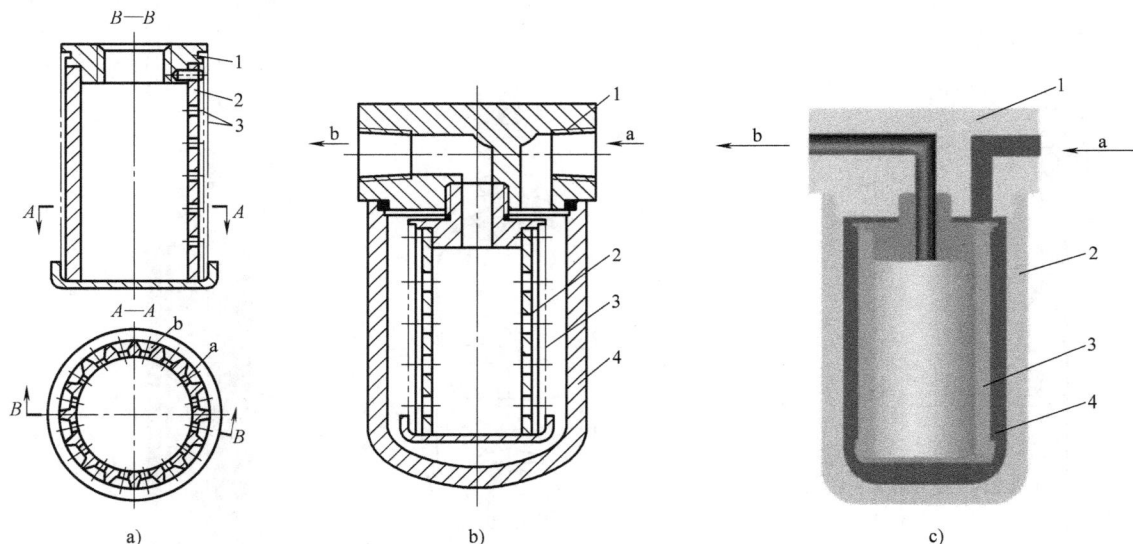

图 6-50　线隙式过滤器
1—端盖　2—芯架　3—铝线　4—壳体

（3）纸芯式过滤器　纸芯式过滤器是用微孔滤纸做的纸芯装在壳体内而成的，如图 6-51 所示。为了增大过滤纸的过滤面积，纸芯 1 一般做成折叠式。在纸芯内部有带孔的镀锡铁皮做成的芯架，用来增加强度，以避免纸芯被压力油压破。油液从滤芯外面进入滤芯内部，然后从孔 a 流出。

（4）烧结式过滤器　如图 6-52 所示，烧结式过滤器由壳体 2、烧结式青铜滤芯 3 和端盖 1 组合而成。其滤芯是由球状青铜颗粒用粉末冶金烧结工艺高温烧结而成的。它利用铜颗粒之间的微孔滤去油中的杂质。

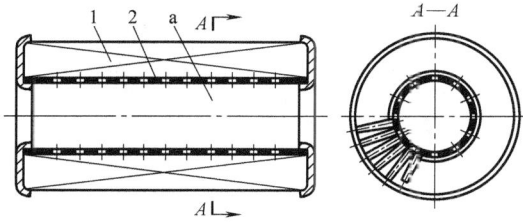

图 6-51 纸芯式过滤器
1—纸芯 2—芯架

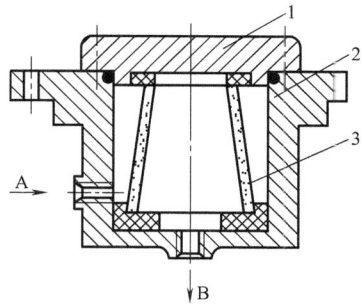

图 6-52 烧结式过滤器
1—端盖 2—壳体 3—滤芯

3. 过滤器的选用及安装

选用过滤器时应根据过滤精度、通油能力、耐压的要求来选取。

过滤器可以安装在液压泵的吸油管路上或安装在压力油路上以及重要元件的前面。在通常情况下，泵的吸油口装粗过滤器，泵的输出管路与重要元件的前面装精过滤器。

6.5.3 油管与管接头

液压系统的元件一般是利用油管和管接头进行连接的，以传送工作液。油管与管接头应具有足够的强度，良好的密封性，并且压力损失小，装拆方便。

1. 油管的种类及适用场合

液压传动中常用的油管有钢管、铜管、橡胶软管、尼龙管和塑料管等。

钢管分为焊接钢管和无缝钢管。压力小于 2.5MPa 时，可用焊接钢管；压力大于 2.5MPa 时，常用无缝钢管。钢管能承受高压，油液不易氧化，价格低廉。其缺点是弯曲和装配均较困难。

纯铜管可承受的压力为 6.5～10MPa。装配时可根据需要弯成任意形状，因而适用于小型设备及内部装配不方便的地方。其缺点是成本较高，易使液压油氧化，抗振能力较弱。

橡胶软管用于连接两个相对运动部件的油管，分高压和低压两种。橡胶软管安装方便，不怕振动，还能吸收部分液压冲击。

尼龙管的耐压只有 2MPa，目前多用于低压系统或作为回油管。

塑料管一般只用作回油管或泄漏油管。

2. 管接头

管接头的种类很多，以其通路数量和方向来分有直通式、直角式和三通等。从油管和管接头的连接方式来分有管端扩口式、焊接式和用卡套式等几种。下面介绍几种常用的管接头。

图 6-53a 所示为扩口式管接头，这种管接头适用于铜管和薄壁钢管，也可以用来连接尼龙管和塑料管。这种管接头结构简单且造价低，一般适用于中、低压系统。

图 6-53b 所示为焊接式管接头，这种管接头具有结构简单、制造方便、耐高压和强烈振动、密封性能好等优点，因而广泛应用于高压系统。

图 6-53c 所示为卡套式管接头，这种管接头具有装拆方便、工作可靠、耐高压和强烈振

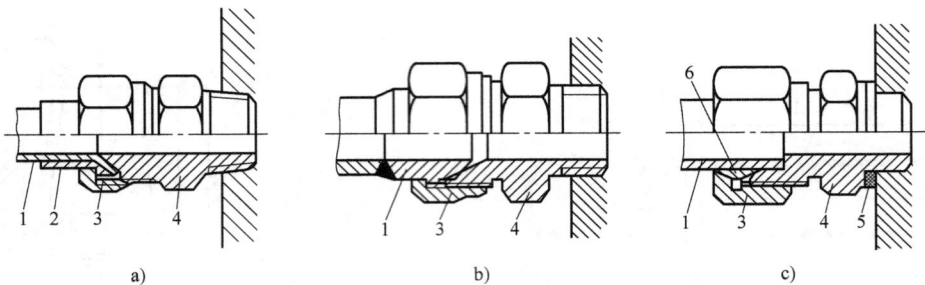

图 6-53　管接头

1—接管　2—管套　3—螺母　4—接头体　5—橡胶和金属组合密封圈　6—卡套

动、密封性能好等优点，因而广泛应用于高压系统。

软管接头有可拆式和扣压式两种。常用的扣压式软管接头如图 6-54 所示。该接头由外套 2、接头芯子 1 和橡胶软管 3 组成。软管旋入外套前应将最外层橡胶剥除，安装时，软管被挤在外套和接头芯子之间，因而被牢固地连接在一起。它的工作压力在 10MPa 以下。

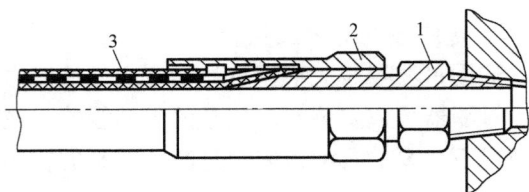

图 6-54　扣压式软管接头

1—接头芯子　2—外套　3—软管

6.5.4　密封装置

液压装置的内、外泄漏直接影响系统的性能和效率，泄漏还会污染工作环境。泄漏严重时会使整个系统无法工作，因此，必须采用适当的密封装置来防止和减少泄漏。

常见的密封方法有以下两种。

1. 间隙配合密封

间隙配合密封如图 6-55 所示，它是利用运动副间的配合间隙起密封作用的。为了减少泄漏，相对运动部件的配合间隙必须足够小，故对配合面的加工精度和表面粗糙度值提出了较高的要求。图中活塞外圆表面上开有若干个环形槽，主要是为了使活塞四周都有压力油的作用，这样有利于活塞的对中以减小活塞移动的摩擦力。这种密封形式主要用于速度较高的低压液压缸与活塞配合处，此外也广泛用于各种泵、阀的柱塞配合中。

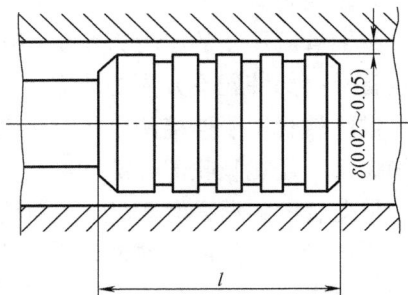

图 6-55　间隙配合密封

2. 密封圈密封

密封圈密封是液压系统中应用最广泛的一种密封方法，它通过密封圈本身的受压变形来实现密封。橡胶密封圈的断面通常做成 O 形、Y 形和 V 形等，如图 6-56 所示。其中，O 形密封圈密封性能良好，结构简单，摩擦阻力较小，制造容易，成本低，体积小，安装沟槽尺寸小，使用非常方便。O 形密封圈可用于直线往复运动和回转运动的密封，也可用于无相对运动的静密封；可用于外径密封、内径密封及端面密封，应用比较广泛。Y形、V形密封圈，在装配时，一定要使唇边对着压力的油腔，这样才能起到密封作用。

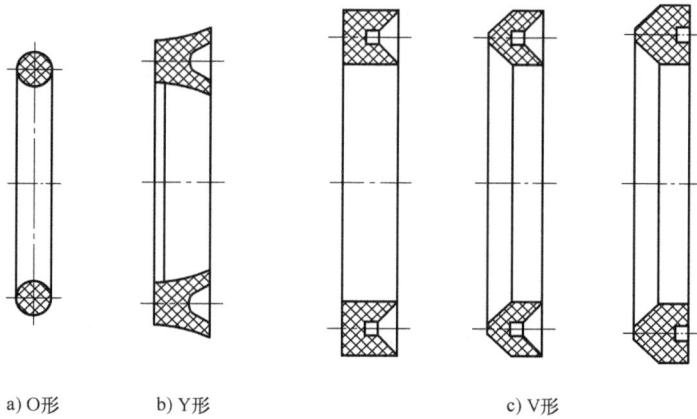

a) O形　　　b) Y形　　　　　　　c) V形

图 6-56　常用的密封圈

6.5.5　压力表与压力表开关

1. 压力表

液压系统中各点的压力可以通过压力表来观测。压力表的种类较多，最常见的是弹簧弯管式压力表，如图 6-57 所示。压力油进入金属弯管 1，当压力升高时，弯管变形而曲率半径加大，通过杠杆 4 使扇形齿轮 5 摆动，小齿轮 6 转动，带动指针转动，在刻度盘 3 上就可读出压力值。

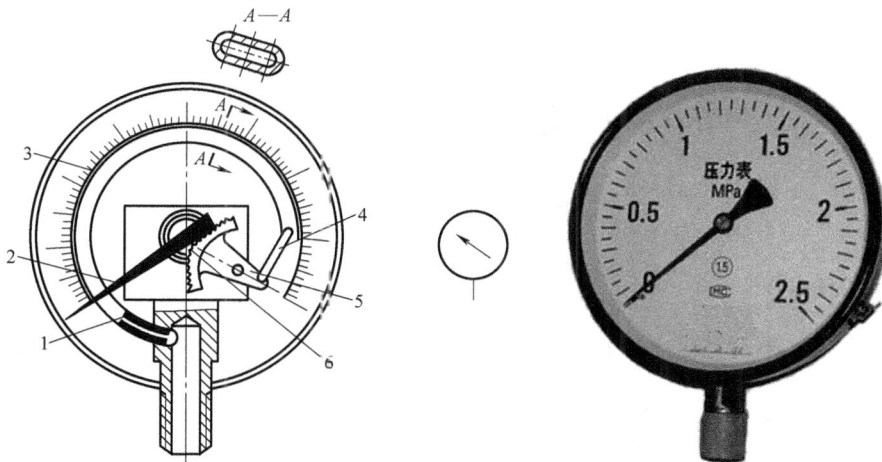

图 6-57　弹簧弯管式压力表

1—金属弯管　2—指针　3—刻度盘　4—杠杆　5—扇形齿轮　6—小齿轮

压力表精度等级的数值是压力最大误差占量程的百分数。一般机床上使用的压力表为 2.5～4 级。选用压力表时，一般取系统压力为量程的 2/3～3/4，压力表必须直立安装。为了防止压力冲击而损坏压力表，常在压力表的通道上设置阻尼小孔。

2. 压力表开关

压力表开关用来接通或切断压力表和测量点之间的通道。压力表开关按连接测量点的数目，有一点、三点、六点等几种；按连接方式不同，有板式和管式两种。

图6-58a所示为板式连接的K-6B型压力表开关的结构原理图。图示为非测量位置，此时压力表经油槽a、小孔b与油箱相通。若将手柄推进去，如图6-58b所示，则阀芯上的沟槽a使压力表与测量点接通，同时切断压力表与油箱的通道，这样就可测出一点的压力。若将手柄转到另一个位置，便可测出另一点的压力。压力表的进油通道很小，可防止指针的剧烈摆动。在液压系统正常工作后，则应切断压力表与系统油路的通道。

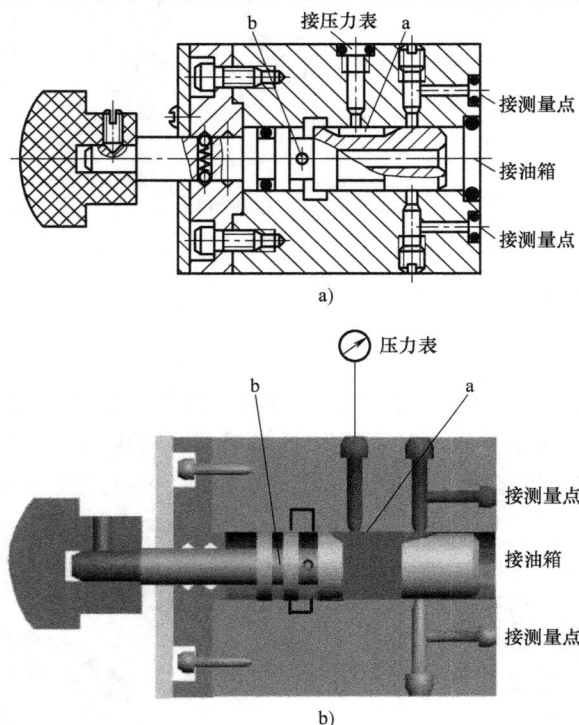

图6-58 K-6B型压力表开关

6.5.6 油箱

油箱主要用来储存液压油，此外还可以起到散热、使渗入油液中的空气逸出以及使油中的污物沉淀等作用。

有些设备直接用床身兼作油箱（如磨床），但是，当油温变化时容易引起床身的热变形，影响设备的精度。目前已普遍采用设置单独油箱，而油箱又分为开式和闭式两种。

开式油箱的结构示意图如图6-59所示。油箱常用钢板焊接而成，为了便于清洗，盖板5一般做成可拆开的。为了便于排净存油，底板应有适当的倾斜度。为了便于通风散热，油箱底部应有底脚，一般底板与地面间留有150~200mm的距离。应使杂质主要沉淀在回油区一侧。隔板高度为箱内最低液面高度的3/4左右，它的底部应开出若干孔道，使清洗油箱比较方便。

吸油管 4 的管口离油箱底部的距离不应小于管径的两倍，以防将沉淀在箱底的脏物吸入；但也不宜太大，以免将液面上的泡沫吸入或生成旋涡而吸入空气。管口应切成 45°角，以增加吸油口的面积。过滤器 7 通常为粗过滤器，以减小吸油的阻力。

回油管 9 应插入液面下，以免回油冲击液面产生气泡，但也不宜太低。管口也应切成 45°角，且面向箱壁，以提高散热效率。

此外，油箱加油口 10 应装有空气过滤器，以防脏物进入箱内。油标 12 设在油箱的壁板上，以随时观察箱内的存油量。油箱的内、外表面应涂上导热性能良好的防锈和耐油涂料。

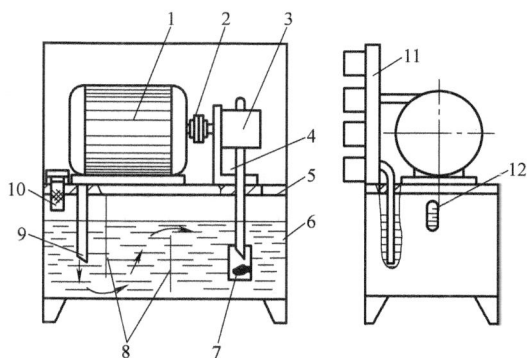

图 6-59 开式油箱的结构示意图

1—电动机 2—联轴器 3—液压泵 4—吸油管
5—盖板 6—油箱体 7—过滤器 8—隔板
9—回油管 10—加油口 11—阀类连接板 12—油标

闭式油箱在结构上要求严密封闭，与外部大气不相通，箱内通入压缩空气，所以又称充压油箱。泵的进油口压力为正值，这样可以提高泵的吸油性能，防止产生空穴现象，但需要附设专用的气源装置，因此使用不够普遍。

【小结】

1. 液压泵

1）液压泵必须具有可变的密封容积和配油装置。

2）排量只与密封容积的变化量有关，与转速无关。

3）额定压力是泵在连续运转时可承受的压力和可实现的压力，实际压力随外负载变化。

4）齿轮式、叶片式和柱塞式三类泵的密封容积的构成、容积变化方式和配油方式各具有的特点、性能和应用范围各不相同。

5）变量叶片泵的叶片倾向、定子内表面曲线与定量泵不同。

2. 液压执行机构

1）液压执行机构是将液压能转换为机械能的装置，常用的有液压马达和液压缸。

2）液压马达按结构可分为齿轮式、叶片式和柱塞式三大类；根据液压缸的结构特点可分为活塞式和柱塞式两类。

3）差动液压缸的三种进油方式常用于"快进→工进→快退"工作循环的设备，推力和速度的计算较为典型。

3. 辅助元件

1）辅助元件包括管件、密封装置、过滤器、蓄能器、油箱、压力表和压力表开关等。

2）蓄能器是液压系统中的储能元件，它能储存一定量的压力油，并在需要时迅速地释放出来，供系统使用。

3）过滤器按过滤精度不同，分为粗过滤器、普通过滤器、精过滤器和特精过滤器。按滤芯材料和结构形式的不同，可分为网式、线隙式、纸芯式、烧结式等几种。

4）管件包括油管和管接头。液压系统用油管输送工作介质，用管接头将油管和油管或油管与液压元件连接起来。

5）油箱的主要功用是储存油液，散发油液中的热量，分离油液中的气体和沉淀污物。

4. 液压阀

1）液压控制阀通过调节作用在阀芯上的弹簧力或直接调节阀芯位置，以改变阀口的通流面积或通路，以此来控制液流的压力、流量及方向。它们都由阀体、阀芯、调节或控制机构三部分组成。它们分为方向阀、压力阀和流量阀。液压阀的基本参数是额定压力和额定流量，按照额定压力和额定流量的不同具有多种规格。安装方式有板式、管式和法兰式。

2）开关式定值控制阀有压力控制、流量控制和方向控制阀。非开关式控制阀分为伺服阀、比例阀和数字阀。

3）单向阀正向导通，反向截止，有可靠的单向密封性；液控单向阀可控制正、反向导通。

4）换向阀的种类较多，但工作原理类同。其图形符号中能反映位、通、操纵方式，复位方式和阀芯运动方式。常用的滑阀式换向阀，是利用阀芯和阀体间相对位置的改变控制油路通断和流向的；常用的操纵方式有电磁、电液、人力和机动。

5）压力阀是利用作用于阀芯上的油液压力与弹簧力平衡来控制阀口位置进行工作的。溢流阀、减压阀和顺序阀都有直动式和先导式。直动式用于低压小流量系统。

6）溢流阀可用于系统调压、安全限压。先导式溢流阀有远程控制口可用于远程调压、多级调压和卸荷等。

7）减压阀可实现一个泵源同时向多个支路供油的情况。

8）顺序阀的工作原理和结构与溢流阀相似。液控顺序阀的开关与进出口压力无关。顺序阀主要用于控制系统顺序动作或作平衡阀用。

9）压力继电器将液压信号转换为电信号，可实现顺序控制和安全保护等功能。

10）流量阀有节流阀、二通流量控制阀（调速阀）。通过节流阀的流量受负载变化的影响。通过调速阀的流量不受负载变化的影响，流量稳定性好。

11）电磁比例阀能按输入的电信号连续地、按比例地控制系统的压力和流量。它可分为比例压力阀、比例流量阀和比例方向阀。

12）插装阀相当于锥阀结构的液控单向阀，配以不同的先导阀可实现各种动作要求。

13）叠加阀具有阀的作用和通道体的作用。

14）数字阀能用计算机的数字信息直接控制，不需 A-D 转换器。

【习题】

一、填空题

1. 常用的液压泵有_____、_____和_____三大类。

2. 液压泵的工作压力是_____，其大小由_____决定。

3. 液压泵的公称压力是_____的最高工作压力。

4. 液压泵的排量是指_____，液压泵的公称流量是指_____。

5. 在 CB-B 型齿轮泵中，减少径向不平衡力的措施是_____。

6. 双作用叶片泵定子内表面的工作曲线由_____、_____和_____组成。

7. 变量叶片泵通过改变_____来改变输出流量，轴向柱塞泵通过改变_____来改变输出流量。

8. 在叶片马达中，叶片要_____放置。为了_____，在叶片根部设置预紧弹簧。

9. 实心双杆液压缸比空心双杆液压缸的占地面积_____。

10. 柱塞缸只能实现_____运动。

11. 伸缩缸的活塞伸出顺序是_____。

12. 间隙密封适用于_____、_____、_____的场合。

13. _____的功用是不断净化油液。

14. _____是用来储存压力能的装置。

15. 液压控制阀按连接方式不同，有_____、_____和_____三种连接。

16. 当液压系统的原动机发生故障时，_____可作为液压缸的应急油源。

17. 油箱的作用是_____、_____和_____。

18. 按滤芯材料和结构形式不同，过滤器有_____、_____、_____及_____过滤器。

19. _____当其控制油口无控制压力油作用时，只能_____导通。当有控制压力油作用时，正、反向均可导通。

20. 液压控制阀按用途不同，可分为_____、_____和_____三大类，分别调节、控制液压系统中液流的_____、_____和_____。

21. 单向阀的作用是_____，正向通过时应_____，反向时应_____。

22. 按阀芯运动的控制方式不同，换向阀可分为_____、_____、_____、_____、换向阀。

23. 机动换向阀利用运动部件上的_____压下阀芯使油路换向，换向时其阀口_____，故换向平稳，位置精度高，它必须安装在_____位置。

24. 电磁换向阀的电磁铁按所接电源不同，可分为_____和_____两种。

25. 电液换向阀是由_____和_____组成的。前者的作用是_____，后者的作用是_____。

26. 溢流阀是利用_____油压力和弹簧力相平衡的原理来控制_____的油液压力。液压系统中常见的溢流阀有_____和_____两种。前者一般用于_____，后者一般用于_____。

27. 压力继电器是一种能将_____转变为_____的转换装置。压力继电器能发出电信号的最低压力和最高压力的范围，称为_____。

28. 调速阀是由_____和_____串联而成的。前者起_____作用，后者起_____作用。调速阀可使速度稳定，是因为其节流阀前后的压力差_____。

29. 比例阀与普通液压阀的主要区别在于：其阀芯的运动采用＿＿＿＿＿＿控制，使输出的压力或流量与＿＿＿＿＿＿成正比。所以，可以利用改变＿＿＿＿＿＿的方法对压力、流量进行连续控制。

30. 叠加阀既有液压元件的＿＿＿＿＿＿功能，又起＿＿＿＿＿＿的作用。

二、判断题

1. 液压泵的工作压力取决于液压泵的公称压力。　　　　　　　　　　（　　）
2. YB1 型叶片泵中的叶片是依靠离心力紧贴在定子内表面上的。　　（　　）
3. 液压泵在公称压力下的流量就是液压泵的理论流量。　　　　　　（　　）
4. 液压马达的实际输入流量大于理论流量。　　　　　　　　　　　（　　）
5. CB-B 型齿轮泵可以作液压马达用。　　　　　　　　　　　　　　（　　）
6. 在液压缸的活塞上开环形槽使泄漏增加。　　　　　　　　　　　（　　）
7. Y 形密封圈适用于速度较高处的密封。　　　　　　　　　　　　（　　）
8. 当液压缸的活塞杆固定时，其左腔通压力油，则液压缸向左运动。（　　）
9. 单柱塞缸靠液压油能实现两个方向的运动。　　　　　　　　　　（　　）
10. 液压缸差动连接时，液压缸产生的推力比非差动时的推力大。　（　　）
11. 过滤器的滤孔尺寸越大，精度越高。　　　　　　　　　　　　　（　　）
12. 液压泵吸油口处的过滤器通常比压油口处的过滤器的过滤精度高。（　　）
13. 一个压力表可以通过压力表开关测量多处的压力。　　　　　　　（　　）
14. 纸芯式过滤器比烧结式过滤器的耐压高。　　　　　　　　　　　（　　）
15. 背压阀的作用是使液压缸回油腔中具有一定的压力，保证运动部件工作平稳。　　　　　　　　　　　　　　　　　　　　　　　　　　　　　　（　　）

三、选择题

1. 液压泵实际工作压力称为＿＿＿＿；泵在连续运转时，允许使用的最大工作压力称为＿＿＿＿。
A. 最大压力　　　B. 工作压力　　　C. 吸入压力　　　D. 公称压力

2. 泵在单位时间内由其密封容积的几何尺寸变化计算而得的排出液体的体积称为＿＿＿＿。
A. 实际流量　　　B. 公称流量　　　C. 理论流量

3. 液压泵的理论流量＿＿＿＿实际流量。
A. 大于　　　B. 小于　　　C. 等于

4. YB1 型叶片泵中的叶片靠＿＿＿＿紧贴在定子内表面；YBX 型变量叶片泵中的叶片靠＿＿＿＿紧贴在定子内表面。
A. 叶片的离心力　　　　　　　B. 叶片根部的油液压力
C. 叶片的离心力和叶片根部的油液压力

5. CB-B 型齿轮泵中，泄漏途径有三条，其中＿＿＿＿泄漏对容积效率的影响最大。
A. 轴向间隙　　　B. 径向间隙　　　C. 啮合处间隙

6. 对于要求运转平稳，流量均匀，脉动小的中、低压系统中，应选用＿＿＿＿。
A. CB-B 型齿轮泵　　B. YB1 型叶片泵　　C. 径向柱塞泵

7. 叶片泵的最大工作压力应＿＿＿＿其公称压力，最大输出流量应＿＿＿＿其公称流量。

A. 大于　　　　　　　B. 小于　　　　　　　C. 等于

D. 大于或等于　　　　E. 小于或等于

8. 公称压力为6.3MPa的液压泵，其出口接油箱。则液压泵的工作压力为_____。

A. 6.3MPa　　　　　B. 0　　　　　　　　C. 6.2MPa

9. 液压缸的运动速度取决于_____。

A. 压力和流量　　　B. 流量　　　　　　C. 压力

10. 差动液压缸，若使其往返速度相等，则活塞面积应为活塞杆面积的_____。

A. 1倍　　　　　　　B. 2倍　　　　　　　C. 3倍

11. 当工作行程较长时，采用_____缸较合适。

A、单活塞杆　　　　B. 双活塞杆　　　　　C. 柱塞

12. 选择过滤器应主要根据_____来选择。

A. 通油能力　　　B. 外形尺寸　　　C. 滤芯的材料　　　D. 滤芯的结构形式

13. 蓄能器的主要功用是_____。

A. 差动连接　　　　B. 短期大量供油　　C. 净化油液

14. _____管接头适用于高压场合。

A. 扩口式　　　　　B. 焊接式　　　　　C. 卡套式

15. 液压泵吸油口通常安装过滤器，其额定流量应为液压泵流量的_____倍。

A. 1　　　　　　　　B. 0.5　　　　　　　C. 2

16. 常用的电磁换向阀是控制油液的_____。

A. 流量　　　　　　B. 压力　　　　　　C. 方向

17. 在三位换向阀中，其中位可使液压泵卸荷的有_____型。

A. H　　　　　　　B. O　　　　　　　C. M　　　　　　D. Y

18. 减压阀利用_____压力油与弹簧力相平衡，它使_____的压力稳定不变。

A. 出油口　　　　　B. 进油口　　　　　C. 外泄口

19. 在液压系统中，_____可作背压阀。

A. 溢流阀　　　　　B. 减压阀　　　　　C. 液控顺序阀

20. _____节流调速回路可承受负值负载。

A. 进油路　　　　　B. 回油路　　　　　C. 旁油路

21. 要实现快速运动可采用_____回路。

A. 差动连接　　　　B. 调速阀调速　　　C. 大流量泵供油

22. 在液压系统图中，与三位阀连接的油路一般应画在换向阀符号的_____位置上。

A. 左格　　　　　　B. 右格　　　　　　C. 中格

23. 大流量的系统中，主换向阀立采用_____换向阀。

A. 电磁　　　　　　B. 电液　　　　　　C. 手动

24. 工程机械需要频繁换向，且必须由人工操作的场合，应采用_____手动换向阀换向。

A. 钢球定位式　　　B. 自动复位式

25. 为使减压回路可靠地工作，其最高调整压力应_____系统压力。

A. 大于　　　　　　　　B. 小于　　　　　　　　C. 等于

四、问答题

1. 液压泵要完成吸油和压油，必须具备的条件是什么？

2. 限压式变量叶片泵的工作特性是什么？

3. 活塞式液压缸、柱塞式液压缸各有什么特点？

4. 差动连接应用在什么场合？

5. 液压缸的哪些部位需要密封？常见的密封方法有哪些？

6. 油管和管接头的类型有哪些？分别适用于什么场合？

7. 压力表的精度等级是指什么？如何选择压力表？

8. 选择过滤器应考虑哪些问题？

9. 若将减压阀的进出口接反，会出现什么情况？

10. 电液比例控制阀与一般液压控制阀相比较有何优点？

五、计算题

1. 某液压泵输出油液压力为 10MPa，输出流量为 25L/min，试求该液压泵的输出功率。

2. 当叶片泵和叶片马达工作时，如突然出现有一叶片卡在转子槽内而不能外伸的故障，试分析它们的工作状态将发生什么变化。

3. 如图 6-60 所示，开启压力分别为 0.2MPa、0.3MPa、0.4MPa 的三个单向阀实现串联或并联，当 D 点刚有油液流过时，P 点压力各为多少？

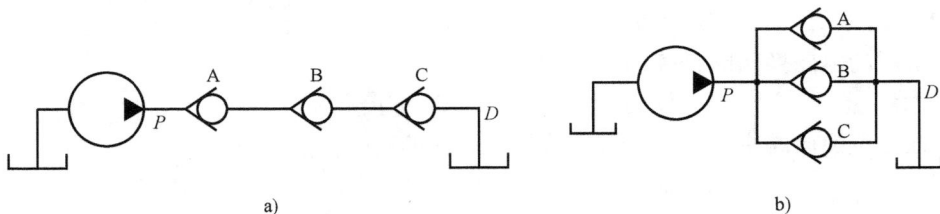

图 6-60　题 3 图

4. 已知单活塞杆液压缸的内径 $D = 100mm$，活塞直径 $d = 50mm$，工作压力 $p = 2MPa$，流量 $q = 10L/min$，回油背压力为 0.5MPa，试求活塞往返运动时的推力和运动速度。

5. 如图 6-61 所示的减压回路中，溢流阀的调定压力为 5MPa，减压阀的调定压力为 2.5MPa，试分析活塞在运动时和夹紧工件后 A、B、C 处的压力值（至系统的主油路截止，活塞运动时的摩擦力阻力及油液流动阻力不计）。

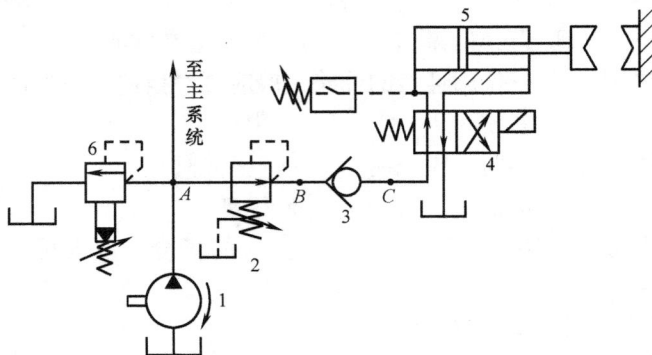

图 6-61　题 5 图

第7章

液压基本回路及液压系统

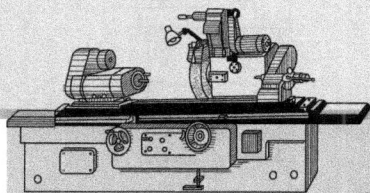

液压系统不论如何复杂，都是由一些液压基本回路所组成的。基本回路就是由一些液压元件组成的用来完成某种特定功能的回路，熟悉和掌握基本回路的结构组成、工作原理和功能，对分析和设计液压系统是必不可少的。

本章主要内容：①主要介绍方向控制回路、压力控制回路、速度控制回路和多缸动作控制回路；②主要介绍阅读液压系统的方法，分析总结数控车床液压系统和数控加工中心液压传动的工作原理和特点；③介绍机械、电气、液压三者联合控制的方法。

7.1　液压基本回路

7.1.1　方向控制回路

在机械设备的液压系统中，用以控制执行元件的起动、停止及换向作用的回路，称为方向控制回路，常用的有换向回路和锁紧回路。

1. 换向回路

（1）采用双向变量泵的换向回路　如图 7-1 所示，在容积调速的闭式回路中，可利用双向变量泵控制液流的方向来实现执行元件的换向。

（2）采用换向阀的换向回路　根据换向要求、自动化程度以及工作情况来选用各种换向阀，可组成各种换向回路来控制执行元件的换向。图 7-2 所示为采用电磁换向阀的换向回路。如果对换向精度、换向平稳性要求较高的设备（如磨床），常采用机—液换向回路。

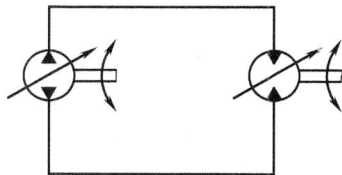

图 7-1　双向变量泵的换向回路

2. 锁紧回路

锁紧回路是控制执行元件能在任意位置停留，且停留后不会因外力作用而移动位置的回路。

（1）用换向阀的锁紧回路　如图 7-2 所示，利用三位换向阀的中位机能（O 型或 M 型）封闭液压缸两腔进出油口，使液压缸锁紧。由于换向阀的泄漏，锁紧精度较差，所以常用于锁紧精度要求不高、停留时间不长的液压系统中。

（2）用液控单向阀的锁紧回路　如图 7-3 所示，当换向阀处于中位时，液压缸两腔进出油口被液控单向阀封闭而锁紧。由于液控单向阀的密封性好，泄漏少，故锁紧精度高，常

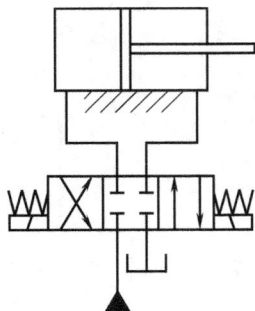

图 7-2　采用电磁换向阀的换向回路

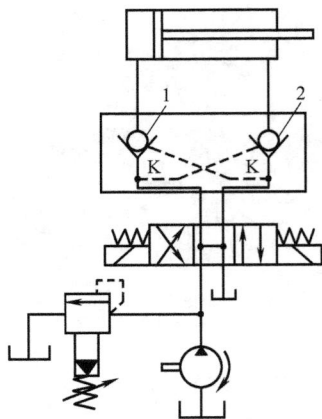

图 7-3　用液控单向阀的锁紧回路

用于锁紧精度要求高，且需长时间锁紧的液压系统中，如工程机械、起重机等。

7.1.2　压力控制回路

压力控制回路主要是利用压力控制元件来控制系统或系统某一支路的压力，实现调压、稳压、减压、卸荷等目的，以满足执行元件对力或力矩的要求。

1. 调压回路

为了使系统的压力与负载相适应并保持稳定或为了安全而限定系统的最高压力，都要用到调压回路。下面主要介绍常用的调压回路。

（1）单级调压回路　图 7-4a 所示为单级调压回路，在液压泵的出口设置先导式溢流阀 4，采用节流阀 3 调节进入回路的流量，系统多余的油液从溢流阀 4 溢流，液压泵的出口压力即可由溢流阀 4 调节。

（2）远程调压回路　图 7-4b 所示为远程调压回路。将远程调压阀 5（或小流量的溢流阀）接在先导式溢流阀 4 的远程控制口上，液压泵的压力即可由远程调压阀 5 作远程调节。远程调压阀仅起调压作用，绝大部分油液仍从溢流阀 4 溢流。远程调压阀调节的最高压力应低于溢流阀的调定压力。

（3）二级调压回路　图 7-5a 所示为二级调压回路，当二位二通电磁阀 3 处于图示位置时，系统压力由溢流阀 4 调定。当二位二通电磁阀 3 通电后，远程调压阀 2 起先导作用，控制溢流阀 4 的主阀芯工作，系统压力由远程调压阀 2 调定，可实现两种不同的系统压力。但远程调压阀 2 的调

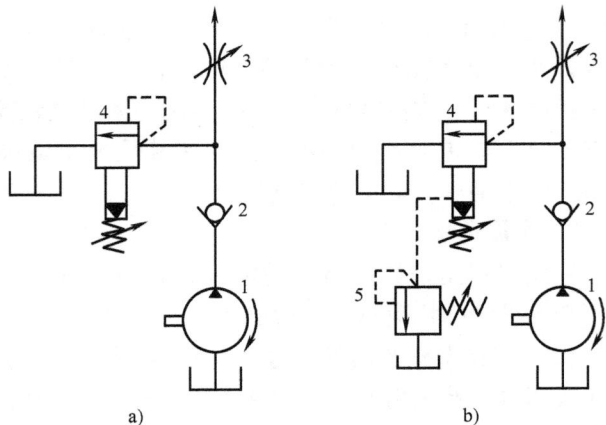

图 7-4　单级与远程调压回路

1—液压泵　2—单向阀　3—节流阀　4—溢流阀　5—远程调压阀

定压力一定要小于溢流阀 4 的调定压力，否则远程调压阀 2 不起作用。

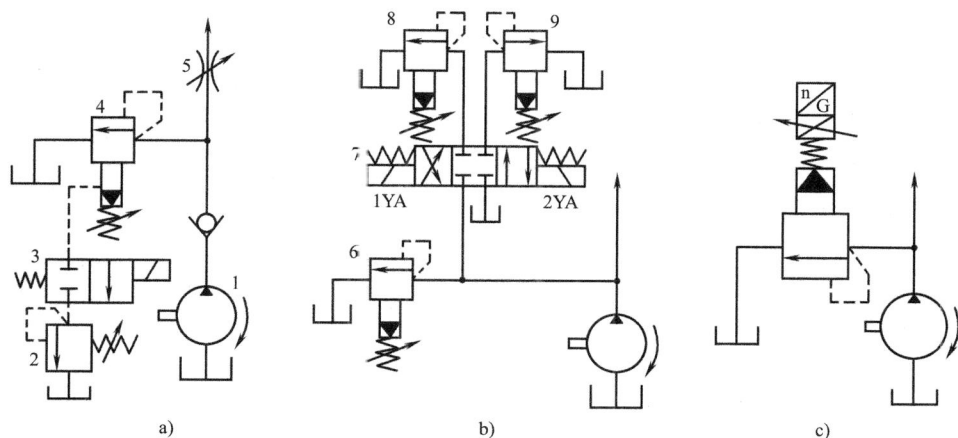

图 7-5　二级与多级调压回路

1—液压泵　2—远程调压阀　3—二位二通电磁阀　4、8、9—溢流阀　5—节流阀　6—主溢流阀　7—换向阀

（4）多级调压回路　图 7-5b 所示为三级调压回路。换向阀 7 处于中位时，系统的压力最高，由主溢流阀 6 来调定；换向阀左位工作时，系统压力由溢流阀 9 来调定；换向阀右位工作时，系统压力由溢流阀 8 来调定。图 7-5c 所示为电液比例调压回路。根据执行元件各工况的压力需求，调节输入电液比例溢流阀的电流，液压泵便可获得多级或无级调压。此回路的调压过程平缓、无冲击，且可随时调节压力。

2. 减压回路

减压回路的功用在于使某一支路得到比溢流阀的调定压力低且稳定的工作压力。如设备液压系统中工件的夹紧、导轨润滑及控制油路常采用减压回路。

图 7-6a 所示为常用的减压回路。泵的供油压力由溢流阀 6 调定，夹紧缸所需的压力油则由减压阀 2 来调节。单向阀 3 的作用是在主油路的压力降低到小于减压阀的调整压力时，使夹紧油路和主油路隔开，实现短时间保压。

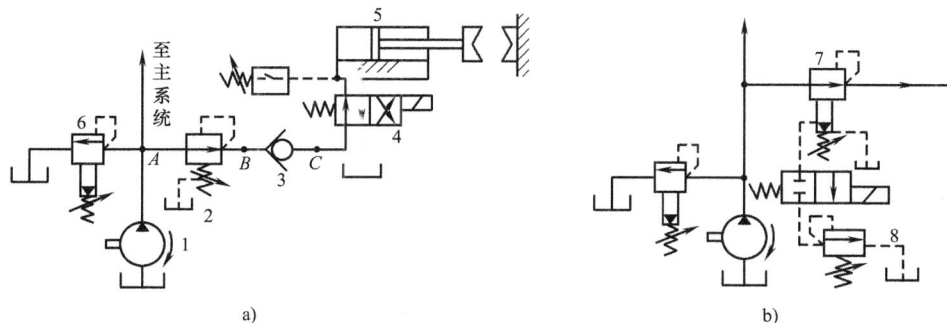

图 7-6　减压回路

1—泵　2—减压阀　3—单向阀　4—换向阀　5—夹紧缸　6—溢流阀　7—先导式减压阀　8—调压阀

图 7-6b 所示为二级减压回路。它是在先导式减压阀 7 的远程控制口接调压阀 8 来使减

压回路获得两种预定的压力：在图示位置上，减压阀出口处的压力由先导式减压阀 7 调定；当换向阀电磁铁通电时，先导式减压阀 7 出口处的压力则由调压阀 8 调定。

减压回路也可以采用比例减压阀来实现无级减压。

3. 卸荷回路

卸荷回路是在系统执行元件短时间停止工作时，不需启停驱动泵的电动机，而使泵在很小的输出功率下运转的回路。液压泵的卸荷有流量卸荷和压力卸荷两种方式。变量泵可采用流量卸荷，使泵仅为补偿泄漏而以最小流量运转，此方法简单，但泵处于高压状态，磨损较严重；压力卸荷是将泵的出口直接接油箱，泵在零压或接近零压下工作。

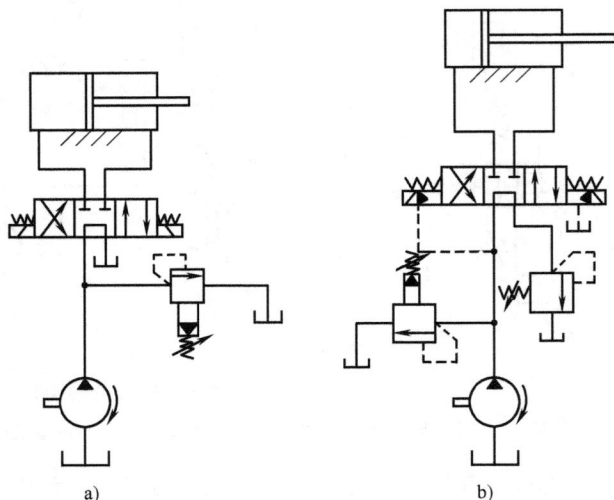

图 7-7 用换向阀中位机能的卸荷回路

（1）用换向阀中位机能的卸荷回路 当滑阀的中位机能为 H、M 或 K 型的三位换向阀处于中位时，泵即卸荷，如图 7-7a 所示。这种卸荷方法比较简单，但只适用于流量较小的场合。若将图中的换向阀改为电液换向阀，如图 7-7b 所示，则可用于流量较大的系统。为了提供控制油压，在回油路上应设置背压阀。

（2）用二位二通阀的卸荷回路 图 7-8 所示为用二位二通电磁阀使液压泵卸荷的回路。图中二位二通阀的流量规格必须与液压泵的流量相匹配。由于受电磁铁吸力的限制，仅适用于流量小于 40mL/min 的场合。

（3）用溢流阀的卸荷回路 图 7-9 所示为采用溢流阀的卸荷回路。当先导式溢流阀的

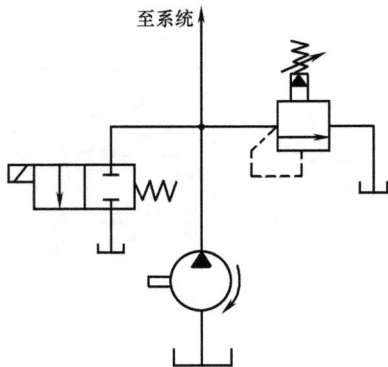

图 7-8 用二位二通电磁阀的卸荷回路

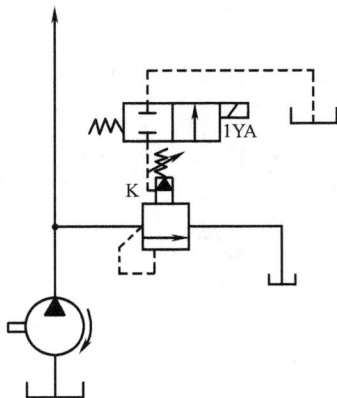

图 7-9 用溢流阀的卸荷回路

远程控制口通过二位二通电磁换向阀接油箱时，即可使液压泵卸荷。由先导式溢流阀和二位二通电磁换向阀组合而成的复合阀称为电磁溢流阀。

（4）用压力补偿变量泵的卸荷回路　图 7-10 所示为采用限压式变量叶片泵的卸荷的回路。当活塞运动到终点或换向阀处于中位时，泵的工作压力升高，输出流量减小，当压力升高到预调的最大值时，泵的流量很小，只是用来补充液压缸或换向阀的泄漏，回路实现保压卸荷。

4. 平衡回路

为了防止立式液压缸及工作部件因自重而自行下落，可在活塞下行的回油路上设置产生一定背压的液压元件，阻止活塞下落，这种回路称为平衡回路。

（1）用单向顺序阀的平衡回路　图 7-11a 所示为采用单向顺序阀的平衡回路。调整顺序阀的开启压力，使其稍大于由垂直运动部件自重在液压缸下腔形成的压力，即可防止活塞因重力而下滑。这种平衡回路在活塞下行时，回油腔有一定的背压，运动平稳。但顺序阀调定后，若工作负载减小，系统的功率损失将增大。又由于滑阀结构的顺序阀和换向阀存在泄漏，活塞不能长时间停在任意位置，故该回路适用于工作负载固定且活塞锁紧要求不高的场合。

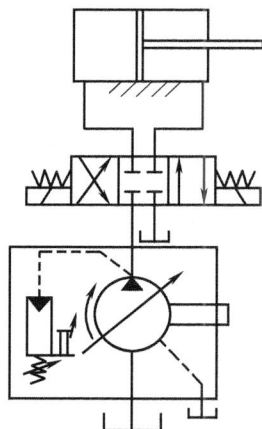

图 7-10　采用限压式变量叶片泵的卸荷回路

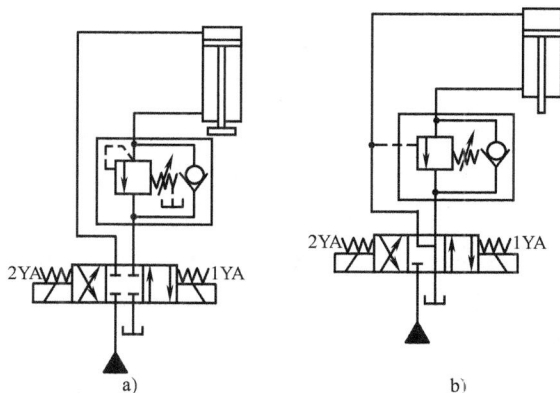

a)　　　　　　　　　b)

图 7-11　平衡回路

（2）采用单向液控顺序阀的平衡回路　图 7-11b 所示为采用单向液控顺序阀的平衡回路。这种平衡回路在活塞下行时，回油腔没有背压，功率损失小。但在活塞下行时，液控顺序阀被进油路上的控制油打开，回油腔没有背压，运动部件由于自重而加速下降，造成液压缸上腔供油不足，液控顺序阀因控制油路失压而关闭，关闭后控制油路又建立起压力，液控顺序阀又被打开，顺序阀时开时闭，使活塞在向下运动过程中产生振动和冲击。若在回油路上加设单向节流阀，可防止活塞下行时的振动和冲击，也可控制流量，起到调速作用，使运动平稳。

7.1.3　速度控制回路

液压系统中的速度控制回路包括调速回路、快速运动回路及速度换接回路。

1. 调速回路

调速回路是用来调节执行元件工作行程速度的回路。液压缸的运动速度 v 为

$$v = \frac{q}{A} \tag{7-1}$$

液压马达的转速 n 为

$$n = \frac{q}{V_M} \tag{7-2}$$

式中　q——输入液压执行元件的流量；

　　　A——液压缸的有效面积；

　　V_M——液压马达的排量。

由以上两式可知，只要改变输入液压执行元件的流量（或液压马达的排量），即可改变执行元件的速度。因此，液压系统的调速方法有以下三种。

节流调速——采用定量泵供油，由流量阀改变进入执行元件的流量来实现调速的方法。

容积调速——采用变量泵或变量马达实现调速的方法。

容积节流（联合）调速——采用变量泵和流量阀相配合的调速方法。

（1）节流调速回路　节流调速回路由定量泵供油，用流量阀改变进入执行元件的流量来实现调速。该回路结构简单，成本低，使用维修方便，所以得到了广泛的应用。但其能量损失大，效率低，发热量大，故一般只适用于小功率场合。

节流调速回路按其流量阀安放的位置有进油路节流调速、回油路节流调速和旁油路节流调速三种形式。

1）进油路节流调速回路。图 7-12 所示为采用节流阀的进油路节流调速回路。节流阀串联在液压泵和执行元件之间，控制进入液压缸的流量，以达到调速的目的。泵出口的压力为溢流阀的调整压力并基本保持不变，系统多余的油液通过溢流阀流回油箱。

液压缸的运动速度和节流阀通流面积 A_T 成正比。调节 A_T 可实现无级调速，这种回路的调速范围较大（速比最高可达 100）。

这种调速回路的速度随负载而变化，即速度负载特性软。在供油压力已经调定的情况下，回路的最大承载能力不变。它适用于轻载、低速、负载变化不大和对速度稳定性要求不高的小功率液压系统。

2）回油路节流调速回路。把节流阀串联在执行元件的回油路上，如图 7-13 所示。用节

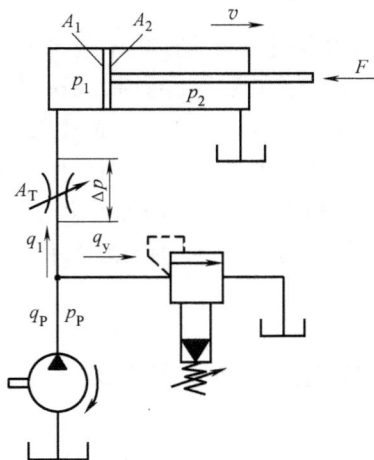

图 7-12　进油路节流调速回路

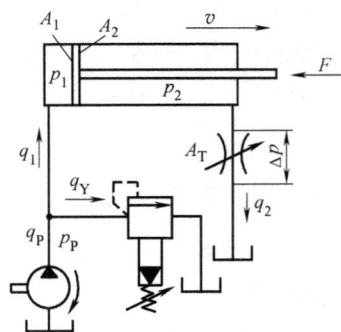

图 7-13　回油路节流调速回路

流阀调节液压缸的回油流量，也就控制了进入液压缸的流量。定量泵多余的油液经溢流阀流回油箱，泵的出口压力为溢流阀的调整压力并基本稳定。

回油路节流调速回路的速度随负载的变化情况、最大承载能力等特点和进油路节流调速回路基本相同，但这两种调速回路仍有许多不同之处，其性能比较见表7-1。

表7-1 进油路节流调速回路和回油路节流调速回路的性能比较

回路 性能	进油路节流调速回路	回油路节流调速回路
承受负值负载的能力	由于回油腔没有背压，因而不能在负值负载下工作	节流阀使液压缸回油腔形成一定的背压，因而能在一定负值负载下工作
停车后的起动性能	由于进油路上有节流阀控制流量，故活塞前冲很小，甚至没有前冲	由于进油路上没有节流阀控制流量，会使活塞前冲
实现压力控制的方便性	当工作部件碰到死挡块而停止后，进油腔的压力将升到溢流阀的调定压力，利用这一压力变化实现压力控制较方便	回油腔的压力会随负载而变化，当工作部件碰到死挡块后，其压力将降至为零，若利用这一压力变化来实现压力控制，其可靠性差，一般不采用
运动平稳性	因不存在背压，故运动平稳性差	由于有背压存在，故运动平稳性好
获得更低的稳定速度	节流阀通流面积较大，因此，能获得更低的稳定速度	节流阀通流面积较小，能获得较高的稳定速度

为了提高回路的综合性能，一般常采用进油路节流调速，并在回油路上加背压阀的回路。

3）旁油路节流调速回路。这种节流调速回路是将节流阀装在与液压缸并联的支路上，如图7-14所示。节流阀调节了液压泵流回油箱的流量，从而控制了进入液压缸的流量，调节节流阀的通流面积，即可实现调速。由于溢流作用已由节流阀承担，故溢流阀实际上是安全阀，常态时关闭。因此，液压泵工作过程中的压力完全取决于负载而不恒定，所以这种调速方式又称变压式节流调速。

旁油路节流调速回路只有节流损失而无溢流损失，泵的压力随负载变化。因此，该回路效率较高，但速度负载特性很软，低速承载能力差，故应用较少，一般只用于高速、重载和对速度平稳性要求很低的较大功率系统，如牛头刨床主运动系统、输送机械液压系统等。

4）采用二通流量控制阀（调速阀）的节流调速回路。使用节流阀的节流调速回路，速度和负载特性都比较软，变载荷下的运动平稳性都比较差。由于调速阀能

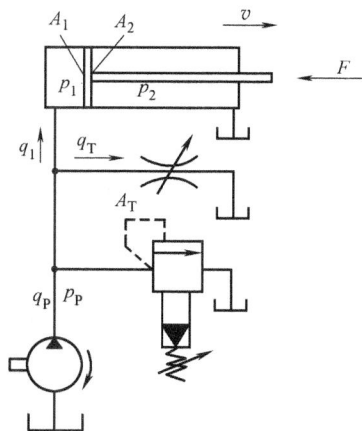

图7-14 旁油路节流调速回路

在负载变化的条件下保证节流阀进、出油口间的压力差基本不变，因而使用调速阀代替节流阀，回路的速度负载特性将得到改善。但为了保证调速阀能正常工作，调速阀两端的压力差必须大于最小稳定压力差。因为调速阀的最小稳定压力差比节流阀的压差大，所以其调速回路的功率损失比节流阀调速回路要大一些。

（2）容积调速回路　采用变量泵或变量马达的容积调速回路，因无溢流损失和节流损失，故效率高，发热量小。根据油路的循环方式不同，容积调速回路分为开式回路和闭式回路两种。开式回路即泵从油箱吸油，执行元件的回油仍返回油箱。在闭式油路中，泵的吸油口与执行元件回油口直接连接，油液在系统内封闭循环，为了补偿泄漏以及由于执行元件进、回油腔面积不等所引起的流量之差，闭式回路需要设置辅助补油泵，以及与之配套的溢流阀和小油箱。补油泵的流量一般为主泵流量的 10% ~15%，压力通常为 0.3 ~1MPa。

根据液压泵和液压马达（或液压缸）组合方式的不同，容积调速回路有三种形式，它们的组成和工作原理如下。

1）变量泵和定量液压执行元件组成的容积调速回路。图 7-15a 所示为变量泵和液压缸组成的开式容积调速回路，图 7-15b 所示为变量泵和定量液压马达组成的闭式容积调速回路。这两种调速回路都是采用改变变量泵的输出流量来调速的。工作时，溢流阀关闭，作安全阀用。在图 7-15b 所示的回路中，泵 8 是补油辅助泵。辅助泵供油压力由溢流阀 7 调定。在回路中，泵的输出流量全部进入液压马达（或液压缸），若不考虑泄漏影响，则液压缸活塞的运动速度 v 为

$$v = \frac{q_P}{A_c} = \frac{V_P n_P}{A_c} \tag{7-3}$$

液压马达的转速

$$n_M = \frac{q_P}{V_M} = \frac{V_P n_P}{V_M} \tag{7-4}$$

式中　q_P——变量泵的流量；

V_P、V_M——变量泵和液压马达的排量；

n_p、n_M——变量泵和液压马达的转速；

A_c——液压缸的有效工作面积。

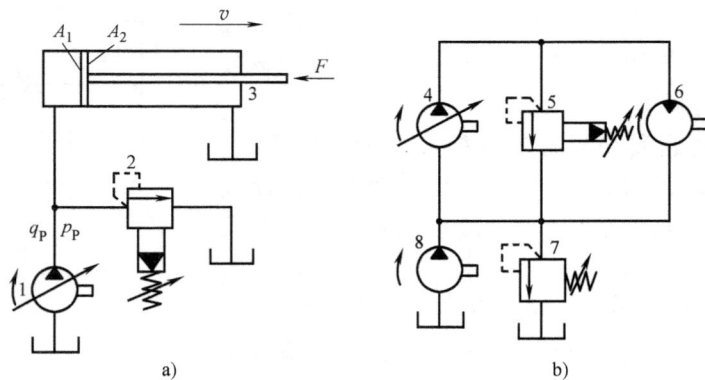

图 7-15　变量泵和定量液压执行元件组成的容积调速回路
1、4、8—泵　2、5、7—溢流阀　3—液压缸　6—液压马达

2）定量泵和变量液压马达组成的容积调速回路。定量泵和变量液压马达组成的容积调速回路如图 7-16 所示。定量泵 1 的输出流量不变，调节变量液压马达 3 的排量，便可改变其转速。工作时，溢流阀 2 关闭，作安全阀用。泵 5 是补油辅助泵，供油压力由溢流阀 4 调定。

3）变量泵和变量马达组成的容积调速回路。图7-17所示为采用双向变量泵和双向变量马达的容积调速回路。变量泵1正向和反向供油，液压马达即正向或反向旋转。单向阀6和8用于使辅助泵4双向补油，单向阀7和9使安全阀3在两个方向都能起过载保护作用。这种调速回路是上述两种调速回路的组合，由于液压泵和液压马达的排量均可改变，故扩大了调速范围和液压马达转矩和功率输出的可选择性。

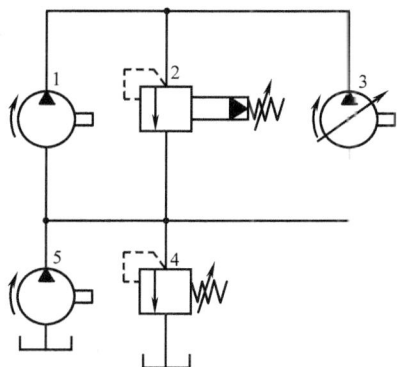

图7-16　定量泵和变量马达组成的容积调速回路
1、5—泵　2、4—溢流阀　3—变量液压马达

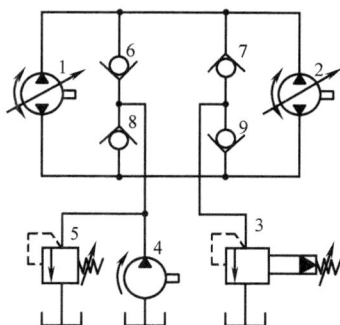

图7-17　变量泵和变量马达组成的容积调速回路
1、4—泵　2—液压马达　3、5—安全阀　6、7、8、9—单向阀

（3）容积节流调速回路　容积调速回路具有效率高、发热量小的优点，但随着负载增加，容积效率将下降，于是速度发生变化，尤其低速时稳定性更差，因此，有些机床的进给系统，为了减少发热量并满足速度稳定性的要求，常采用容积节流调速回路。这种回路的特点是效率高，发热量小，速度刚性比容积调速好。

图7-18所示为限压式变量泵和调速阀组成的容积节流调速回路。调速阀3装在进油路（也可装在回油路），调节调速阀便可改变进入液压缸的流量，而泵1的输出流量与通过调速阀进入液压缸的流量相适应。例如，减小调速阀的通流面积 A_T 到某一值，在关小调速阀开口的瞬间，泵的输出流量还未来得及改变，出现了 $q_P > q_1$，导致泵的出口压力 p_P 增大，从而使变量泵的流量 q_P 自动减小到与通过调速阀的流量 q_1 相一致。反之，将调速阀的通流面积增大到某一值，将出现 $q_P < q_1$，引起泵的出口压力降低，使其输出流量自动增大到 $q_P = q_1$。在回路中，溢流阀2作安全阀用，调节限压式变量泵的压力，应使 $p_P = p_{1max} + 0.5 \text{MPa}$。此时不仅活塞的运动速度不随负载变化，而且通过调速阀的功率损失最小。

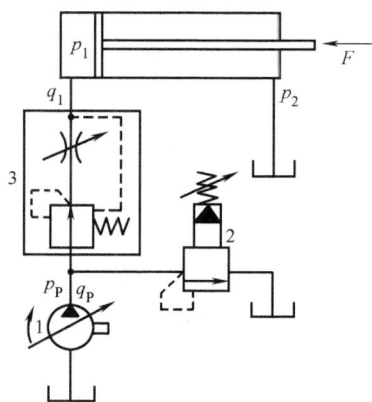

图7-18　限压式变量泵和调速阀组成的容积节流调速回路
1—泵　2—溢流阀　3—调速阀

2. 快速运动回路

快速运动回路的功用在于使执行元件获得必要的高速，以提高系统的工作效率。

（1）双泵供油的快速运动回路　如图7-19所示，高压小流量泵1和低压大流量泵2组成的双联泵作动力源。液控顺序阀 3（卸荷阀）和溢流阀 5 分别调定双泵供油和小流量泵供油时系统的最高工作压力。当执行元件快速运动时，两个泵同时向系统供油。当工作进给时，系统压力升高，卸荷阀 3 的外控油路压力达到或超过其调定压力，卸荷阀 3 打开，大流量泵通过卸荷阀 3 卸荷，单向阀 4 自动关闭，只有小流量泵 1 向系统供油，液压缸慢速运动。卸荷阀 3 的调定压力至少应比溢流阀的调定压力低 10% ~20%，比快速运动所需的压力高 0.5~0.8MPa。这种回路简单，效率高，常用在执行元件快进和工进速度相差较大的场合。

（2）液压缸差动连接的快速运动回路　如图 7-20 所示，当 2YA 通电而 1YA、3YA 断电时，液压缸差动连接做快速运动。当 3YA 通电时，差动连接被切断，液压缸回油经过调速阀，实现工进。当 1YA、3YA 通电时，缸实现快退。该回路结构简单，应用较多。

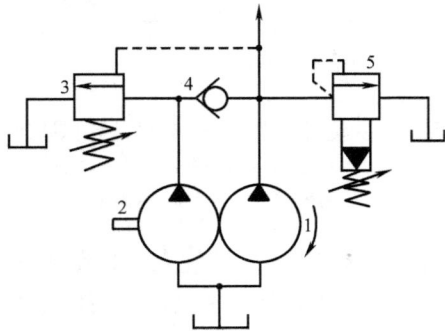

图 7-19　双泵供油的快速回路
1、2—泵　3—卸荷阀　4—单向阀　5—溢流阀

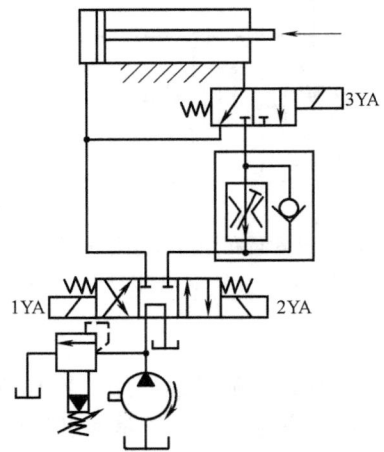

图 7-20　液压缸差动连接的快速回路

3. 速度换接回路

速度换接回路的功用是使液压执行元件在一个工作循环中从一种运动速度变换到另一种运动速度。实现这种功能的回路应该具有较高的速度换接平稳性。

（1）快速与慢速的换接回路　组合机床液压系统中常采用行程阀的快慢速换接回路，如图 7-21 所示。在图示状态下，液压缸快进，当活塞所连接的挡块压下行程阀 6 时，行程阀关闭，液压缸右腔的油液必须通过节流阀 5 才能流回油箱，液压缸就由快进转换为慢速工进。当换向阀的左位接入回路时，压力油经单向阀 4 进入液压缸右腔，活塞快速向左返回。这种回路的快慢速换接比较平稳，换接点的位置比较准确；但行程阀的安装位置受到限制，管道连接较为复杂。若将行程阀改换为电磁阀，如图 7-20 所示，则安装连接比较方便，但速度换接的平稳性和可靠性以及换接精度都较差。

（2）两种慢速的换接回路　某些设备要求有两种进给速度，一般第一进给速度大于第二进给速度，为实现两次工进速度，常用两个调速阀串联或并联在油路中，用换向阀进行切换。图 7-22 所示为调速阀串联来实现两次进给速度的换接回路，由于调速阀 3 的开口要小于调速阀 2 的开口，故它只能用于第二进给速度小于第一进给速度的场合，这种回路速度换接平稳性较好。

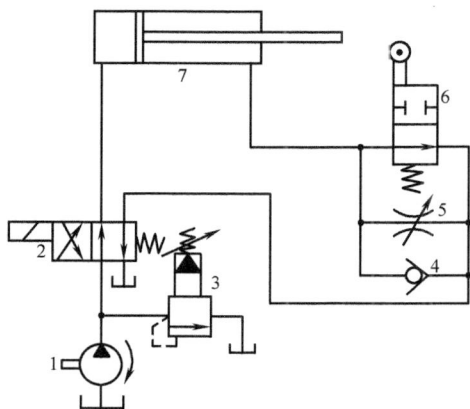

图 7-21 采用行程阀的快慢速换接回路
1—泵 2—换向阀 3—溢流阀 4—单向阀
5—节流阀 6—行程阀 7—液压缸

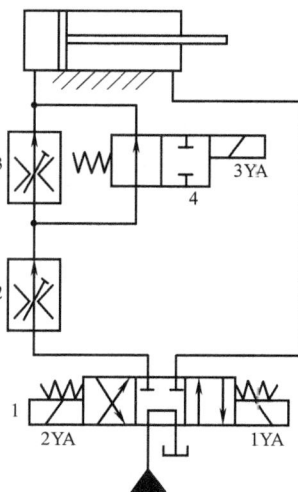

图 7-22 两种慢速的速度换接回路
1—三位四通换向阀 2、3—调速阀
4—二位二通电磁换向阀

7.1.4 多缸动作控制回路

在液压系统中,由一个油源向多个液压缸供油时,可简化回路,合理利用功率。但各执行元件间会因回路中的压力、流量的相互影响在动作上受到牵制。可通过控制压力、流量和行程来实现多个执行元件预定动作的要求。多缸动作控制回路通常有顺序动作回路、同步回路和互不干扰回路。

顺序动作回路的功用在于使多个执行元件严格按照预定顺序依次动作。按控制方式不同,分为行程控制和压力控制两种。压力控制是利用系统的压力变化来使执行元件按顺序先后动作,常用的控制元件有顺序阀、压力继电器。图 7-23 所示为用单向顺序阀控制的顺序动作回路,顺序阀 D 的调整压力大于液压缸 A 的最大前进工作压力,顺序阀 C 的调整压力大于液压缸 B 的最大返回工作压力。当换向阀右位接入回路时,液压油首先进入液玉缸 A 的左腔,顺序阀 D 关闭,完成动作①;当液压缸 A 的活塞运动到终点时,压力升高,压力油打开顺序阀 D 而进入液压缸 B 的左腔,实现动作②。当换向阀左位接入回路时,液压油首先进入液压缸 B 的右腔,顺序阀 C 关闭,完成动作③;当液压缸 B 的活塞运动到终点时,压力升高,压力油打开顺序阀 C 而进入液压缸 A 的右腔,实现动作④。该回路结构简

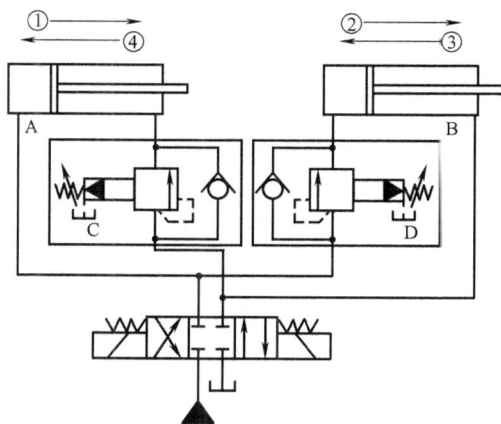

图 7-23 用单向顺序阀控制的顺序动作回路

单，动作可靠，便于调整。

7.2 液压系统

7.2.1 阅读液压系统的方法

机械设备的液压系统，是根据该设备的工作要求采用各种不同功能的基本回路构成的。液压系统图表示了系统内所有各类液压元件的连接和控制情况以及执行元件实现各种运动的工作原理。本章介绍几个典型的液压系统，通过对它们的学习和分析，进一步加深对各种液压元件和回路的理解，增强综合应用能力，掌握阅读液压系统图的方法。阅读液压系统图，大致可按以下步骤进行：

1）了解机械设备的功用、工况对液压系统的要求以及设备的工作循环。

2）初步阅读液压系统图，了解系统中包含哪些元件，以执行元件为中心，将系统分解为若干个子系统，如主系统、进给系统等。

3）逐步分析各个子系统，了解系统由哪些基本回路组成，各个元件的功用及其相互间的关系。根据工作循环和动作要求，参照电磁铁动作表和有关资料等，读懂液压系统，搞清液流的流动路线。

4）根据系统对各执行元件间的互锁、同步、防干扰等要求，分析各子系统之间的联系以及如何实现这些要求。

5）在全面读懂液压系统图的基础上，对系统做出综合分析，总结出液压系统的特点，以加深对液压系统的理解，为液压系统的调整、维护、使用打下基础。

7.2.2 数控车床液压系统

1. 数控车床液压系统概述

装有数字控制系统的车床简称为数控车床。在数控车床上进行车削加工时，其自动化程度高，能获得较高的加工质量。目前，数控车床大多都应用了液压传动技术。下面介绍 MJ-50 型数控车床的液压系统，如图 7-24 所示。

机床中由液压系统实现的动作有：卡盘的夹紧与松开、刀架的夹紧与松开、刀架的正转与反转、尾座套筒的伸出与缩回。液压系统中各电磁阀的电磁铁动作由数控系统的 PLC 控制实现，各电磁铁的动作见表 7-2。

2. 数控车床液压系统的工作原理

数控车床的液压系统采用单向变量泵供油，系统压力调至 4MPa，压力由压力表 15 显示。泵输出的压力油经过单向阀进入系统，其工作原理如下：

（1）卡盘的夹紧与松开　当卡盘处于正卡（或称外卡）且在高压夹紧状态下，夹紧力的大小由减压阀 8 来调整，夹紧压力由压力表 14 来显示。当 1YA 通电时，换向阀 3 左位工作，系统压力油经减压阀 8、换向阀 4、换向阀 3 到液压缸右腔，液压缸左腔的油液经换向阀 3 直接回油箱。这时，活塞杆左移，卡盘夹紧。反之，当 2YA 通电时，换向阀 3 右位工作，系统压力油经减压阀 8、换向阀 4、换向阀 3 到液压缸左腔，液压缸右腔的油液经换向阀 3 直接回油箱，活塞杆右移，卡盘松开。

表7-2 MJ-50 型数控车床液压系统各电磁铁的动作

动作		电磁铁	1YA	2YA	3YA	4YA	5YA	6YA	7YA	8YA
卡盘正卡	高压	夹紧	+	−	−					
		松开	−	+	−					
	低压	夹紧	+	−	+					
		松开	−	+	+					
卡盘反卡	高压	夹紧	−	+	−					
		松开	+	−	−					
	低压	夹紧	−	+	+					
		松开	+	−	+					
刀架	正转								−	+
	反转								+	−
	松开					+				
	夹紧					−				
尾座	套筒伸出							+		
	套筒退回						+	−		

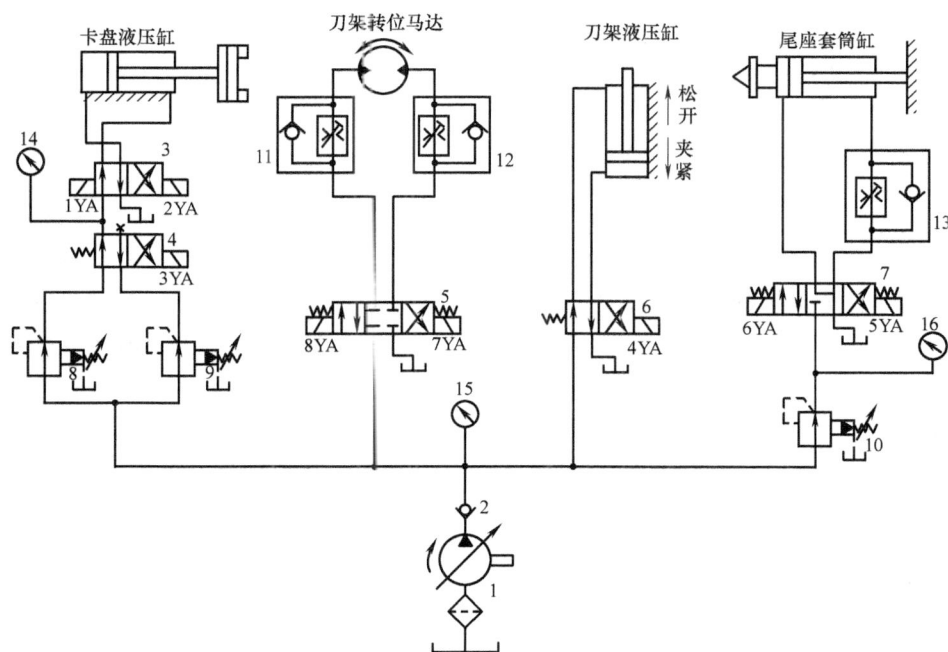

图 7-24 MJ-50 型数控车床的液压系统

1—大流量变量泵 2—单向阀 3、4、5、6、7—换向阀 8、9、10—减压阀
11、12、13—单向调速阀 14、15、16—压力表

当卡盘处于正卡且在低压夹紧状态下，夹紧力的大小由减压阀 9 来调整。这时，3YA 通电，换向阀 4 右位工作。夹紧的过程与高压夹紧时相同。

卡盘反卡（或称内卡）时的工作情况与正卡相似，不再赘述。

（2）回转刀架的回转　回转刀架换刀的过程是"刀架松开→刀架转位→刀架复位→夹紧"，当 4YA 通电时，换向阀 6 右位工作，刀架松开。当 8YA 通电时，液压马达带动刀架正转，转速由单向调速阀 11 控制。若 7YA 通电，则液压马达带动刀架反转，转速由单向调速阀 12 控制。当 4YA 断电时，换向阀 6 左位工作，液压缸使刀架夹紧。

（3）尾座套筒的伸缩运动　当 6YA 通电时，换向阀 7 左位工作，系统压力油经减压阀 10、换向阀 7 到尾座套筒液压缸的左腔，液压缸右腔油液经单向调速阀 13、换向阀 7 回油箱，缸筒带动尾座套筒伸出，伸出时的预紧力大小通过压力表 16 显示。反之，当 5YA 通电时，换向阀 7 右位工作，系统压力油经减压阀 10、换向阀 7、单向调速阀 13 到液压缸右腔，液压缸左腔的油液经换向阀 7 流回油箱，套筒缩回。

3. 数控车床液压系统的特点

1）采用单向变量液压泵向系统供油，能量损失小。

2）用换向阀控制卡盘夹紧，并且能实现高压和低压夹紧的转换，可根据工件情况调节夹紧力的大小，操作方便简单。

3）用液压马达实现刀架的转位，可实现无级调速，并能控制刀架正、反转。

4）用换向阀控制尾座套筒液压缸的换向，以实现套筒的伸出或缩回，并能调节尾座套筒伸出工作时的预紧力大小，以适应不同工件的需要。

5）压力表 14、15、16 可分别显示系统相应处的压力，以便于故障诊断和调试。

7.2.3　数控加工中心液压系统

1. 数控加工中心液压系统概述

数控加工中心是由计算机数字控制（CNC），可在一次装夹中完成钻、扩、铰、镗、铣、锪、攻螺纹、测量等多道工序的加工，集机、电、液、气、计算机于一体的高效自动化机床。机床各部分的动作均由计算机的指令控制，具有加工精度高、尺寸稳定性好、生产周期短、自动化程度高等优点，特别适合于加工形状复杂、精度要求高的多品种成批、中小批量及单件生产。目前，在加工中心中大多采用了液压传动技术，主要完成机床的各种辅助动作。下面介绍卧式镗铣加工中心的液压系统。

2. 数控加工中心液压系统的工作原理

图 7-25 所示为某卧式镗铣加工中心液压系统原理图，其各部分的组成及工作原理如下：

（1）液压源　该系统采用变量叶片泵和蓄能器联合供油的方式，液压泵 2 为限压式变量叶片泵，由电动机 1 带动，溢流阀 4 作安全阀用，手动换向阀 5 用于卸荷，单向节流阀 3 控制向蓄能器充液的速度，过滤器 6 用于回油过滤。当回油压力超过 0.3MPa 时系统报警，此时应更换过滤器的滤芯。

（2）液压平衡装置　由溢流减压阀 7、溢流阀 8、手动换向阀 9、平衡缸 10 组成平衡装置，蓄能器 11 用于吸收液压冲击。平衡缸 10 为支承加工中心立柱丝杠的液压缸，为减小丝杠与螺母间的摩擦，并保持摩擦力均衡，保证主轴精度，用溢流减压阀 7 维持平衡缸 10 下腔的压力，使丝杠在正、反向工作状态下处于稳定状态。当平衡缸上行时，液压源和蓄能器

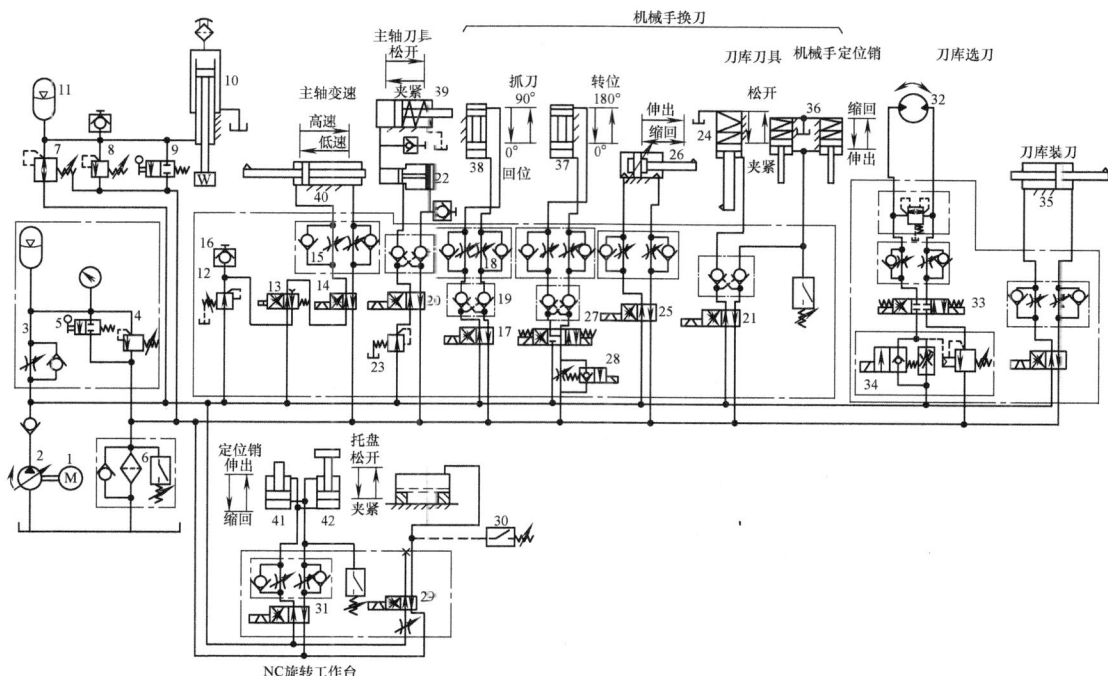

图 7-25 某卧式镗铣加工中心液压系统原理图

1—电动机 2—液压泵 3—单向节流阀 4、8—溢流阀 5、9—手动换向阀 6—过滤器 7、23—溢流减压阀
10—平衡缸 11—蓄能器 12—减压阀 13、14、17、20、21、25、27、28、29、31、33—电磁阀
15、18—双单向节流阀 16—测压接头 19—双液控单向阀 22—增压器 24、26、35、36、
37、38、39、40、41、42—液压缸 30—继电器 32—液压马达 34—控制单元

向平衡缸下腔充油，当平衡缸在滚珠丝杠带动而下行时，缸下腔的油又挤回蓄能器或经过溢流减压阀 7 回油箱，因而起到平衡作用。调节溢流减压阀 7 可使平衡缸 10 处于最佳工作状态，这可用测量 Y 轴伺服电动机的电流来判断。手动换向阀 9 用于卸载。

（3）主轴变速回路 主轴变速箱的换挡变速由液压缸 40 完成。在图示位置时，液压油直接经电磁阀 13 的右位、电磁阀 14 的右位进入液压缸 40 的左腔，从而完成由低速向高速的换挡。当电磁阀 13 切换至左位时，液压油经减压阀 12、电磁阀 13、电磁阀 14 进入液压缸 40 的右腔，完成由高速向低速的换挡。换挡时液压缸 40 的速度由双单向节流阀 15 来调整。减压阀 12 的出口压力由测压接头 16 来测量。

（4）换刀回路及动作 加工中心在加工零件的过程中，前道工序完成后就需换刀，此时机床的 Y 轴、Z 轴退至换刀点，主轴处在准停状态，所需的刀具已处在刀库的预定位置。换刀的动作由机械手完成，换刀的过程是：机械手抓刀→刀具松开和定位→拔刀→换刀→插刀→刀具夹紧和松销→机械手复位。

1）机械手抓刀。当系统收到换刀信号时，电磁阀 17 切换至左位，液压油进入齿条液压缸 38 下腔，推动活塞上移，使机械手同时抓住主轴锥孔中的刀具和刀库上预选的刀具。双单向节流阀 18 控制抓刀和回位的速度，双液控单向阀 19 保证系统失压时机械手位置不变。

2）刀具松开和定位。抓刀动作完成后，发出信号使电磁阀 20 切换至左位，电磁阀 21 处于右位。从而使增压器 22 的高压油进入液压缸 39 左腔，活塞杆将主轴锥孔中的刀具松开；同时，液压缸 24 的活塞杆上移，松开刀库中预选的刀具；此时，液压缸 36 的活塞杆在弹簧力作用下将机械手上两个定位销伸出，卡住机械手上的刀具。松开主轴锥孔中刀具的压力可由溢流减压阀 23 调节。

3）机械手拔刀。主轴、刀库上的刀具松开后，无触点开关发出信号，电磁阀 25 处于右位，由液压缸 26 带动机械手伸出，使刀具从主轴锥孔和刀库链节中拔出。液压缸 26 带有缓冲装置，以防止行程终点发生撞击和噪声。

4）机械手换刀。机械手伸出后发出信号，使电磁阀 27 换向至左位。齿条液压缸 37 的活塞向上移动，使机械手旋转 180°。转位速度由双单向节流阀调节，并可根据刀具的自重，由电磁阀 28 确定两种换刀速度。

5）机械手插刀。机械手旋转 180°后发出信号，使电磁阀 25 换向，液压缸 26 使机械手缩回，刀具分别插入主轴锥孔和刀库链节中。

6）刀具夹紧和松销。机械手插刀后，电磁阀 20、21 换向。液压缸 39 使主轴中的刀具夹紧，液压缸 24 使刀库链节中的刀具夹紧。液压缸 36 使机械手上的定位销缩回，以便机械手复位。

7）机械手复位。刀具夹紧后发出信号，电磁阀 17 换向，液压缸 38 使机械手旋转 90°，回到起始位置。

至此，整个换刀动作结束，主轴起动进入零件加工状态。

（5）旋转工作台回路

1）旋转工作台夹紧。旋转工作台可使工件在加工过程中连续旋转，当进入固定位置加工时，电磁阀 29 切换至左位，使工作台夹紧，并由压力继电器 30 发出信号。

2）托盘交换。交换工件时，电磁阀 31 处于右位，液压缸 41 使定位销缩回，同时液压缸 42 松开托盘，由交换工作台交换工件，交换结束后电磁阀 31 换向，定位销伸出，托盘夹紧，即可进入加工状态。

（6）刀库选刀、装刀回路　在零件加工过程中，刀库需把下道工序所需的刀具预选列位。首先判断所需的刀具在刀库中的位置，确定液压马达 32 的旋转方向，使电磁阀 33 换向，控制单元 34 控制马达起动、中间状态、到位、旋转速度，刀具到位后由旋转编码器组成的闭环系统发出信号。双向溢流阀起安全作用。液压缸 35 用于刀库装卸刀具。

3. 数控加工中心液压系统的特点

1）在加工中心中，液压系统所承担的动作需要的力较小，主要负载是运动部件的摩擦力和起动时的惯性力。因此，一般采用压力在 10MPa 以下的中低压系统，流量一般在 30L/min 以下。

2）加工中心在自动循环过程中，各个阶段流量需求的变化很大，并要求压力基本恒定。采用限压式变量泵与蓄能器组成的液压源，可减小能量损失和系统发热，提高机床加工精度。

3）加工中心主轴刀具需要的夹紧力较大，而液压系统其他部分需要的压力较低，且受主轴结构的限制，不宜选用缸径较大的液压缸。采用增压器可以满足主轴刀具对夹紧力的要求，而且可以达到节约设备费用的目的。

4）在齿轮变速箱中，采用液压缸驱动滑移齿轮来实现两级变速，可以扩大伺服电动机驱动的主轴的调速范围。

5）加工中心的主轴、垂直滑板、变速箱、主电动机等连成一体，由伺服电动机通过 Y 轴滚珠丝杠带动其上下移动。采用平衡阀-平衡缸的平衡回路，可以保证加工精度，减小滚珠丝杠的轴向受力，结构简单、体积和质量小。

6）加工中心液压系统外观整齐，油路管道排列有序，在部分管路中设置压力表、测压接头，易于调整维修。

【小结】

1）方向控制回路包括换向回路和锁紧回路。

① 换向回路可以采用各种操纵方向的换向阀换向，对于单作用缸可采用二位三通阀实现换向，对于双作用缸可采用二位（或三位）四通（或五通）阀换向，三位阀能使执行元件在任意位置停留。

② 采用电液换向阀时，要注意维持控制油压力。

③ 换向回路还可以采用双向变量泵来实现。

④ 锁紧回路可以采用三位阀的中位机能来实现，但锁紧精度差。

⑤ 采用液控单向阀锁紧回路的锁紧精度高。

2）压力控制回路是借助于压力阀来控制系统或支路压力的回路，如调压回路、减压回路、卸荷回路和平衡回路。

① 调压回路的核心是溢流阀，溢流阀具有溢流稳压、起安全保护等多种作用。

② 减压回路的核心是减压阀，减压阀具有降压和稳压的作用。

③ 卸荷的方法有压力卸荷和流量卸荷，对于定量泵常用压力卸荷，对于变量泵常用流量卸荷。

④ 平衡回路是用来防止立式运动部件因自重而下落，可以采用单向顺序阀或单向液控顺序阀实现平衡作用。

3）速度控制回路包括调速回路、快速运动回路和快慢速换接回路。

① 调速回路包括节流调速、容积调速和容积节流调速三种方式。节流调速有进油路、回油路和旁油路调速，它们的共同缺点是速度负载特性软，功率损失大，为了提高速度平稳性，可以用二通流量控制阀（调速阀）代替节流阀。容积调速也有三种形式，它们的损失小，但低速稳定性差。容积节流调速综合了容积调速和节流调速的优点。

② 快速回路的目的是提高生产率，常用的快速回路有双泵供油和液压缸差动连接等多种回路。

③ 速度换接常用的是采用行程阀和电磁阀控制，电磁阀安装、连接方便，动作迅速，但换接的平稳性差，行程阀安装、连接麻烦，但换接的平稳性好。

4）常用的多缸动作回路有同步回路、顺序动作回路和互不干扰回路。常用的实现顺序动作的控制方式有压力控制和行程控制。

5）液压传动系统的分析要从设备的功能要求入手，从子系统到基本回路再到具体元件，逐步深入。

6）数控车床液压系统通过电磁阀和 PLC 控制实现转动和多缸的直线运动。

7）数控加工中心液压系统通过电磁阀和无触点开关控制多执行元件的动作，具有特殊的平衡回路。

8）分析设备机电液联合控制时，应注意以下问题：

① 要了解设备的结构、运动情况以及工艺要求。

② 要了解设备中机械、电气、液压三者的关系，明确设备对电气及液压的控制要求。

③ 按照从"化整为零"到"积零为整"的方法，将整个控制系统按功能分成若干部分进行分析、总结，并注意各部分间的相互联系。

【习题】

一、填空题

1. 在图 7-24 中，换向阀 3 的作用是 _____，采用双电磁铁的目的是 _____。单向调速阀 11 和 12 的作用是 _____，压力表 14 的作用是 _____。

2. 在图 7-25 中，溢流减压阀 7 的作用是 _____。手动换向阀 9 的作用是作 _____ 用，在 _____ 时使用。压力继电器 30 的作用是 _____。阀 14 是 _____，它的作用是 _____。本系统采用了多个这种元件。双液控单向阀 19 的作用是 _____。控制单元 34 的作用是 _____。

二、分析题

1. 在数控加工中心的液压系统中，其平衡装置和一般设备中的平衡装置有什么区别？采用增压缸的目的是什么？

2. 在图 7-26 所示回路中，若溢流阀 1、2 的调整压力分别为 4.0MPa、3.0MPa，泵出口主油路处的负载阻力为无限大。试问在不计管路损失和调压偏差时：

1）当 1YA 通电时，泵的工作压力为多少？B 点和 C 点的压力各为多少？

2）当 1YA 断电时，泵的工作压力为多少？B 点和 C 点的压力各为多少？

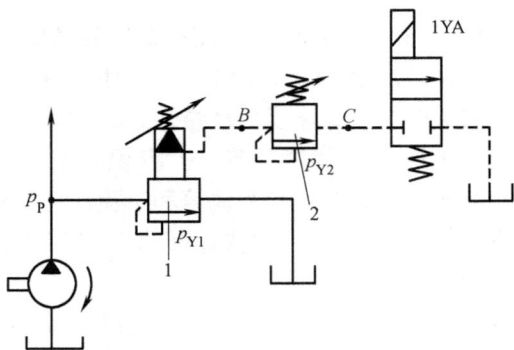

图 7-26　题 2 图

3. 在图 7-27 所示回路中，溢流阀 1 的调整压力为 4.0MPa，减压阀 2 的调整压力为 2.0MPa。试分析回答下列问题（不计摩擦力和压力损失）：

1）夹紧缸 6 在夹紧工件前做空载运动时，A、B、C 三点的压力各为多少？

2）夹紧缸 6 在夹紧工件后，主系统油路截止时，A、B、C 三点压力各为多少？

3）夹紧工件后，当工作缸快进时，主系统油路压力降到 1MPa，这时 A、B、C 三点的压力各为多少？

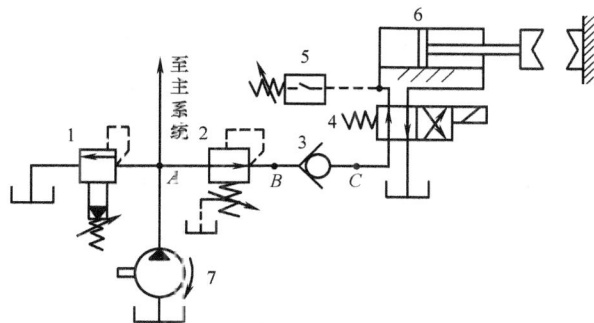

图 7-27　题 3 图

4. 在图 7-28 所示回路中，液压缸能实现"快进→工进→快退"的工作循环，现要求：

1）填写电磁铁动作顺序表（注：用"＋"表示通电；"－"表示断电）。

2）写出元件 1、2、8 的名称和作用。

电磁铁动作顺序表

动作	1YA	2YA	3YA
快进			
工进			
快退			

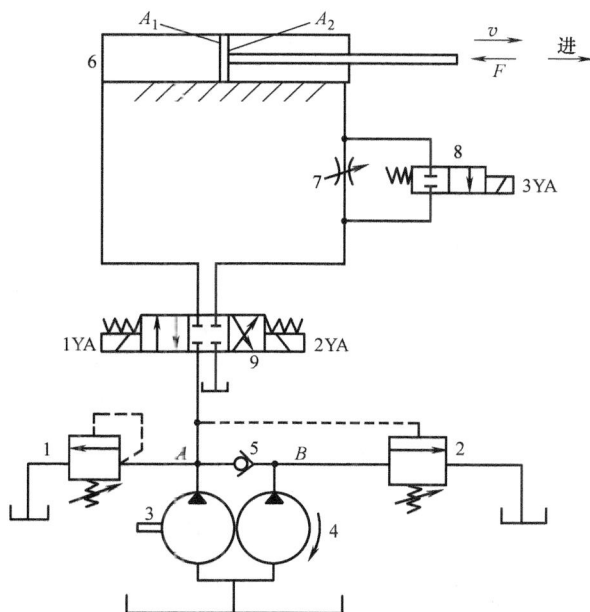

图 7-28　题 4 图

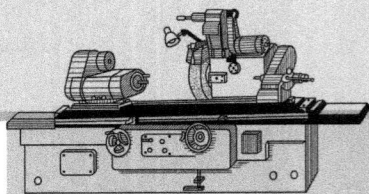

第8章

气压传动基本知识

气压传动是以压缩空气为工作介质来传递动力和控制信号的一种传动方式。由于气压传动和液压传动一样，都是以流体作为工作介质来进行能量的传动和控制，因此在工作原理、系统组成及图形符号等方面存在着不少相似之处。另外，随着微电子技术的迅速发展和完善，气压传动技术与电气控制和液压技术一样，是实现自动控制不可缺少的一种方法，在国内外工业生产中得到了日益广泛的应用。

本章首先从实例入手介绍气压传动的工作原理和气压传动系统的组成；其次主要介绍气源部分（空气压缩机和气源净化装置）、执行元件（气缸和气马达）、控制元件（压力控制阀、流量控制阀和方向控制阀）和其他辅助元件的工作原理、结构和应用；最后主要介绍气压传动基本回路、气动系统的工作原理和应用。

8.1　气压传动概述

8.1.1　气压传动的工作原理

现以气动剪切机为例，来说明气压传动的工作原理。图8-1所示为剪切机气压系统工作原理示意图。由空气压缩机1产生的压缩气体经过初次净化处理后储存在气罐4中，再经空气过滤器5、减压阀6和油雾器7最后送到气控换向阀9，供执行机构工作。图示位置为工件被剪切前的情况，当工件11由上料装置（图中未画出）送入剪切机并将机动阀8的顶杆向右压，到达规定位置时，使机动阀8的内通路打开，气控换向阀9的A腔与大气相通，气压下降，阀芯受弹簧力作用下移，直至下移到平衡位置，即气缸10上腔与气控换向阀9的上腔通气口相通，气缸下腔与气控换向阀9中间压力气口相通，此时气缸10下腔进气，上腔出气，压力作用于活塞下端，推动活塞、连杆及活动剪切刀上移，直到剪断工件为止，工件剪断后，机动阀8受弹簧作用复位到图示状态，则压缩气体经节流阀孔a进入气控换向阀9的A腔，A腔压力升高，使气控换向阀9的阀芯上移恢复到图示位置，此时气缸10上腔进气，下腔出气，推动活塞、连杆及活动剪切刀下移，为下一次剪切做准备。

由此可见，剪切机构克服阻力切断工件的机械能是由压缩空气的压力能转换后得到的，同时，气控换向阀9控制压缩气体的通路不断改变，使气缸活塞带动剪切机构频繁地实现剪切与复位的循环。图8-1b所示为该系统的图形符号原理图，由图可见气动图形符号和液压图形符号的表示有很明显的相似性。

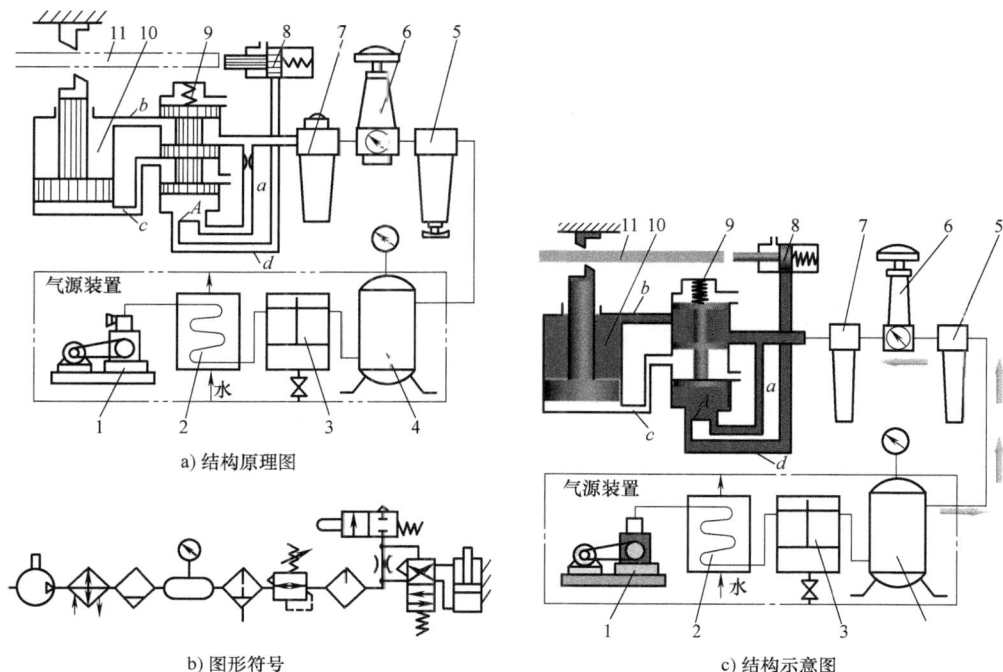

图 8-1　剪切机气压系统工作原理示意图

1—空气压缩机　2—冷却器　3—分水排水器　4—气罐　5—空气过滤器　6—减压阀
7—油雾器　8—机动阀　9—气控换向阀　10—气缸　11—工件

8.1.2　气压传动系统的组成

由上例可见，气压传动系统一般由以下四个部分组成：

（1）气源部分　其主要设备是空气压缩机。它的功用是将原动机输出的机械能转变为气体的压力能，为各类气动设备提供动力（压缩空气）。

（2）执行元件　气缸或气马达，它的功用是将空气的压力能转换成直线运动或回转运动等形式的机械能，带动负载完成规定的动作。

（3）控制元件　各种阀类，如压力阀、流量阀、方向阀、逻辑元件等。该部分是控制和调节压缩空气的压力、流量和流动方向的元件。通过控制元件可控制执行元件按要求的程序和性能正确地工作。

（4）辅助元件　如过滤器、干燥器、油雾器、消声器及管件等，这些元件可使压缩空气净化、润滑、消声以及用于元件间连接等。该部分是为保证气压传动正常工作的一类元件。

8.1.3　气压传动的特点

1. 优点

1）使用空气作为工作介质，不仅易于取得，而且用后可直接排入大气，不需回气管路，不但廉价，而且不污染环境。

2）动作迅速反应快。

3）空气黏度很小，在管路中流动时压力损失小，适于集中供气和远距离输送。

4）宜在各种环境中工作，特别是易燃、易爆、多尘埃、强磁、强振、潮湿、辐射等恶劣环境中工作，并且允许工作温度范围宽，可在 0 ~ 200℃ 之间，甚至更高温度时工作。

5）气动元件结构简单，维护方便，安装自由度大且可靠性高，使用寿命长。

2. 缺点

1）空气具有可压缩性，当载荷变化时，气动系统的动作稳定性差。

2）工作压力较低（一般为 0.4 ~ 0.8MPa），气动系统不易获得较大的输出力和力矩。

3）噪声较大，尤其在超音速排气时需加消声器。

8.2　气源装置

8.2.1　空气压缩机

1. 空气压缩机的分类

空气压缩机分类方法很多，按其工作原理一般分为容积式压缩机和速度式压缩机两大类，其中容积式空气压缩机具有结构简单、使用方便等特点，在实际中广泛使用。

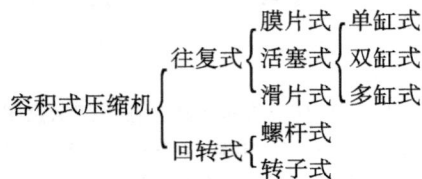

$$
容积式压缩机
\begin{cases}
往复式
\begin{cases}
膜片式 \\
活塞式
\begin{cases}
单缸式 \\
双缸式 \\
多缸式
\end{cases} \\
滑片式
\end{cases} \\
回转式
\begin{cases}
螺杆式 \\
转子式
\end{cases}
\end{cases}
$$

2. 活塞式空气压缩机的工作原理

活塞式空气压缩机的应用最为普遍，有卧式和立式两种结构。图 8-2 所示为立式活塞式空气压缩机的工作原理图及其图形符号。

活塞式空气压缩机的工作过程分三步。第一步是吸气过程，即活塞在曲柄连杆机构带动向下运动时，气缸 2 内形成局部真空，排气阀 3 关闭，进气阀 5 打开，空气在大气压作用下进入气缸 2。第二步是压缩过程，当活塞运动到最下端再向上运动时，由于气缸 2 内的气压大于大气压，又小于排气管 4 中的气压，使进气阀 5、排气阀 3 都关闭，气缸内空气被压缩，气压上升。第三步是排气过程，当气缸内压缩空气的压力高于排气管 4 内的压力时，排气阀 3 打开，压缩空气进入排气管 4 内，此时进气阀 5 是关闭的。这样当原动机连续运转时，活塞式空气压缩机就会重复以上三个工作过程，因此产生源源不断的压缩空气向外输出。

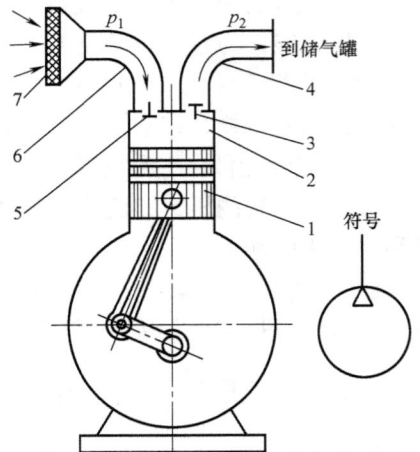

8.2.2　气动辅助元件

1. 冷却器

冷却器安装在空气压缩机的后面，作用是将空气

图 8-2　活塞式空气压缩机的
工作原理及其图形符号

1—活塞　2—气缸　3—排气阀　4—排气管
5—进气阀　6—进气管　7—空气过滤器

压缩机排出的压缩空气的温度从 140～170℃ 降到 40～50℃。使压缩空气中含有的水汽和油汽冷凝成水滴和油滴，便于经油水分离器除去。常用的冷却器有列管式、套管式、蛇形式和散热片式等几种，如图 8-3 所示。

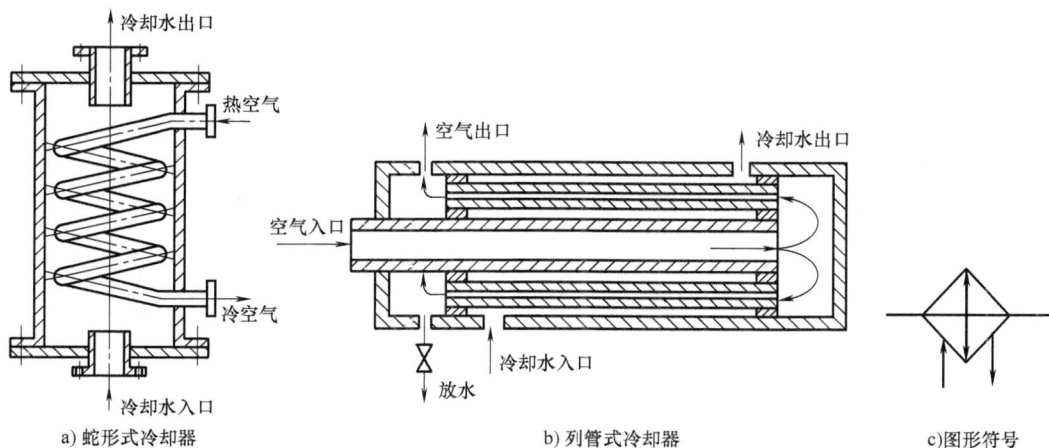

图 8-3　冷却器及其图形符号

2. 过滤器

过滤器的作用是滤去压缩空气中的杂质，给系统提供清洁的压缩气体。常用的过滤器有一次过滤器（也称简易过滤器）和二次过滤器（油水分滤器）。图 8-4 所示为离心旋转式油水分滤器的结构原理图（一般作二次过滤器用）和过滤器的图形符号。

在气动系统中，一般称分水滤气器、减压阀、油雾器为气源处理装置，是气动系统中必不可少的辅助装置。

3. 储气罐

储气罐的功用：①储存一定量的压缩空气，解决空气压缩机的输气量和用户耗气量之间的不平衡问题；②消除压力波动；③进一步分离压缩空气中的水、油等杂质。储气罐有立式和卧式两种形式，一般采用圆筒状焊接结构，立式储气罐用的较多。图 8-5 所示为立式储气罐的结构及其图形符号。

4. 油雾器

气动系统中的各种气阀、气缸、气马达等的可动部分都需要润滑，但以压缩空气为动力的气动元件都是密封气室，不能用一般方法注油，只能以某种方法将油混入气流中，带到需要润滑的地方。油雾器就是这样一种特殊的注油装置，它使润滑油雾化后注入空

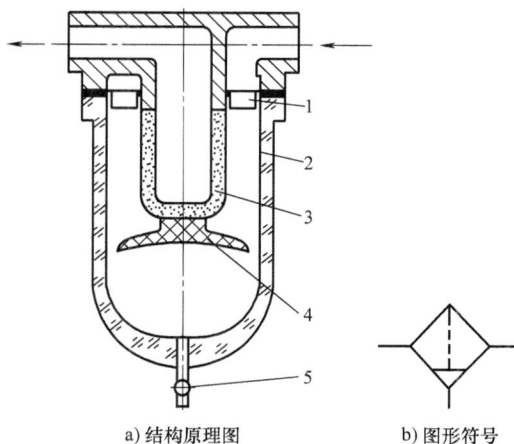

图 8-4　离心旋转式油水分滤器的
结构原理图及过滤器的图形符号
1—旋风叶子　2—存水杯　3—滤
芯　4—挡水板　5—排水板

气流中，随空气进入需要润滑的部件。用这种方法加油，具有润滑均匀、稳定，耗油量少和不需要大的储油设备等特点。

图 8-6 所示为油雾器的结构原理图。压缩空气从气流入口 1 进入，大部分气体从主气道流出，一小部分气体由小孔 2 通过截止阀 10 进入储油杯 5 的上腔 A，使杯中油面受压，迫使储油杯中的油液经吸油管 11、单向阀 6 和节流阀 7 滴入透明的视油器 8 内，然后再滴入喷嘴小孔 3，被主管道通过的气流引射出来，雾化后随气流由出口 4 输出，送入气动系统。透明的视油器 8 可供观察滴油情况，上部的节流阀 7 可用来调节滴油量。这种油雾器可以在不停气的情况下加油。

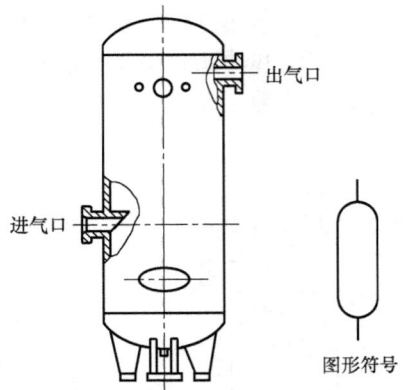

图 8-5　立式储气罐的
结构及其图形符号

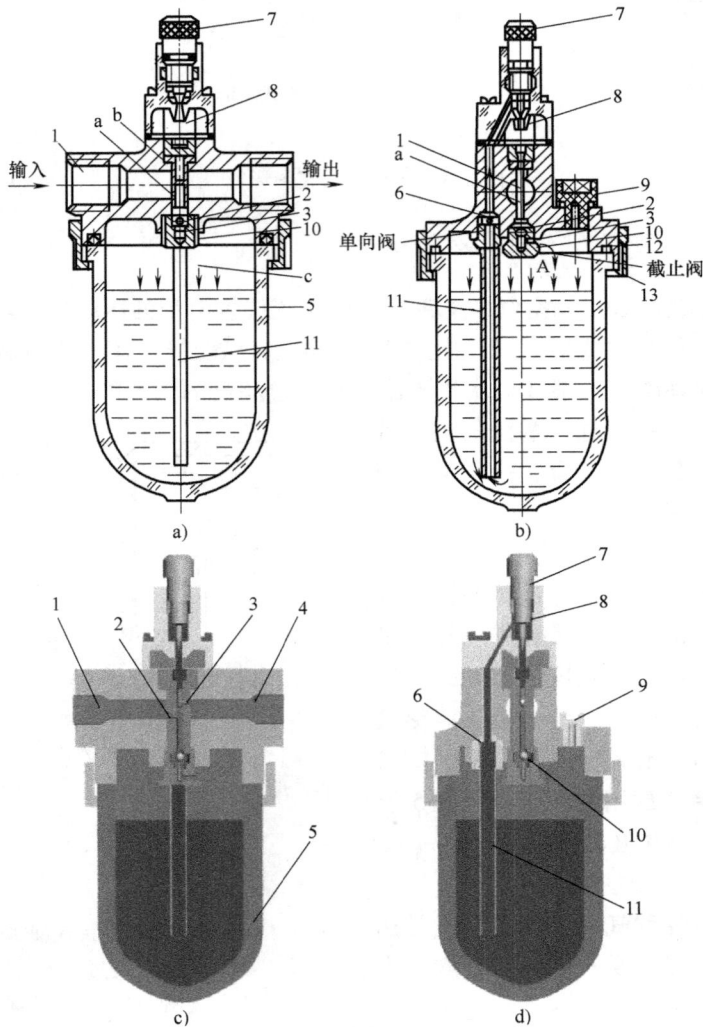

图 8-6　油雾器的结构原理图
1—气流入口　2、3—小孔　4—出口　5—储油杯　6—单向阀　7—节流阀
8—视油器　9—旋塞　10—截止阀　11—吸油管　12—密封圈　13—螺母

油雾器一般应安装在分水滤气器、减压阀之后，尽量靠近换向阀，应避免把油雾器安装在换向阀与气缸之间，以免造成浪费。

5. 消声器

气动回路与液压回路不同，它没有回气管道，压缩空气使用后直接排入大气，因排气速度较高，会产生强烈的排气噪声。为降低噪声，一般在换向阀的排气口安装消声器。常用的消声器有吸收型、膨胀干涉型和组合型。图8-7所示为吸收型消声器，这种消声器主要依靠吸声材料消声。消声套是由多孔的吸声材料用聚苯乙烯颗粒或铜珠烧结而成的。当有压气体通过消声套排出时，引起吸声材料细孔和狭缝中的空气振动，使一部分声能由于摩擦转换为热能，从而降低了噪声。

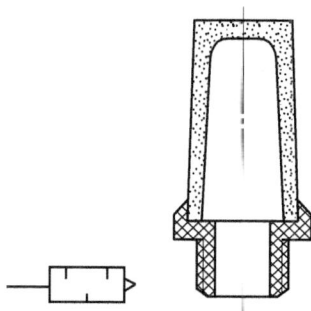

图8-7 吸收型消声器

8.3 气动执行元件

气动执行元件是将压缩空气的压力能转换为机械能的元件，它驱动工作机构做往复直线运动、摆动或回转运动，其输出量为力或力矩。气动执行元件可分为气缸和气马达。

8.3.1 气缸

1. 气缸的分类及结构

气缸的种类非常多，根据使用目的、使用条件的不同，气缸有各式各样的结构和规格，常用的分类方法如下：

1）按压缩空气作用在活塞端面上的方向分，有单作用气缸和双作用气缸。单作用气缸是压缩空气只能使活塞（或柱塞）往一个方向运动，反方向的运动则需借助外力或重力。双作用气缸是压缩空气推动活塞向两个方向运动。

2）按气缸的结构特征分，有活塞式气缸、叶片式气缸、柱塞式气缸、薄膜式气缸和伸缩式气缸等。

3）按气缸的功能分，有普通气缸和特殊气缸。普通气缸包括单作用气缸和双作用气缸，用于无特殊使用要求的场合，如一般的驱动及定位、夹紧装置的驱动等。特殊气缸包括气-液阻尼缸、薄膜式气缸、冲击式气缸、回转气缸等。

4）按安装方式不同分，有底座式气缸、法兰式气缸、耳环式气缸、轴销式气缸和嵌入式气缸等。

5）按有无缓冲装置分，有缓冲气缸和无缓冲气缸。

2. 常用气缸的工作原理

一般形式的气缸类似于液压缸，如单作用气缸和双作用气缸等，故不再重复叙述。下面仅介绍几种特殊气缸的工作原理。

（1）气-液阻尼缸 图8-8所示为串联式气-液阻尼缸的工作原理图及其图形符号。气-液阻尼缸由气缸5和液压缸4串联而成，两缸的活塞由一根活塞杆带动，故气缸活塞运动必然带动液压缸活塞向同一方向运动。当气缸5中压缩空气推动活塞向左移动时，液压缸4左腔排油时只能经节流阀 3 流入液压缸右腔,所以产生阻尼作用,使活塞杆平稳运动,调节节流阀 3,即可改变活塞杆平稳运动的速度。反之,气缸 5 中压缩空气推动活塞向右移动时,液压缸 4 右腔排油经单向阀 2 流入液压缸左腔,所以阻尼作用很小,故活塞杆以快速退回。因液压缸 4 为双活塞杆式液压缸,所以液压缸两腔的进、排油量基本相等,只有很少量的泄漏,通常只用油杯补油即可。

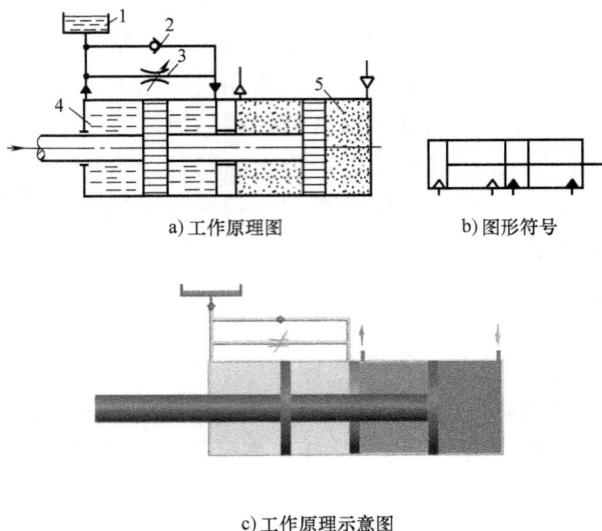

a) 工作原理图　　　　　　b) 图形符号

c) 工作原理示意图

图 8-8　气-液阻尼缸及其图形符号
1—油箱　2—单向阀　3—节流阀　4—液压缸　5—气缸

　　由此可见,气-液阻尼缸是以压缩空气为能源,利用液压缸控制流量来获得活塞的平稳运动和调节活塞的运动速度。

　　(2) 冲击式气缸　它可把压缩空气的能量转化为活塞高速运动的动能,利用此动能做功。冲击式气缸具有体积小、结构简单、易于制造、冲击力大和操作简便等优点,可用于锻造、冲孔、铆接、切割和压配等各个方面。图 8-9 所示为冲击式气缸的结构原理图。当活塞 6 处于图示原始位置时,中盖 5 与和喷嘴口 4 被活塞封闭,随着换向阀的换向,蓄能腔 3 充入 0.5 ~ 0.7MPa 的压缩空气,当压缩空气刚进入蓄能腔 3 时,腔内压力较小,作用在活塞 6 上的力不能克服活塞杆腔排气压力所产生的向上推力和活塞与缸体间的摩擦阻力,故活塞 6 仍处在初始位置,喷嘴口 4 仍处于关闭状态,如图 8-9a 所示。随着压缩空气的不断输入,蓄能腔 3 内的气体压力逐渐升高,当腔内压力升高到作用在喷嘴口 4 面积上的总推力能克服活塞杆腔 1 的排气压力产

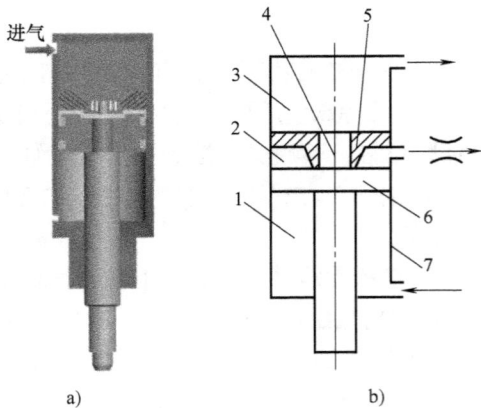

图 8-9　冲击式气缸的结构原理图
1—活塞杆腔　2—活塞腔　3—蓄能腔
4—喷嘴口　5—中盖　6—活塞　7—缸体

生的向上推力与摩擦阻力的总和时，活塞就向下运动，喷嘴口4开启，积聚在蓄能控内的压缩空气的压力通过喷嘴口4突然作用在活塞的全部面积上，喷嘴口处产生高速（可达声速）气流喷入活塞腔2，使活塞获得强大的动能，而高速向下冲击，平均冲击速度可高达8m/s，约相当于普通气缸运动速度的15倍。

（3）薄膜式气缸 图8-10所示为双作用薄膜式气缸。它主要由膜片和中间膜盘相连来代替普通气缸中的活塞，利用膜片在压缩空气作用下产生变形来推动活塞做直线运动。活塞的位移较小，一般不超过40~50 mm。薄膜式气缸与活塞气缸相比较，具有结构紧凑、质量小、制造容易、成本低、维修方便、寿命长、泄漏小、功率高等优点。薄膜式气缸的应用很广，常用于化工生产上作调节阀，也用于汽车的制动装置上。

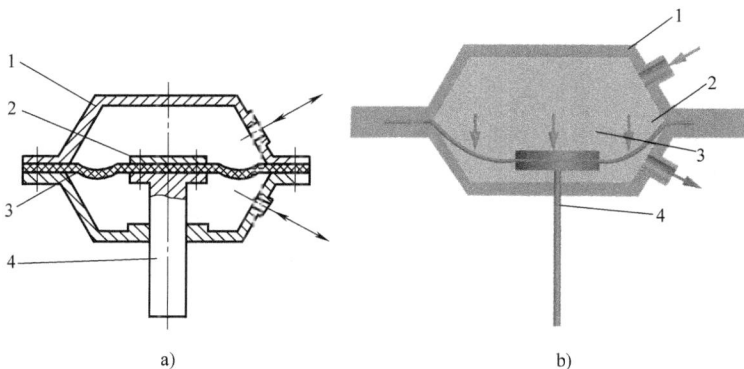

图8-10 双作用薄膜式气缸
1—缸体 2—膜盘 3—膜片 4—活塞杆

（4）回转气缸 如图8-11所示，回转气缸是由导气头、缸体、活塞杆、活塞等组成的。气缸的缸体3连同缸盖及导气头芯6可同时被带动回转。活塞4及活塞杆1只能做往复直线运动。导气头体9与外管路连接，并使其固接在静件上。回转气缸主要用于机床夹具和线材卷曲装置等机械中。

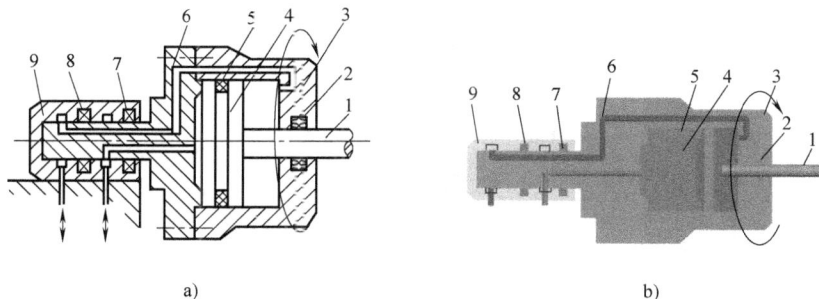

图8-11 回转气缸
1—活塞杆 2、5—密封装置 3—缸体 4—活塞 6—缸盖及导气头芯 7、8—轴承 9—导气头体

3. 气缸使用的注意事项

1）正常的工作条件环境温度为 −35 ~ +80℃，工作压力为0.4~0.6MPa，当温度在0℃下时，工作介质中水分会冻结，因此使用时应充分去除工作介质中的水分。

2）装配前，所有密封元件的相对运动工作表面应涂以润滑油脂，在气源进口处最好安装油雾器，确保缸体的润滑，装配后，在公称压力下进行耐压试验应不漏气。

3）活塞杆不允许承受偏载负荷，特殊情况也应使偏心力小于最大载荷的1/20为宜。安装时，还应注意动作方向，在行程中载荷经常变动时，应使用输出力足够的气缸，并要附加缓冲装置。

4）一般不使用满行程，特别是当活塞杆伸出时，不要使活塞杆与缸体相碰。当气缸输出较大力时，必须使缸体与所支承架保持刚性连接。

8.3.2 气马达

1. 气马达的分类及特点

常用的气马达可分为叶片式气马达、活塞式气马达和薄膜式气马达三种。

（1）叶片式气马达　叶片式气马达制造简单、结构紧凑，但低速起动力矩小，低速性能不好；适用于要求低或中功率、高速、低转矩的机械，如手提工具、复合工具、传送带、升降机、拖拉机等，还可以应用在医疗器械中，如高速牙钻等。

（2）活塞式气马达　活塞式气马达在低速时，有较大的功率输出和较好的转矩特性，起动准确，且起动和停止特性均比叶片式气马达要好；适用载荷较大和要求低速且转矩性能较高的机械，如手提工具、起重机、绞车、绞盘、拉管机等。

（3）薄膜式气马达　它有输出转矩高、速度低的特点；适用于控制要求很精确、起动转矩极高、速度低的机械。

气马达具有结构简单，容易实现正、反转工作，起动力矩大，维修容易，成本低，且可长时间满载工作而温升较小，转速范围大，工作安全等优点；但其工作转速不稳定，耗气量大，效率低。

2. 气马达的结构及工作原理

如图8-12所示，叶片式气马达是由叶片、转子和定子等组成的。叶片安装在转子的径向槽中，随着转子的转动，叶片可按定子内轮廓在转子槽中滑动。A、B两口是叶片式气马达两个供气口，压缩空气由A口输入，分为两路：一路经定子两端密封盖的槽进入叶片底部（图中未画出），将叶片推出，使叶片贴紧在定子内表面；另一路则进入相应的密封容

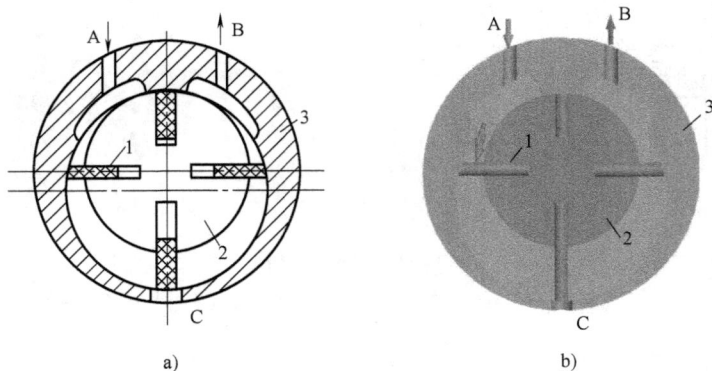

a)　　　　　　　　　　b)

图8-12　叶片式气马达
1—定子　2—转子　3—叶片

腔，作用在悬伸的叶片上，由于转子与定子不同心，存在一定的偏心量，因此两叶片伸出长度不一样，这样在这个密封容腔中，在两叶片上产生的转矩也不相同，从而就利用这个转矩差推动转子按逆时针方向旋转，做功后的气体由 C 口排出，剩余的残气经 B 口排出。若压缩空气由 B 口输入，则气马达的转子按顺时针方向旋转。

8.4 气动控制元件

气动控制元件分为气动控制阀和气动逻辑元件两大类。气动控制阀是用来控制和调节气压传动系统中压缩空气的压力、流量和气流方向的，保证气动执行元件具有一定的力（或力矩）和速度并按设计的程序正常地进行工作。气动控制阀是气压传动技术中必不可少的控制元件。气动逻辑元件是气动控制技术中能够完成一定逻辑功能的器件。采用气动逻辑元件可以组成全气控系统，它是气动控制技术中必备的控制元件。本节着重介绍气动控制阀。

8.4.1 气动控制阀的分类及作用

气动控制阀的分类方法很多，但最常见的是根据阀在系统中所起的作用来分，因此可以分为压力控制阀、流量控制阀和方向控制阀三种类型。

压力控制阀用于调压和稳压，主要包括调压阀、安全阀和顺序阀。

流量控制阀用于控制气体流量，主要包括节流阀、单向节流阀等。

方向控制阀用于控制气流方向与通断，按其功用可分为换向型控制阀和单向型控制阀。

8.4.2 压力控制阀

1. 调压阀

气压传动系统不同于液压传动系统，一般每台液压设备中都有能源装置，而在气压设备中，通常都是由统一的压缩空气站供气。就其压力来讲，气压系统的压力比液压系统的压力低得多，其压力值波动也较大，经常是将高压气体存积在储气罐内，用调压阀将储气罐的输出压力调节到每台装置所需要的压力，并保持压力值稳定。因此，调压阀的输出压力总是低于输入压力，实际上起减压和稳压作用，所以又称减压阀。调压阀按调节压力的方式不同，可分为直动式和先导式两类。

图 8-13 所示为直动式调压阀的结构原理和常用调压阀的图形符号、在图示情况时，调压阀处于工作平衡状态，压力为 p_1 的压缩空气由左侧入口注入，经阀口 8 降压，从调节阀右侧流出，压力降低为 p_2，与此同时，出口侧的一部分气流经阻尼孔 7 进入膜片室，对膜片 4 产生一个向上的推力，与上方的弹簧力相平衡，调压阀便输出稳定的压力 p_2。当输入压力 p_1 增高时，输出压力 p_2 将随之升高，膜片室的压力也升高，将膜片 4 向上推，阀芯 5 在复位弹簧 9 的作用下上移，使阀口 8 的开度减小，节流作用增强，使输出口压力 p_2 下降，直至降低到调定值时，重新达到平衡状态，输出稳定的气压。反之，若输入压力下降，则输出压力也随之下降，打破平衡状态，膜片 4 下移，阀口 8 的开度增大，节流作用减弱，使出口压力又上升，直至达到调定值时再保持稳定输出。调节手柄 1 便可控制阀口的开度，即可控制输出压力的大小。图 8-13b 所示为常用调压阀的图形符号。

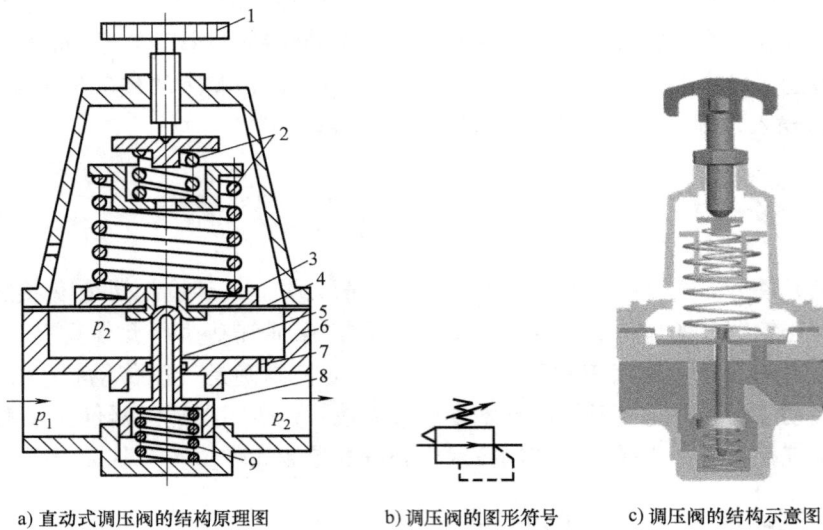

a) 直动式调压阀的结构原理图 b) 调压阀的图形符号 c) 调压阀的结构示意图

图 8-13　调压阀及图形符号

1—手柄　2—调压弹簧　3—下弹簧座　4—膜片　5—阀芯　6—阀套　7—阻尼孔　8—阀口　9—复位弹簧

2. 溢流阀

溢流阀主要用在储气罐或气动回路中，起超压安全保护作用，通常又称为安全阀。此外，也有使用在气缸操作回路中起溢流作用。

溢流阀和调压阀一样也有直动式和先导式之分，结构上有活塞式和膜片式两种。直动式溢流阀与液压直动式溢流阀基本相同，因此不再重复叙述。图 8-14a 所示为外控先导式溢流阀的结构原理图，该溢流阀是薄膜式溢流阀。上端口 K 与控制压缩空气相连，使压缩气作用于膜片 2 上，当左端系统压缩空气进入溢流阀并大于控制压缩空气的压力时，就推动膜片 2 和膜盘 1 向上移动，使先导式溢流孔 3 打开，对系统进行溢流。先导式溢流阀的这种结构

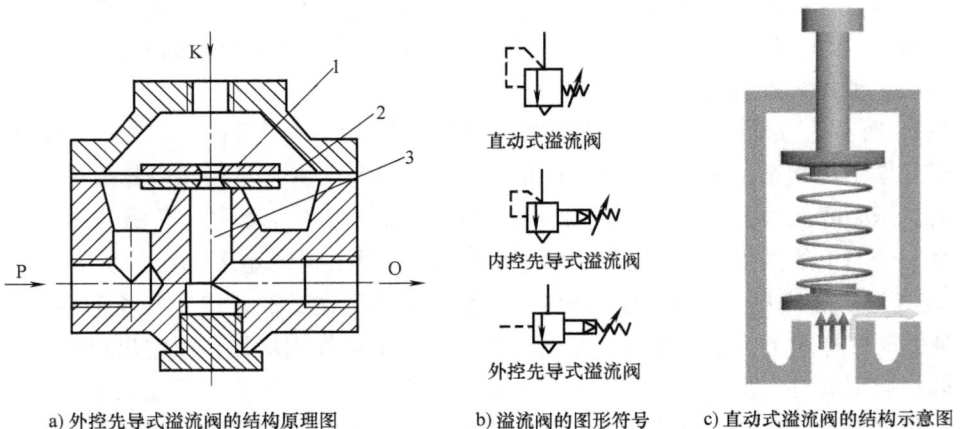

a) 外控先导式溢流阀的结构原理图　b) 溢流阀的图形符号　c) 直动式溢流阀的结构示意图

图 8-14　溢流阀

1—膜盘　2—膜片　3—溢流孔

形式能在溢流孔开、闭过程中，使控制压力保持不变，故阀的流量特性较好。图 8-14b 所示为气动溢流阀的图形符号。

3. 顺序阀

顺序阀是依靠回路中压力的变化，来控制各种执行机构按顺序动作的压力控制阀。顺序阀常与单向阀组合在一起，称为单向顺序阀。

（1）单向顺序阀　图 8-15 所示为单向顺序阀的工作原理图和图形符号。当压缩空气由 P 口进入输入气室 4 后，作用在活塞上的力小于调压弹簧 2 的作用力时，阀处于关闭状态。当作用在活塞上的力大于调压弹簧 2 的作用力时，活塞被顶起，压缩空气经输入气室 4 流入输出气室 5，由 A 口流出，此时单向阀处于关闭状态，如图 8-15a 所示。当切换气源时，顺序阀关闭，单向阀开启，压缩空气由输出气室 5 流入输入气室 4 向外排出气体，如图 8-15b 所示。图 8-15c 所示为单向顺序阀的图形符号。

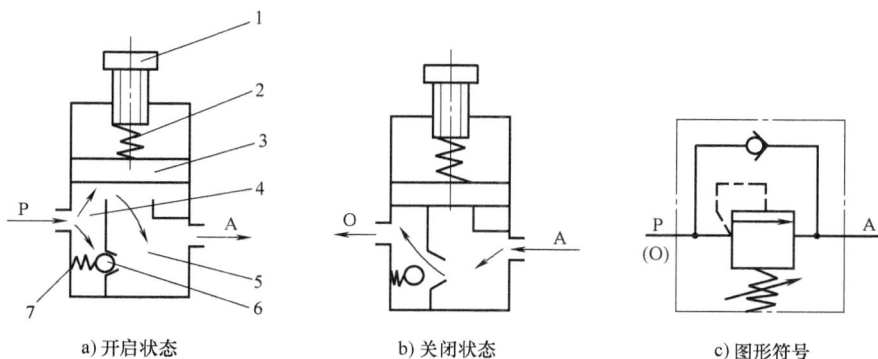

a) 开启状态　　　　　b) 关闭状态　　　　　c) 图形符号

图 8-15　单向顺序阀的工作原理图和图形符号
1—调压螺钉　2—调压弹簧　3—活塞　4—输入气室　5—输出气室　6—单向阀　7—弹簧

（2）顺序阀的应用　图 8-16 所示为用顺序阀控制两个气缸顺序动作的回路。压缩空气先进入气缸 1，使气缸 1 的活塞向右移动到极限位置，则单向顺序阀的左侧压力开始升高，待压力达到某一定值后，便打开单向顺序阀，压缩空气进入气缸 2，使气缸 2 开始动作。当切断气源、与大气相通时，气缸 1、2 的活塞基本同时返回，气缸 2 的活塞返回时气体经单向阀从排气口 O 排空。

8.4.3　流量控制阀

由于气动节流阀和单向节流阀的工作原理和液压阀中同类型阀基本相同，故在此不再重复叙

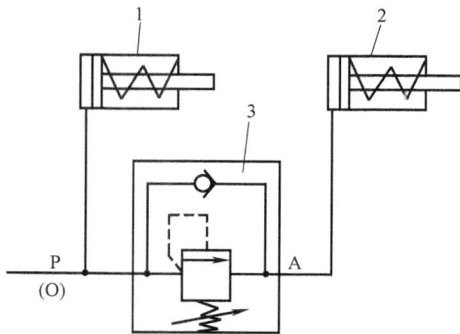

图 8-16　用顺序阀控制两个
气缸顺序动作的回路
1、2—气缸　3—单向顺序阀

述。图 8-17a 所示为排气节流阀的结构原理图和图形符号。气流从 A 口进入阀内，由节流口 1 节流后经消声套 2 排出。由此可见，它不仅能调节空气流量，还能起到降低排气噪声的作用。排气节流阀通常安装在换向阀的排气口处，与换向阀联用，起单向节流阀的作用。图

8-17b 所示为常用节流阀的图形符号。

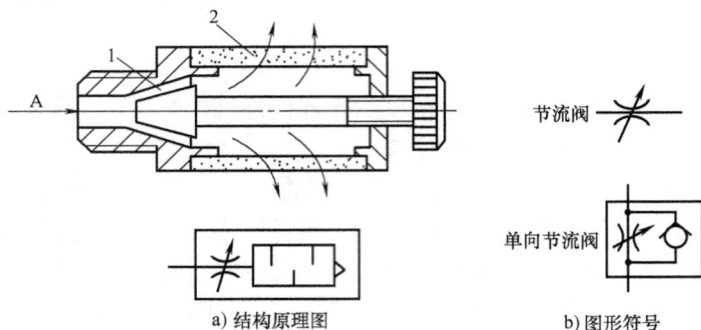

图 8-17　排气节流阀及图形符号
1—节流口　2—消声套

8.4.4　方向控制阀

1. 单向型方向控制阀

常用的单向型控制阀有单向阀、或门型梭阀、与门型梭阀和快速排气阀。单向阀的工作原理和图形符号与液压单向阀相类似，在此不再重复叙述。

（1）或门型梭阀　图 8-18 所示为或门型梭阀的工作原理图和图形符号。它相当于两个单向阀的组合。P_1、P_2 为该阀的两个进气口，A 为排气口，设进气口进气状态时为"1"，不进气时为"0"，排气口向外排气状态时为"1"，不排气时为"0"。从图中可以看出，P_1 口为"1"时，A 口为"1"；P_2 为"1"时，A 口为"1"；P_1、P_2 均为"1"时，A 口仍为"1"，即 P_1 或 P_2 或两者都有输入时，A 都有输出，这种阀在气动回路中起到"或"门的作用。

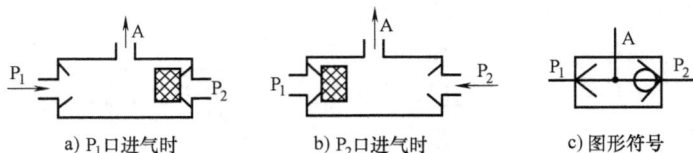

图 8-18　或门型梭阀

（2）与门型梭阀　这种阀又称双压阀，图 8-19 所示为其工作原理图及图形符号。它也相当于两个单向阀的组合，其特点是只有当进气口 P_1、P_2 同时进气时，A 口才输出，当两端进气压力不等时，则低压口通过 A 口输出。

（3）快速排气阀　它将气缸中大量的压缩空气直接排出，降低了排气阻力，使活塞获得最快的运动速度。图 8-20 所

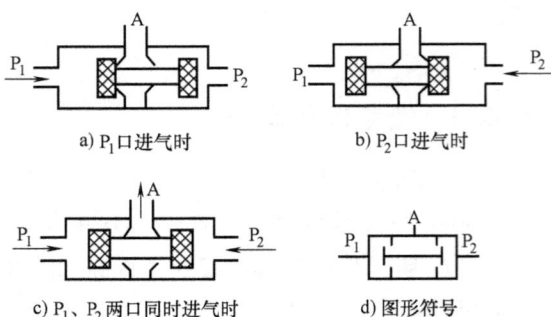

图 8-19　双压阀

示为快速排气阀的结构原理图及图形符号。

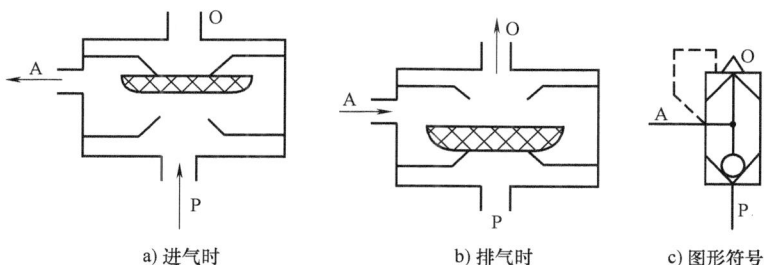

a) 进气时　　　　　　　　　　b) 排气时　　　　　　　　　c) 图形符号

图 8-20　快速排气阀

2. 换向型方向控制阀

换向型方向控制阀按阀芯结构特性可分为截止式换向阀和滑阀式换向阀。滑阀式换向阀与液压换向阀的结构和工作原理基本相同，故在此不再重复。

图 8-21 所示为二位三通截止式气控换向阀的工作原理图，这种阀的开启和关闭是用大于管道直径的圆盘从端面进行控制的。图 8-21c 所示为二位三通截止式气控换向阀的图形符号。

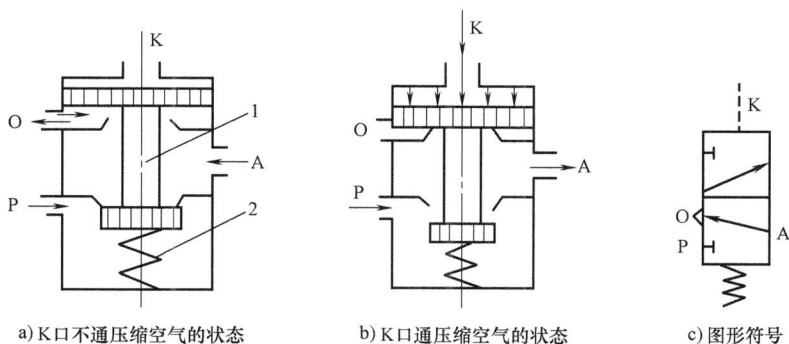

a) K口不通压缩空气的状态　　　　b) K口通压缩空气的状态　　　　c) 图形符号

图 8-21　二位三通截止式气控换向阀
1—阀芯　2—弹簧

8.5　气动基本回路

气压传动系统的形式很多，但都是由各种不同功能的基本回路所组成的，在熟悉常用基本液压回路的基础上，本节介绍一些气压基本回路。

8.5.1　压力控制回路

1. 溢流回路

系统压力源压力的调整可采用一联溢流阀进行调节，在空压站安装溢流阀组成溢流回路，如图 8-22 所示。溢流阀 4 的外控口与储气罐相连，储气罐的压力就是空气压缩机输出压缩空气的压力，当压力高于溢流阀调定压力时，溢流阀进行溢流，从而保证系统在允许压力下工作，图中单向阀 2 的作用是防止气流倒流。

2. 调压回路

在回路中，若要求某一支路上的压力比气源压力低时，可在回路中串联调压阀，构成调压回路，所需压力的大小可由调压阀来调节，如图 8-23 所示。

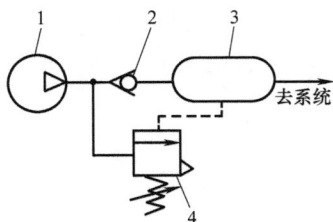

图 8-22　溢流回路
1—空气压缩机　2—单向阀
3—储气罐　4—溢流阀

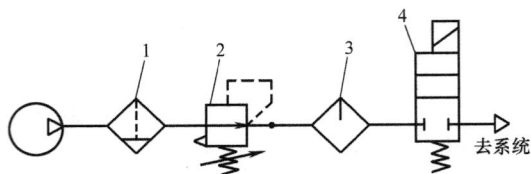

图 8-23　调压回路
1—分水过滤器　2—调压阀　3—油雾器　4—电磁换向阀

8.5.2　速度控制回路

速度控制回路是用来调节气缸运动速度或实现气缸缓冲等作用的回路。

1. 单作用气缸的速度控制回路

对于需双向都进行调速的单作用气缸，可采用双向节流调速回路来实现，如图 8-24a 所示。在此回路中用两个单向节流阀反向串联来调节气缸左、右移动的速度。图 8-24b 所示回路为单向节流调速回路，即在气缸上升时调速，下降时则通过快排阀快速排气，使气缸快速返回。

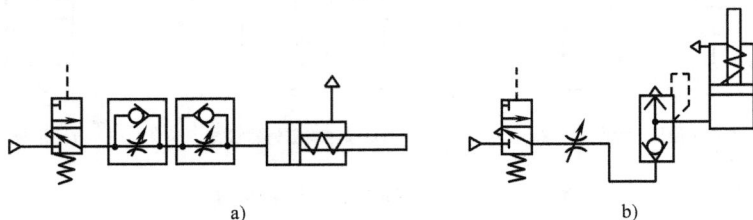

a)　　　　　　　b)

图 8-24　节流调速回路

2. 双作用气缸的速度控制回路

图 8-25a 所示为进口节流调速回路。活塞的运动速度靠进气侧的单向节流阀调节。该回路承载能力大，但不能承受负值负载，运动平稳性差，受外负载变化的影响大，适用于对速度稳定性要求不高的场合。

图 8-25b 所示为出口节流调速回路。活塞的运动速度靠排气侧的单向节流阀调节。该回路可承受负值负载，运动平稳性好，受外负载变化的影响较小。

3. 缓冲回路

气动元件中的运动部件在高速运动中突然停止或换向，会产生压力冲击。为了减小这种冲击，必须采取缓冲措施，除了在气缸中设缓冲装置外，也可在系统中增加缓冲回路。图

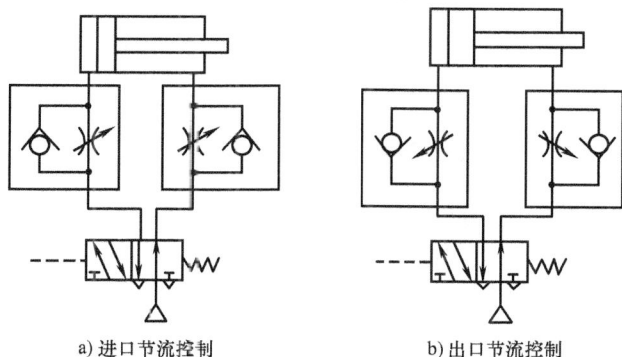

a) 进口节流控制   b) 出口节流控制

图 8-25 双作用气缸的速度控制回路图

8-26 所示为常用缓冲回路。当活塞向右运动到末端压下行程阀时，气体只能经节流阀排气，因而使活塞的运动得到缓冲。

8.5.3 气-液联动回路

气-液联动回路是以压缩空气为动力，利用气压缸（又称气-液转换器）或气-液阻尼缸来获得液压传动所具有的传动平稳、定位精确、能实现无级调速等特点的一种回路。

1. 气-液缸的调速回路

图 8-27 所示为气-液缸双向调速回路。它利用气-液缸（气-液转换器）将气压与液压相互转换，再通过改变节流口的大小来实现液压缸往复运动的无级调速。

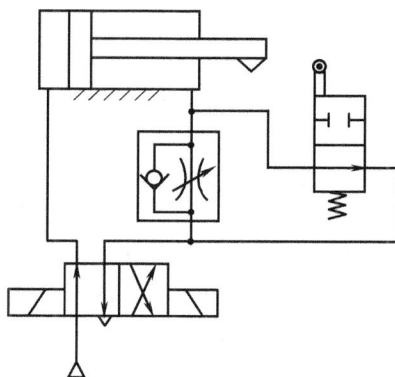

图 8-26 缓冲回路

2. 气-液阻尼缸的调速回路

图 8-28 所示为采用两个单向节流阀控制的双向气-液阻尼缸的调速回路。调节两个节流阀就可获得气-液阻尼缸不同的往返速度。

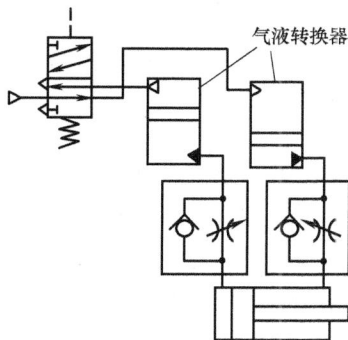

气液转换器

图 8-27 气-液缸调速回路

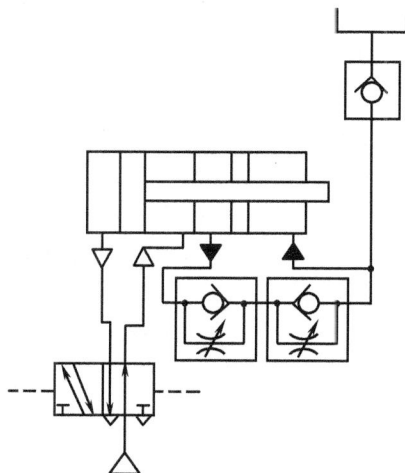

图 8-28 气-液阻尼缸调速回路

8.6 气动系统实例

8.6.1 气-液动力滑台气动系统

气-液动力滑台是采用气-液阻尼缸作为执行元件，在机床设备中用来实现进给运动的部件。图 8-29 所示为气-液动力滑台的气动系统。图中分液压控制和气压控制两部分，气-液阻尼缸的活塞杆带动滑台一起运动，滑台上安装有三个挡块 A、B 及 C。该滑台能完成两种工作循环。

1. 实现"快进→工进→快退→停止"的工作循环

当手动换向阀 4 处于图示状态时，就可实现第一种工作循环。其工作过程如下：

当手动换向阀 3 切换到右位时，就发出滑台进给信号，在气压作用下，气-液阻尼缸中的气缸活塞向下运动，就会带动活塞杆和液压缸活塞一起向下运动，则液压缸中活塞下腔的油液经行程阀 6 的右位到单向阀 7，然后再进入液压缸活塞的上腔，实现滑台的快进。当快进到滑台上的挡块 B 压下行程阀 6，使行程阀 6 切换到左位后，油液只能经节流阀 5 进入液压缸活塞上腔，调节节流阀 5 的开度，即可调节气-液阻尼缸的运动速度，实现了滑台的工进。当工进到滑台上的挡块 C 压下行程阀 2，使行程阀 2 切换

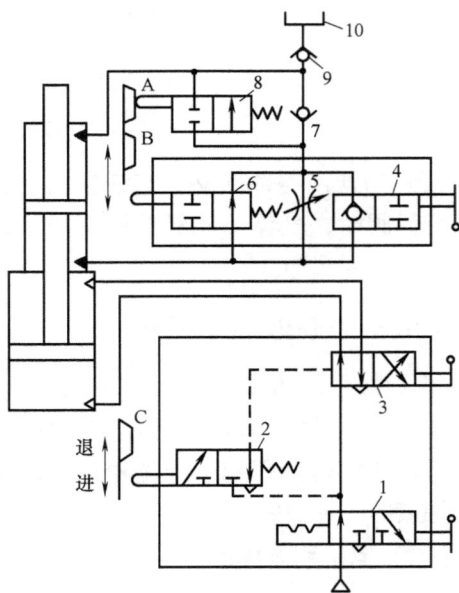

图 8-29 气-液动力滑台的气动系统
1、3、4—手动换向阀 2、6、8—行程阀
5—节流阀 7、9—单向阀 10—补油箱

到左位时，行程阀 2 就会输出控制气信号，使手动换向阀 3 切换到左位，此时就发出退回信号，即气-液阻尼缸的气缸活塞下腔进气，上腔排气，气缸活塞开始向上运动，同时带动液压缸活塞及滑台一起向上运动，液压缸活塞上腔的油液经行程阀 8 的右位到手动换向阀 4 的左位，再进入液压缸活塞的下腔，实现了滑台的快退。当快退到滑台上的挡块 A 压下行程阀 8 时，使行程阀 8 切换到左位，因而使油液通路被切断，活塞便停止运动，完成整个循环过程，滑台停止。再将手动换向阀 1 切换到右位，停止向系统供气。

2. 实现"快进→工进→工退→快退→停止"工作循环

当把手动换向阀 4 切换到右位时，就可实现第二种工作循环。其工作过程如下：

第二种工作循环中从快进到工进的工作过程与上述工作过程相同。当工进到滑台挡块 C 压下行程阀 2，使行程阀 2 切换到左位，就会输出控制气信号，使手动换向阀 3 切换到左位，气缸活塞开始向上运动，带动液压缸活塞同时动作，则液压缸活塞上腔的油液经行程阀 8 的右位到节流阀 5 进入液压缸活塞下腔，实现了工退。工退速度可调节节流阀 5 的开度，当工退到滑动上挡块 B 离开行程阀 6 时，使行程阀 6 切换到右位，液压缸上腔的油液经行程

阀 6 的右位而进入活塞的下腔，实现了快退。快退到挡块 A 切换行程阀 8 而使油液通路被切断时，滑台就停止运动。

8.6.2 数控加工中心气动换刀系统

图 8-30 所示为某数控加工中心气动换刀系统，该系统在换刀过程中实现"主轴定位→主轴松刀→拔刀→向主轴锥孔吹气→插刀"的动作。其具体工作原理如下：

当数控系统发出换刀指令时，主轴停止旋转，同时 4YA 通电，压缩空气经气源处理装置 1、二位三通电磁换向阀 4、单向节流阀 5 进入主轴定位缸 A 的右腔，主轴定位缸 A 的活塞左移，使主轴自动定位。定位后压下无触点开关，使 6YA 通电，压缩空气经二位五通电磁换向阀 6、快速排气阀 8 进入气-液增压器 B 的上腔，增压腔的高压空气使活塞伸出，实现主轴松刀，同时使 8YA 通电，压缩空气经三位五通电磁换向阀 9、单向节流阀 11 进入气缸 C 的上腔，气缸 C 下腔排气，活塞下移实现拔刀。由回转刀库交换刀具，同时 2YA 通电，压缩空气经二位二通电磁换向阀 2、单向节流阀 3 向主轴锥孔吹气。稍后 2YA 断电、1YA 通电，停止吹气，8YA 断电、7YA 通电，压缩空气经三位五通电磁换向阀 9、单向节流阀 10 进入气缸 C 的下腔，活塞上移，实现插刀动作。6YA 断电、5YA 通电，压缩空气经二位五通电磁换向阀 6 进入气-液增压器 B 的下腔，使活塞退回，主轴的机械机构使刀具夹紧。4YA 断电、3YA 通电，主轴定位缸 A 的活塞在弹簧力复位，回复到开始状态，换刀结束。

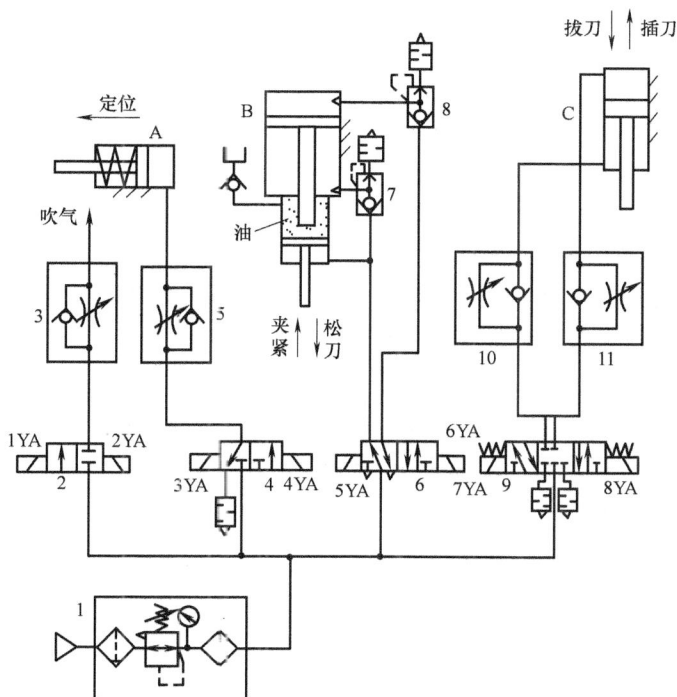

图 8-30 某数控加工中心气动换刀系统

1—气源处理装置 2—二位二通电磁换向阀 3、5、10、11—单向节流阀 4—二位三通电磁换向阀 6—二位五通电磁换向阀 7、8—快速排气阀 9—三位五通电磁换向阀 A—主轴定位缸 B—气-液增压器 C—气缸

【小结】

1）气压传动系统主要由四部分组成，即气源部分、执行元件、控制元件和辅助元件。

2）气压传动不像液压传动那样，每个系统都有独立的能源装置，而是建立统一的压缩空气站来给多个气动系统使用，当然近来也有在单台设备上设置气源装置的倾向，但还主要用在经常移动的设备中。为了保证整个气动系统安全、可靠地工作，还应在气源部分使用必要的气动辅助元件。

3）气缸和气马达是常用到的两种气动执行元件，气缸可将气压能转换成往复直线运动的机械能，气马达可将气压能转换成旋转的机械能。

4）气动控制阀是气压传动系统中不可缺少的控制元件，按作用可分为压力控制阀、流量控制阀和方向控制阀。

压力控制阀主要包括调压阀、安全阀和顺序阀。

流量控制阀主要包括节流阀、单向节流阀和排气节流阀等。

方向控制阀主要包括单向型控制阀和换向型控制阀。

5）气压传动基本回路有压力控制回路、流量控制回路和气-液联动回路。

6）气动系统的阅读和分析基本类似于液压系统，气动滑台系统是一个气-液联合控制系统，数控加工中心气动系统是一个多缸动作的系统。

【习题】

一、填空题

1. 气压传动系统由_____、_____、_____、_____组成。

2. 后冷却器一般装在空压机的_____。

3. 油雾器一般应装在_____、_____之后，尽量靠近_____。

4. 气缸用于工作机构实现_____运动。

5. 马达用于工作机构实现连续的_____。

6. 气-液阻尼缸由_____和_____组合而成，以_____为能源，以_____作为控制调节气缸速度的介质。

7. 压力控制阀是利用_____和弹簧力相平衡的原理进行工作的。

8. 流量控制阀是通过_____来调节压缩空气的流量，从而控制气缸的运动速度。

9. 排气节流阀一般应装在_____的排气口处。

10. 快速排气阀一般应装在_____。

11. 气压方向换向阀分为_____、_____方向控制阀。

12. 换向回路是控制执行元件的_____、_____或_____。

13. 调压回路的主要作用是_____。

14. 速度控制回路的功用是_____。

二、判断题

1. 气压传动能使气缸实现准确的速度控制和很高的定位精度。　　　　　　　（　　）

2. 由空气压缩机产生的压缩空气，一般不能直接用于气压系统。　　　　　　（　　）

3. 压缩空气具有润滑性能。　　　　　　　　　　　　　　　　　　　　　　（　　）

4. 一般在换向阀的排气口应安装消声器。 ( )

5. 常用外控溢流阀保持供油压力基本恒定。 ( )

6. 气动回路一般不设排气管道。 ( )

三、问答题

1. 气压传动由哪几部分组成？试说明各部分的作用。

2. 气源处理装置包括哪些元件？分别起什么作用？

3. 油雾器为什么可以在不停气的状态下加油？

4. 试简述几种特殊气缸的工作原理。

5. 减压阀、顺序阀和安全阀在图形符号、工作原理和用途上有什么不同？

6. 画出 10 个气动元件的图形符号，并将其与相应的液压元件图形符号相比较。

7. 试分析图 8-31 所示回路的工作过程，并说明各元件的名称和作用。

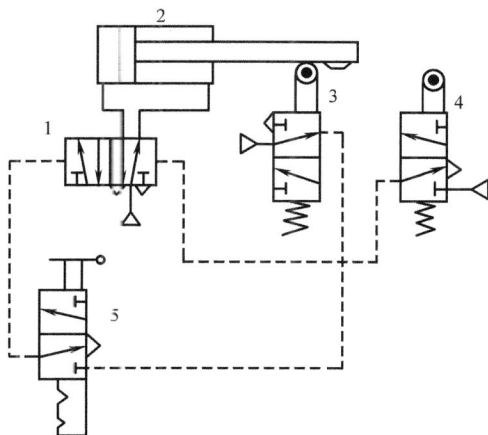

图 8-31 题 7 图

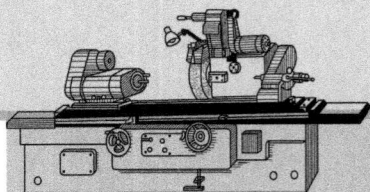

习题（部分）参考答案

第1章

一、填空题

1. 升高
2. 加长
3. 大于或等于
4. 不相同
5. 160A
6. 82kW
7. 主触点；辅助
8. 交流接触器；控制

二、判断题

1. ×　2. ×　3. ×　4. ×　5. √　6. ×　7. ×

第2章

一、判断题

1. ×　2. √　3. √　4. ×　5. √

二、选择题

1. d　2. a　3. b　4. a　5. c

第4章

一、填空题

1. 数字运算操作
2. 中央处理器；存储器；输入输出接口；电源
3. 电源总线；地址总线；数据总线
4. 输入采样；程序执行；输出刷新
5. 梯形图语言；助记符语言；功能图语言；顺序功能图语言；高级语言
6. 数据存储区；程序存储区
7. 接通延时；断开延时；有记忆的接通延时

8. 当前值；设定值

9. 光电隔离

10. 梯形图；功能块；语句表

11. 接通延时；断开延时；有记忆的接通延时

12. SCR；SCRT；SCRE

13. SM0.0

二、判断题

1. × 2. × 3. √ 4. × 5. × 6. √

第5章

一、填空题

1. 液压；压力能

2. 密封的容器内；静压力；密封容积的变化

3. 动力元件；执行元件；控制元件；辅助元件；工作介质

4. 动力元件；机械；压力；压力油液

5. 执行元件；压力；机械能

6. 压力；流量；方向；工作性能

7. 职能；控制方式；外部连接口；具体结构和参数；安装位置

8. 非工作状态

9. 产生内摩擦力；黏度；动力黏度；运动黏度；相对黏度

10. 运动黏度

11. 黏温特性；黏度指数；≥90

12. 可压缩性；不可压缩的；压力变化较大；有动态特性要求；显著增加

13. 大；小

14. 液体的静压力；p；Pa 或 MPa

15. 负载

16. 输入液压缸的流量

二、判断题

1. × 2. × 3. √ 4. × 5. × 6. × 7. × 8. × 9. × 10. √

四、计算题

1. 3；$19.8\times10^{-6}\,\mathrm{m^2/s}$；$16.83\times10^{-3}\,\mathrm{Pa\cdot s}$

2. $9.8\times10^3\,\mathrm{Pa}$

3. $\dfrac{4(F+mg)}{\pi d^2\rho g}-h$

4. $80321\,\mathrm{Pa}$

第6章

一、填空题

1. 齿轮式；叶片式；柱塞式

2. 它的输出压力；负载

3. 在使用中允许达到

4. 泵轴每转一转，由其密封容积的几何尺寸变化计算而得的排出液体的体积；在公称转速和公称压力下的输出流量

5. 缩小压油口

6. 两段大圆弧；两段小圆弧；四段过渡曲线

7. 定子与转子的偏心量；斜盘的倾角

8. 径向；使叶片顶部和定子内表面紧密接触

9. 大

10. 单向

11. 先大活塞；后小活塞

12. 速度较高；压力较小；尺寸较小

13. 过滤器

14. 蓄能器

15. 管式；板式；法兰式

16. 蓄能器

17. 储油，散热，分离油中的空气和杂质

18. 网式；线隙式；纸芯式；烧结式

19. 液控单向阀；正向

20. 方向控制阀；压力控制阀；流量控制阀；方向；压力；速度

21. 控制油液的单向流动；流动阻力损失小；密封性能好

22. 手动；机动；电动；液动；电流动

23. 挡铁；逐渐关闭；运动部件附近

24. 交流；直流

25. 电磁换向阀；液动换向阀；控制液动换向阀换向；控制执行元件换向

26. 进油口；进油口；直动型；先导型；低压系统；中高压系统

27. 压力信号；电信号；通断调节区间（返回区间）

28. 定差减压阀；节流阀；保持压力差不变；调节流量；稳定不变

29. 比例电磁铁；输入电流；输入电流

30. 控制；通道体

二、判断题

1. ×　2. ×　3. ×　4. √　5. ×　6. ×　7. √　8. √　9. ×

10. ×　11. ×　12. ×　13. √　14. ×　15. √

三、选择题

1. B；D	2. C	3. A	4. C；A	5. A	6. B
7. E；D	8. B	9. B	10. B	11. C	12. A
13. B	14. B、C	15. C	16. C	17. A、C	
18. A；A	19. A	20. B	21. A	22. C	
23. B	24. B	25. B			

五、计算题

1. 4.17kW

3. a）0.9MPa   b）0.2MPa

4. 0.02m/s；12763N；0.028m/s；7854N

5. 活塞运动时：0；0；0

　　夹紧工件后：5MPa；2.5MPa；2.5MPa

第7章

一、填空题

1. 控制工件的夹紧与松开；防止突然断电产生意外事故；控制刀架转位的速度；测量夹紧压力

2. 维持平衡缸10下腔的压力；卸载；调整机床时；保护过滤器；二位四通双电磁铁控制的换向阀；防止突然断电出现意外事故；保证系统失压时；机械手位置不变；控制马达起动、中间状态、到位、旋转速度。

二、分析题

2. （1）3MPa；3MPa；0

　　（2）4MPa；3MPa；0

3. （1）0；0；0

　　（2）4MPa；2MPa；2MPa

　　（3）1MPa；1MPa；2MPa

4. 电磁铁动作顺序表

动作	1YA	2YA	3YA
快进	+	-	+
工进	+	-	-
快退	-	+	+

第8章

一、填空题

1. 气源装置；执行元件；控制元件；辅助元件

2. 出口管路上

3. 分水滤气器；减压阀；换向阀

4. 直线往复

5. 回转运动

6. 气缸；液压缸；压缩空气；液压油

7. 压缩空气作用在阀芯上的力

8. 改变阀的通流面积

9. 执行元件

10. 换向阀和气缸之间

11. 单向型；换向型
12. 启动；停止；改变运动方向
13. 调节气动控制系统的气源压力
14. 调节执行元件的工作速度

二、判断题

1. ×　2. √　3. ×　4. √　5. ×　6. √

参 考 文 献

[1]　王永华. 现代电气控制及 PLC 应用技术 [M]. 3 版. 北京：北京航空航天大学出版社，2013.

[2]　王淑英. 机械设备控制技术 [M]. 2 版. 北京：机械工业出版社，2009.

[3]　张群生. 液压与气压传动 [M]. 3 版. 北京：机械工业出版社，2016.

[4]　王德发. 机械设备控制技术 [M]. 北京：机械工业出版社，2005.

[5]　周军. 电气控制及 PLC [M]. 2 版. 北京：机械工业出版社，2007.

[6]　张群生. 设备控制技术 [M]. 北京：机械工业出版社，2006.

[7]　左健民. 液压与气压传动 [M]. 北京：机械工业出版社，2007.

[8]　丁树模. 液压传动 [M]. 3 版. 北京：机械工业出版社，2009.

[9]　成大先. 机械设计手册：第 5 卷 [M]. 北京：化学工业出版社，2004.

[10]　张利平. 液压气动系统设计手册 [M]. 北京：机械工业出版社，1997.

[11]　徐灏. 机械设计手册：第 5 卷 [M]. 北京：机械工业出版社，1992.

[12]　王修斌，程良骏. 机械修理大全：第 4 卷 [M]. 沈阳：辽宁科学技术出版社，1993.

[13]　马玉贵. 液压件使用与维修技术大全 [M]. 北京：中国建材工业出版社，1994.

[14]　SMC 有限公司. 现代实用气动技术 [M]. 北京：机械工业出版社，2004.